CONDUIRE UN PROJET DE RECHERCHE

Une perspective qualitative

Chez le même éditeur

• Collection **LES ESSENTIELS DE LA GESTION**

– AMADIEU (J.-F.), ROJOT (J.). – *Gestion des ressources humaines et relations professionnelles.*
– AMINE (A.). – *Le comportement du consommateur face aux variables d'action marketing.*
– AURIFEILLE (J.-M.), COLIN (J.), FABBE-COSTES (N.), JAFFEUX (C.), PACHÉ (G.). – *Management logistique. Une approche transversale.*
– BAUMARD (Ph.). – *Prospective à l'usage du manager.*
– CHARREAUX (G.). – *Finance d'entreprise.* 2e édition.
– DARMON (R.-Y.). – *La vente. De la persuasion à la négociation commerciale.*
– DEMSETZ (H.) trad. PAPILLON (J.-C.). – *L'économie de la firme. Sept commentaires critiques.*
– DESBRIÈRES (Ph.), POINCELOT (E.). – *Gestion de trésorerie.*
– DESCAMPS (Ch.), SOICHOT (J.). – *Économie et gestion de la banque.*
– DESCAMPS (Ch.), SOICHOT (J.). – *Gestion financière internationale.*
– DESREUMAUX (A.). – *Théorie des organisations.*
– FILSER (M.), Des GARETS (V.), PACHÉ (G.) – *La distribution : organisation et stratégie.*
– JOFFRE (P.), KŒNIG (G.). – *Gestion stratégique : l'entreprise, ses partenaires-adversaires et leur univers.*
– LARDY (P.), PIGÉ (B). – *Gestion stratégique des coûts.*
– LESCA (H.), LESCA (E.). – *Gestion de l'information. Qualité de l'information et performance de l'entreprise.*
– LOILIER (T.), TELLIER (A.). – *Gestion de l'innovation. Mettre en œuvre, décider, diffuser.*
– MICALLEF (A.). – *Le marketing. Fondements techniques, évaluation.*
– NAVATTE (P.). – *Instruments et marchés financiers.*
– NIHOUL (P.) – *Concurrence et droit.*
– PAPILLON (J.-C.). – *Économie de l'entreprise. De l'entrepreneur à la gouvernance.* 2e édition.
– PIGÉ (B.), LARDY (P.). – *La gestion stratégique des coûts.*
– PIGÉ (B.). – *Audit et contrôle interne.* 2e édition.
– PIGÉ (B.). – *La comptabilité générale – Un outil d'information.*
– POINCELOT (D.). – *Les marchés de capitaux français.*
– QUITTARD-PINON (F.). – *Mathématiques financières.*
– ROGER (P.). – *Statistique pour la gestion.*
– TELLER (R.). – *Le contrôle de gestion. Pour un pilotage intégrant stratégie et finance.*
– UMBHAUER (G.). – *Théorie des jeux appliquées à la gestion.*
– URBAN (S.). – *Management international.*

Chez le même éditeur (suite)

• Collection **GRANDS AUTEURS**
- CHARREIRE (S.), HUAULT (I.). – *Les grands auteurs en management.*
- GNOS (C.) – *Les grands auteurs en économie.*
- JOLIBERT (A.) dir. – *Les grands auteurs en marketing.*
- PAPILLON (J.-C.). – *10 fondateurs d'empires.*

• Collection **L'ACTUALITÉ DE LA GESTION**
- ALEXANDRE (H.). – *L'individu face au marché : investisseurs, spéculateurs et crises boursières.*
- AUTISSIER (D.), GLÉRANT-GLICKSON (A.), LE GOFF (J.). – *Service gagnant ! Comprendre l'essor des chaînes.*
- CASTIEL (D.). – *Économie et santé : quel avenir ?*
- DUFOUR (J.-F.). – *L'Asie émergente après la crise.*
- GNOS (C.). – *L'euro, monnaie pour l'an 2000.*
- GUÉRIN (F.). – *Faut-il brûler Taylor ?*
- LABARONNE (D.). – *Les privatisations à l'Est.*
- LEBOULANGER (C.), PERDRIEU-MAUDIERE (F.). – *L'industrie de la contrefaçon : de l'imitation à l'innovation.*
- PÉMARTIN (D.). – *Gérer par les compétences… ou comment réussir autrement.*
- RAINELLI (M.). – *Les stratégies des entreprises face à la mondialisation.*

• Collection **GESTION EN LIBERTÉ**
- Collectif dirigé par VERSTRAETE (T.). – *Histoire d'entreprendre. Les réalités de l'entrepreneuriat.*
- Collectif dirigé par WICKHAM (S.), JOFFRE (P.). – *Le marché demain* – 2e édition.
- Collectif dirigé par INGHAM (M.), KŒNIG (G.). – *Perspectives en management stratégique.* Tome 5.
- Collectif dirigé par DURAND (T.), MOUNOUD (E.), KŒNIG (G.). – *Perspectives en management stratégique* – Tome 6.
- Collectif dirigé par DESREUMAUX (A.), MARCHESNAY (M.), PALPACUER (F.) – *Perspectives en management stratégique.* Tome 7.
- Collectif dirigé par DOSTALER (I.), LAROCHE (H.), BOIRAL (O.) – *Perspectives en management stratégique.* Tome 8.
- BIETRY (F.). – *e-GRH : entre promesses et interrogations.*
- BOYER (L.), SCOUARNEC (A.). – *Les nouveaux marchands.*
- GRABY (F.) – *Humour et comique en publicité.*
- HUAULT (I.) dir. – *La construction sociale de l'entreprise.*
- LOILIER (T.), TELLIER (A.) – *Nouvelle économie, net organisations.*
- MOURGUES (N.) dir. – *Questions de méthode en sciences de gestion.*

Chez le même éditeur (suite)

• Collection **PRATIQUES D'ENTREPRISES**
- AUVE (S.) et *al.* – *De la vision à l'action – Vade-mecum du management stratégique.*
- BOUVARD (P.), STORHAYE (P.). – *Le knowledge management – Vade-mecum .*
- BOYER (L.), EQUILBEY (N.). – *Le vade-mecum du D.R.H.*
- CERDIN (J.-L.). – *Gérer les carrières – Vade-mecum.*
- DESCOMBES (L.). – *Le marketing des 18-30 ans. La cible des pré-adultes. Vade-mecum.*
- EQUILBEY (N.). – *Le vade-mecum de l'ingénieur-conseil.*
- GERBOD (D.), PAQUET (F.). – *Les clés de l'e-administration.*
- MARVANNE (P.). – *Le vade-mecum de la qualité totale.*
- MOTTIS (N.) – *Contrôle de gestion – Vade-mecum.*
- PARISOT (R.) – *Portail Internet – Vade-mecum.*
- PELLAS (J.-R.) – *Le vade-mecum de la fiscalité en entreprise.*
- PELLAS (J.-R.) – *Le vade-mecum de la fiscalité internationale.*
- PIOLLE (J.M.) – *Valoriser les compétences.*
- PLATNIC-COHEN (E.) – *Le vade-mecum de la vente opérationnelle aux grands comptes.*
- POTTIER (F.). – *La compta… sans comptes.*
- RODARY (N.). – *Vendez à distance ! Du papier au e-commerce.*

• **À paraître :**
- BOULET (B). – *Le redressement d'entreprises industrielles.*
- BOYER (L.), EQUILBEY (N.). – *GRH, nouvelles pratiques.*
- BOYER (M.). – *Le tourisme en France.*

• Collection **ÉTUDES DE CAS**
- MARCHESNAY (M.), MESSEGHEM (K.) – *Cas de stratégie de P.M.E.*

• Collection **POINT D'INFLEXION**
- Collectif dirigé par LEVIGOUREUX (F.). – *Ils imaginent le XXIe siècle.*

LES ESSENTIELS
DE LA GESTION

COLLECTION DIRIGÉE PAR
G. CHARREAUX / P. JOFFRE
G. KŒNIG

CONDUIRE UN PROJET DE RECHERCHE

Une perspective qualitative

COORDONNÉ PAR
Yvonne GIORDANO

éditions
ems
MANAGEMENT
& SOCIETE

3, chemin de Mondeville
14460 COLOMBELLES
http://www.editions-ems.fr

Le logo qui figure sur la couverture de ce livre mérite une explication. Son objet est d'alerter le lecteur sur la menace que représente pour l'avenir de l'écrit, tout particulièrement dans le domaine du droit, d'économie et de gestion, le développement massif du photocopillage.
Le Code de la propriété intellectuelle du 1er juillet 1992 interdit en effet expressément la photocopie à usage collectif sans autorisation des ayants droit. Or, cette pratique s'est généralisée dans les établissements d'enseignement supérieur, provoquant une baisse brutale des achats de livres, au point que la possibilité même pour les auteurs de créer des œuvres nouvelles et de les faire éditer correctement est aujourd'hui menacée.

ISBN : 9-912647-99-1

INTRODUCTION

En France, la recherche qualitative connaît un succès croissant dans les sciences sociales. À regarder le paysage de la recherche en sciences de gestion, et plus particulièrement en organisation, les vingt dernières années se caractérisent par une augmentation sensible des études et recherches se réclamant du qualitatif. Ce tournant date des années quatre-vingt lorsque certaines publications majeures ont vu le jour et ont été largement diffusées en France (par exemple, Yin, 1984, pour la première édition ; Huberman et Miles, 1984, pour la première édition américaine).

Les séminaires et les colloques se sont multipliés, certains ayant pour vocation de parfaire la formation des jeunes chercheurs. Porteur actif de ce développement, la FNEGE (Fondation Nationale pour l'Enseignement de la Gestion) organise chaque année depuis 1986 les séminaires du CEFAG (anciennement CEDAG) dans lesquels figure expressément une semaine de formation aux méthodes qualitatives.

Ce premier constat pourrait laisser penser que leur légitimité est clairement établie en France. Or, si l'on regarde la situation outre-Manche et outre-Atlantique, on ne peut qu'être frappé par le contraste. Les formations aux recherches qualitatives sont reconnues, des collections entières leur sont dédiées ; elles intéressent aussi bien les universitaires que les entreprises publiques ou privées. Au pays de Descartes, la tradition scientiste est loin de celle de l'École de Chicago, courant qui a largement permis le développement des *fieldwork methods*.

Aussi, n'est-il pas étonnant qu'en France, l'essentiel des ouvrages sur les recherches qualitatives concerne, aujourd'hui encore, davantage la sociologie et les sciences de l'éducation. En gestion, même si le volume des publications augmente, un petit nombre de contributions leur sont explicitement dédiées (par exemple, Wacheux, 1996 ; Hlady-Rispal, 2002).

Cet ouvrage, issu d'une collaboration franco-québécoise, vise aussi bien les jeunes doctorants attelés à leur thèse que les entreprises et institutions souhaitant faire appel à des chercheurs. Pour les premiers, la définition d'un « cahier des charges » s'accompagne d'une collaboration étroite avec les seconds. L'ouvrage peut aussi intéresser les enseignants qui encadrent leurs étudiants dans leurs projets d'étude, de mémoire ou de thèse. Il se veut un outil de dialogue entre « monde universitaire » et « monde professionnel », univers que l'on a encore trop souvent tendance à opposer. Il suggère, à l'inverse, de concevoir un projet comme une co-construction rigoureuse dans laquelle les deux parties sont parties prenantes.

L'ouvrage est bâti selon une logique de construction de projet : il présente différentes stratégies et méthodes en justifiant leur usage dans un processus de recherche d'ensemble. Chaque chapitre s'appuie sur des projets réalisés (ou en voie de réalisation), reconstituant l'ensemble du processus utilisé par l'auteur. Cette reconstitution permettra au lecteur de suivre les étapes qui composent tout projet qualitatif, en insistant sur le fait qu'elles ne sont jamais linéaires. Elles procèdent toujours de nombreux allers et retours, itérations, qui font des projets qualitatifs des compositions riches et difficiles. Ce livre cherche à apporter des réponses concrètes à celles et ceux qui se lancent dans un projet de recherche de cette nature et qui ont besoin de repères et de jalons pour le construire.

Cet ouvrage n'aurait pas vu le jour si nous n'avions pas eu la chance de côtoyer, au quotidien, les jeunes chercheurs qui se trouvent confrontés aux difficultés de bâtir leur projet. À côté d'autres lieux de débats, le *Cercle Doctoral Francophone de Gestion* a constitué un cadre de discussion privilégié avec l'ensemble des doctorants, collègues enseignants-chercheurs et praticiens qui l'animent. Merci donc à toutes celles et tous ceux qui nous ont poussés à nous questionner en permanence sur notre propre position mais aussi sur celle de la communauté académique. Celle-ci ne parle pas d'une seule voix : il nous faut donc, sans relâche, discuter/disputer nos choix avec rigueur afin que les recherches dites qualitatives acquièrent une véritable légitimité.

chapitre 1

les spécificités des recherches qualitatives

Yvonne GIORDANO

Si les recherches qualitatives occupent une place croissante dans le paysage de la recherche en gestion, leur statut n'est pas toujours très clair. La multiplicité des points de vue est grande sur ce qu'on entend par « recherche qualitative ». Les confusions et les « fausses querelles » que la revue *Administration Science Quarterly* pointait déjà dans un numéro spécial paru en 1979 sur le sujet (vol. 24, n° 3), ne sont sans doute pas consommées.

Aussi, avons-nous pris le parti, après d'autres, de tenter de caractériser ce qu'on entend par recherche qualitative, de manière à tenter d'en délimiter les spécificités (Section I). Dans la même logique, la Section II montre qu'un projet de recherche qualitatif se construit selon un cheminement complexe, fait d'allers et retours, de mises en forme flexibles qui peuvent dérouter plus que rassurer. Mais la recherche qualitative est à ce prix et l'exigence de « traçabilité » y est très forte car plus difficile à remplir que dans les démarches plus cadrées, utilisant des méthodes d'analyse quantitatives.

section I
qu'est-ce qu'une recherche qualitative ?

Les manuels de méthodologie ont pour vocation de proposer des conseils en vue de construire un projet de recherche. Les cheminements décrits par ceux qui ont pour orientation principale les recherches quantitatives sont relativement cadrés et programmables (Evrard et *al.*, 1997). Ils privilégient largement la démarche hypothético-déductive, sauf lorsqu'il s'agit de recherches exploratoires. Lorsqu'il s'agit de recherches qualitatives, en revanche, les cheminements décrits semblent relever davantage d'un « bricolage » complexe (Denzin et Lincoln, 1998 : 3), Pour ces auteurs, le chercheur qualitatif est tout d'abord un « bricoleur » (1) qui utilise plusieurs méthodes et plusieurs matériaux empiriques. Dans leur acception, ce trait désigne une capacité créative.

(1) En français dans le texte.

Les recherches qualitatives privilégient, en effet, des canevas très émergents sans programmation rigide ce qui oblige le chercheur à activer ses lectures mais aussi ses capacités à inventer un cheminement rigoureux et capable d'intéresser des acteurs de terrain. La démarche retenue est volontiers celle de l'induction ou de l'abduction, même si la déduction n'y est pas exclue. C'est ce bricolage ainsi que le caractère volontiers itératif des *designs* construits qui contraste le plus par rapport à des recherches plus quantitatives (Evrard et *al.*, 1997).

Parmi ceux qui ont déjà tenté d'éclaircir le débat qualitatif/quantitatif, Silverman (1993, Chapitre 2) met en évidence les divergences et les similitudes de positions pour définir ce qu'est une recherche qualitative. L'encadré 1.1. ci-après résume ses arguments.

encadré 1.1.

les multiples visions de ce qu'est une recherche qualitative

Version 1

1. Prendre le point de vue du sujet

2. Décrire les situations quotidiennes dans le détail

3. Comprendre les actions et les significations dans leur contexte social

4. Mettre l'accent sur le temps et le processus

5. Privilégier des *designs* de recherche ouverts et relativement peu structurés

6. Éviter d'introduire des concepts et théories trop tôt dans le processus de recherche

Version 2

1. Utiliser les contextes quotidiens plutôt que les conditions expérimentales

2. Plusieurs modes de collectes de données (parmi lesquels observation et entretiens non-directifs)

3. Préférence pour une collecte de données non-structurée (pas d'hypothèse ni de définition préalables)

4. Intérêt pour les microsituations de la vie sociale (groupe, situation unique)

5. Intérêt pour la signification et les fonctions de l'action sociale

6. Hypothèse que la quantification joue un rôle secondaire

Version 3

1. Préférence pour des données qualitatives

2. Préférence pour des données issues de situations naturelles – observation plutôt qu'expérimentation

3. Préférence pour les significations plutôt que les comportements

4. Rejet des sciences naturelles comme modèle

5. Préférence pour une approche inductive, génératrice d'hypothèses plutôt que pour le test d'hypothèses

Version 4

1. Préférence pour des situations naturelles comme sources primaires de données

2. Fidélité au phénomène étudié

3. Usage d'une méthodologie inductive qui évite le test prématuré d'hypothèses

Version prescriptive

1. La recherche qualitative doit être prioritairement tirée par la théorie plutôt que déterminée par des considérations techniques

2. Il faut reconnaître que les acteurs sociaux produisent aussi des « théories de l'action »

3. Il faut remettre en question le raisonnement de sens commun utilisé dans la définition des variables

4. Il faut privilégier les données issues de situations naturelles et le point de vue des acteurs eux-mêmes

Source : d'après Silverman (1993 : 24-29)

Reprenons certains aspects développés ci-dessus en les complétant par d'autres éléments : les données (§ 1.), l'importance du contexte (§ 2.), le statut du chercheur par rapport à son objet de recherche (§ 3.).

§ 1. - les données : nature, collecte et traitement

La recherche qualitative se spécifie-t-elle par les matériaux empiriques recueillis, les modes de collecte et de traitement ?

A. - nature des données

Pour Evrard et *al.* (1997 : 276), les données qualitatives correspondent à des variables mesurables par des échelles nominales ou ordinales alors que les données quantitatives utilisent des échelles d'intervalle ou de proportion. Or, dans une recherche qualitative, les matériaux recueillis peuvent être **à la fois** qualitatifs (des mots, des perceptions) et quantitatifs (des fréquences, des mesures) (Dachler, 1997). La plupart des exemples utilisés dans cet ouvrage illustrent cette propriété (voir, en particulier, Allard-Poesi, Chapitre 7).

B. - collecte des données

Dans les recherches qualitatives, les modes de collecte sont principalement « l'entretien compréhensif » (Kaufman, 1996), l'observation (participante ou non) (Groleau, Chapitre 6) et les documents internes. La méthode des cas (Hlady-Rispal, 2002 ; Giroux, Chapitre 2) par exemple, combine nécessairement plusieurs modes de collecte – ou sources de données – ce qui oblige le chercheur à développer une pluralité de compétences. Cette nécessité est moins présente dans les modes de collecte plus structurés comme les questionnaires.

Corrélativement, alors que ces derniers procèdent de la non-intrusion et de la distance, les modes de collecte en qualitatif sont facilement exposés à « contamination » de par la nature particulière de la relation du chercheur à son « objet » de recherche. Comme nous le verrons ci-dessous (§ 3.), cette relation chercheur/objet doit être gérée et contrôlée de manière à ne pas diminuer la validité interne de la recherche.

C. - traitement des données

Nous l'avons signalé ci-dessus, la nature des données ne spécifie pas le caractère qualitatif d'une recherche. De nombreux traitements statistiques (donc quantitatifs) portent sur des variables nominales (*i.e.* qualitatives). Par exemple, les analyses factorielles de correspondances portent sur des variables nominales (donc qualitatives), mais le traitement statistique lui, est une technique recensée parmi les « méthodes » quantitatives.

Dans les recherches qualitatives, les traitements analytiques ne sont pas principalement issus de la statistique : les méthodes de traitement ne cherchent pas à mesurer ce sur quoi elles se focalisent. S'il existe des chiffres, ces derniers ne serviront pas au traitement statistique, mais à différencier des cas, à faire des regroupements... Il ne s'agit pas de rechercher des régularités statistiques (entre individus substituables), mais de rechercher les significations, de comprendre des processus, dans des situations uniques et/ou fortement contextualisées.

■ § 2. - une recherche qualitative s'intéresse à une réalité spécifique et enchâssée dans un contexte

Une propriété spécifique des recherches qualitatives est qu'elles étudient les phénomènes dans leur cadre naturel : « [la recherche qualitative] suppose que l'investigation se déroule dans un cadre ordinaire plutôt que dans des conditions artificielles comme pour l'expérimentation » (Marshall et Rossman, 1989 : 10 *in* : Silverman, 1993 : 23). Elle s'intéresse aux situations naturelles et spécifiques, non aux régularités a-contextuelles. Les recherches qualitatives privilégient donc une posture idiographique (La Ville, 2000).

À l'inverse, les recherches quantitatives, fondées sur le grand nombre, opèrent à des niveaux d'abstraction plus élevés et produisent une science nomothétique assise sur des régularités statistiques, voire des lois générales (Grawitz, 1993). Par nature, cette position est a-contextuelle. Ainsi, les recherches qualitatives privilégient la profondeur de la description (*thick description*, Geertz, 1973) tandis que les recherches quantitatives se focalisent davantage sur les régularités par-delà les diversités.

En conséquence, le choix d'un échantillon qualitatif peut, à l'extrême, porter sur une situation unique (Yin, 1994 ; Giroux, Chapitre 2), ce qui soulève des questions méthodologiques et épistémologiques particulières (La Ville, 2000 : 75) ainsi que des problèmes de validation des connaissances produites : sur du singulier plus que sur la répétition (Moriceau, 2000a ; Le Goff, 2002).

De plus, tout comme dans les recherches quantitatives, le chercheur est tenu de rendre explicite l'ensemble des éléments permettant de discuter des énoncés produits. Dans les recherches qualitatives, cette nécessité d'explicitation est cruciale, tant la nature historique et sociale des objets de recherche rend profondément contextuelles nos connaissances. Comme nous le signale Gérard Kœnig (1993 : 16) après Popper, « la fragilité de nos connaissances et de nos projets souligne **la nécessité absolue** de soumettre les unes et les autres **au contrôle de la critique par tous les moyens possibles** » (en gras dans le texte).

§ 3. – le statut du chercheur par rapport à son objet de recherche

Toute recherche se doit de spécifier quelle est la position du chercheur eu égard à son objet de recherche (ou encore ses choix épistémologiques ; Girod-Séville et Perret, 1999 : 13). Dans le cas des recherches qualitatives, l'explicitation est d'autant plus indispensable qu'il y a plusieurs postures possibles, et qu'à un choix épistémologique donné ne correspondent pas automatiquement des choix de méthodes (M'bengué et *al.*, 2000).

Les choix épistémologiques forment un ensemble que Bateson appelait un filet de prémisses dans lequel est pris le chercheur : « le chercheur est enserré dans un filet de prémisses épistémologiques et ontologiques qui – au-delà de toute vérité ou fausseté – deviennent en partie autovalidantes » (Bateson 1972 : 314). On ne peut donc jamais évaluer une recherche sans prendre en considération les prémisses mêmes de celle-ci et donc son « périmètre » de validité (portée, limites, extensions).

Ensemble de prises de positions qui guident la démarche de recherche, ce filet peut être appelé paradigme (2) (Guba 1990 : 17) ou

(2) On sait combien le terme « paradigme » a pu être utilisé après Kuhn (1963) et les usages pas toujours circonstanciés dont il fait quelquefois l'objet. La terminologie de Guba se rapporte explicitement à l'ensemble des présupposés sur le monde social ainsi que sur le mode d'analyse de ce monde. Voir aussi, Burrell et Morgan (1979/1994).

cadre épistémologique. La terminologie en ce domaine n'est pas parfaitement stabilisée. Selon les auteurs, l'épistémologie désigne tantôt uniquement la nature de la relation entre l'observateur et l'objet (3), tantôt la nature de la réalité (ontologie) et la relation sujet/objet. Les auteurs de cet ouvrage ont choisi de distinguer les deux. Ainsi, le terme « ontologie » désignera la manière dont la « réalité » est envisagée (une donnée, un construit social), tandis que l'épistémologie spécifiera la nature de la relation liant le chercheur à son objet de recherche.

Mais au-delà des questions de dénomination, le chercheur doit toujours définir l'articulation ontologie/épistémologie/méthodologie pour argumenter sur la cohérence de son dispositif et permettre l'évaluation de sa recherche (pour notamment en tracer les limites). Ces composantes forment une suite de choix qui doivent être cohérents avec la question de recherche (*cf.* Section II ci-après). Il y a une logique d'assemblage que l'on doit expliciter.

Trois paradigmes de recherche les plus fréquemment rencontrés sont explicités ci-après : la tradition positiviste (A), la tradition subjectiviste ou interprétative (B) et la posture constructiviste (C) (4).

A. - dans la tradition positiviste, la réalité existe, c'est une essence, une évidence sensible ; elle est exogène à l'observateur (5). Ce dernier (le chercheur) est posé en extériorité par rapport à la situation observée. Son projet est de découvrir le « plan de câblage » (Le Moigne, 1990) ou les régularités par tous les moyens scientifiques acceptables. Le chercheur apparaît dans une posture privilégiée : Pierre-Yves Gomez (1997) parle de « chercheur prométhéen » pour désigner une figure a-sociale de la connaissance, placée « au-dessus » du réel dont il cherche à révéler sa vérité cachée. Ce principe très général est bien évidemment peu fidèle à la pluralité des positivismes qui se sont succédé au cours du temps. Mais comme le souligne Smith (1998), la plupart des chercheurs en sciences

(3) Comme nous le verrons plus loin, cette terminologie n'est pas satisfaisante. Héritée des méthodes d'observation dans les sciences de la nature, elle ne convient pas aux sciences sociales, les « objets » étudiés relevant plus fréquemment de construits sociaux. C'est donc par commodité que la terminologie est conservée, notamment avec des guillemets. Ces derniers traduisent alors un soupçon de naturalisation abusive...

(4) D'autres paradigmes ne sont pas explicités ici, en particulier, le paradigme critique et le paradigme postmoderne qu'évoque Nicole Giroux dans sa discussion sur la théorisation à partir d'un cas (Chapitre 2, Section III, § 8).

(5) Dans le sens le plus général et non dans celui de méthodes d'observation (Groleau, Chapitre 6).

sociales se réfèrent aujourd'hui au « positivisme standard » de Carl Hempel ou bien à celui, plus connu en gestion, de Karl Popper (1969). On trouve alors la terminologie de paradigme post-positiviste.

D'un point de vue méthodologique, c'est la démarche hypothético-déductive qui est fréquemment utilisée, admettant que la connaissance progresse par « conjectures et réfutations » et non pas par « vérification » à partir d'observations particulières (induction). En sciences sociales, l'induction n'est toutefois pas écartée du revers de la main, en particulier dans les situations nouvelles qui font appel à l'exploration (Evrard et *al.*, 1997).

En gestion, beaucoup de contributions reposent sur des hypothèses fonctionnalistes posant que les organisations sont des entités objectives ; le chercheur vise à identifier leurs éléments constitutifs et les relations qui les unissent pour expliquer leur cohérence et leur capacité à s'adapter (Demers, Chapitre 5 ; Burrell et Morgan, 1979). Dans cette perspective, les techniques de collecte des données constituent un dispositif visant à « saisir » la réalité – passive – du phénomène : « la méthodologie se comprend comme le développement d'outils à l'aide desquels il est possible de donner une représentation d'un monde extérieur. Cette représentation se doit d'être la plus complète et précise possible. (…) Les méthodes sont des outils à l'aide desquels le chercheur – sujet actif et connaissant – construit le savoir à propos d'objets de recherche relativement passifs » (Dachler, 1997 : 722). Les outils de collecte les plus classiques procèdent de la non-intrusion et de la distance (ex. enquête par questionnaires).

figure 1.1.

le chercheur prométhéen
posture d'extériorité
Ontologie = réaliste/objectiviste/essentialiste
Épistémologie = positiviste

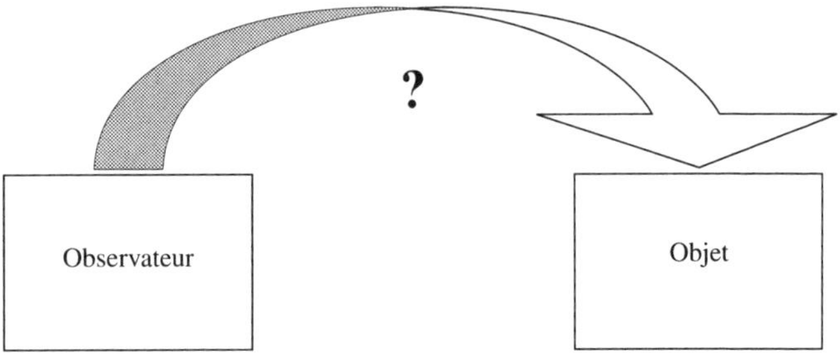

L'observateur est sujet actif observant un réel « donné », indépendant de lui-même
L'objet de la recherche est considéré comme une essence, une entité donnée là à « dé-couvrir » (6).

B. - dans la tradition interprétative, il est impossible d'avoir une connaissance objective de la réalité. Toute connaissance est connaissance « sensible » : nous ne pouvons que percevoir de manière située et historique cette réalité. Tout individu (ordinaire ou savant) est donc sujet interprétant et ses interprétations lui sont spécifiques car intimement liées à son expérience personnelle du monde. Pour le chercheur, connaître revient à tenter de comprendre le sens ordinaire que les acteurs attribuent à la réalité, inconnaissable dans son essence.

Le chercheur doit alors être capable d'empathie (capacité à se mettre à la place d'autrui) dans son projet de saisir ce qui est signifiant pour les acteurs. Le « comprendre » (*verstehen*, Schutz, 1972) se situe à deux niveaux : celui de la vie quotidienne de l'acteur de terrain (le sociologue profane de Garfinkel) et celui du chercheur (le sociologue professionnel) qui tente de restituer les significations attribuées par ces mêmes

(6) Nous écrivons « dé-couvrir » qui suggère : « à la manière d'enlever une couverture ».

acteurs. La double subjectivité (celle du chercheur et celle des acteurs) intervient. Contrairement aux canons positivistes (extériorité, neutralité...), le chercheur est engagé dans une relation à l'Autre, l'« objet » de sa recherche, lequel se modifie nécessairement tout en rétro-agissant sur le chercheur. « Il doit alors tirer les conséquences de sa position au sein même du cercle herméneutique : il fait inéluctablement partie de la réalité qu'il se propose d'étudier et ne peut se situer en dehors du processus interprétatif » (La Ville, 2000 : 90). Le chercheur est partie intégrante du processus méthodologique lui-même (figure 1.2. ci-après) ; le dispositif de recherche est un *artefact* socialement construit par les participants à la recherche (Dachler, 1997 : 722). Cette propriété apparaît nettement dans la méthode biographique que présente Linda Rouleau (Chapitre 4, Section III, § 3) : la relation « narrataire/narrateur » est une construction commune complexe dans laquelle « faire dire » et « dire » sont des actes qui s'enchevêtrent constamment.

figure 1.2.

le chercheur interprétatif
Posture d'empathie

Ontologie = relativiste : réalités construites multiples
Épistémologie = interprétative

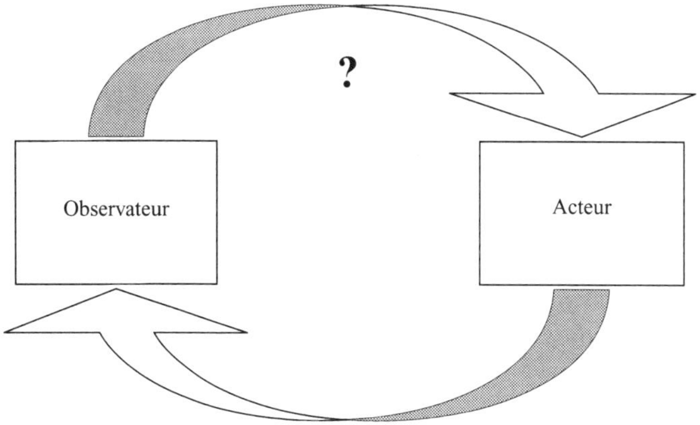

L'observateur est un sujet actif interprétant
L'acteur de terrain est aussi sujet actif interprétant

Nous sommes ici loin du premier cas de figure dans lequel le chercheur apparaissait comme le seul détenteur de la connaissance, les acteurs étant relégués au rang d'« idiots culturels », pour paraphraser Garfinkel (1967). Le chercheur n'est pas un acteur désincarné qui parlerait au nom de la science : il a une histoire, il parle au nom d'une communauté, du point de vue d'une culture spécifique (le marketing, la GRH…). Il est toujours un acteur parlant d'une voix et d'un point de vue particuliers. Le produit de la recherche est un discours argumenté d'un chercheur historiquement et épistémologiquement situé. Selon la terminologie de Denzin et Lincoln (1998), le chercheur est un acteur situé et engagé. Pour Gomez (1997), cette seconde posture caractérise le chercheur « modeste » qui répond à une demande sociale et reconnaît sa propre subjectivité tout en la contrôlant. Comme l'illustreront nombre d'exemples de cet ouvrage, les recherches qualitatives adoptent fréquemment une perspective interprétative : « [dans la recherche qualitative], les chercheurs étudient les objets dans leur cadre naturel, recherchant le sens pour les acteurs eux-mêmes des phénomènes à l'étude » (Denzin et Lincoln, 1998 : 2).

Un point important à souligner est qu'il n'y a pas de lien univoque entre choix épistémologiques et méthodes de recherches : un paradigme positiviste est compatible avec des méthodes qualitatives (Royer et Zarlowski, 1999 : 144 ; M'bengué et *al.*, 2000 ; Demers, Chapitre 5). Comme l'indiquent Denzin et Lincoln (1998 : 9), historiquement, les méthodes qualitatives se sont positionnées au sein du paradigme positiviste. Au début des années quatre-vingt-dix, des leaders de la théorie enracinée (Strauss, Corbin, Glaser) ont modifié les canons usuels de la science positiviste pour l'adapter à leur conception post-positiviste de la recherche rigoureuse. Miles et Huberman, deux auteurs à classer dans le camp des chercheurs qualitatifs, se réclament explicitement d'un « positivisme aménagé » : « les phénomènes sociaux existent non seulement dans les esprits mais aussi dans le monde réel […] ; on peut découvrir entre eux quelques relations légitimes et raisonnablement stables » (Miles et Huberman, 1991 : 31). Il n'y a donc pas lieu, comme cela arrive quelquefois, d'assimiler positivisme et quantitatif d'une part, et interprétatif et qualitatif d'autre part.

C. – le choix d'une posture constructiviste repose sur des principes en rupture radicale avec la posture positiviste classique. Elle suppose tout d'abord que la réalité est une construction active d'un sujet (Glasersfeld, 1987) dans son expérience quotidienne partagée avec autrui (7). La multiplicité des héritages qui alimentent ce paradigme en font davantage une « nébuleuse » (Corcuff, 1995) qu'une posture unifiée. Mais au-delà de cette diversité d'influences, les constructivismes s'opposent à l'objectivisme : c'est « le principe de représentabilité de l'expérience du réel » (Le Moigne, 1990) ou, à des niveaux d'analyse plus agrégés, celui de constructivisme/constructionnisme (8) social. En gestion, nombre de recherches s'en réclament qui étudient des constructions sociales : un réseau, une crise, un changement organisationnel, etc. constituent des constructions, résultantes de processus sociaux (Mir et Watson, 2000).

Toutefois, Sandra Charreire et Isabelle Huault (2002) soulignent que ce premier principe (refus de l'hypothèse ontologique) n'est pas suffisant pour se référer à une posture constructiviste. Un certain nombre de travaux qui s'en réclament confondent cette dimension qui qualifie l'ontologie et la nature de la relation établie entre le sujet et l'« objet » (*i.e.* l'épistémologie), ce que les mêmes auteurs appellent le « constructivisme méthodologique ». Une posture constructiviste ne se réduit pas à vouloir comprendre des phénomènes sociaux. Par exemple, l'étude de représentations sociales peut se faire sans revendiquer une posture constructiviste : la construction de cartes cognitives d'acteurs peut relever d'une posture interprétative lorsque le chercheur décrit la pensée des managers ; elle renverra à une épistémologie constructiviste **si le chercheur co-construit** les cartes **avec les acteurs** (Charreire et Huault, 2002 : 12). Est donc qualifiable de constructiviste, une posture dans laquelle sujet et « objet » co-construisent mutuellement un projet de recherche : l'interaction est alors mutuellement transformative.

Mais les difficultés ne s'arrêtent pas là car elles touchent aussi les multiples façons de rendre opératoire cette « relation sujet/objet », *i.e.* comment définir le dispositif méthodologique (l'instrumentation) ainsi que le mode de validation des connaissances produites. En effet, si sujet et « objet » co-construisent mutuellement un projet, cette co-construction peut se concevoir de manières fort diverses selon le projet que s'assigne(nt)

---

(7) Les points de vue sur la manière dont se construit le réel sont forts nombreux : chez Piaget (1954/1989), l'expérience sensori-motrice est centrale, chez Berger et Luckmann (1967), l'intersubjectivité joue un rôle central dans la co-construction de sens commun, ou encore chez Varela (1989), l'*enaction* se fonde sur le caractère indissociable de la perception et de l'action.

(8) La diversité des influences se double également d'une diversité de vocables dénotant des différences de conceptions. Pour une revue de cette pluralité, voir, par exemple, Corcuff (1995) et Giroux (1997).

le chercheur et/ou les acteurs. Elle peut être support de connaissance pour le chercheur, *medium* d'apprentissage pour les acteurs et se dérouler avec un dosage variable de participation à la démarche.

Pour ce qui touche à la recherche-action, les multiples orientations, ingénierique (Chanal et *al*., 1997), interventionniste (David, 2001) ou participative (Whyte, 1991), offrent une grande variété de possibilités quant au statut du chercheur et à son « jeu » avec les acteurs de terrain. Florence Allard-Poesi et Véronique Perret (Chapitre 3) montrent que si la recherche-action a toujours pour projet de changer la réalité sociale et de produire des connaissances sur ces changements, elle revêt des formes variées en fonction du statut du chercheur et du rôle que ce dernier accorde à la combinaison de ces deux dimensions. S'il y a bien, dans tous les cas, interaction sujet/objet, celle-ci s'élabore selon des modalités bien différentes, de la démarche ingénierique aux approches plus coopératives.

figure 1.3

le chercheur constructiviste

Ontologie = relativiste : réalités construites multiples
Épistémologie = constructiviste
(le chercheur et les acteurs co-construisent le projet)

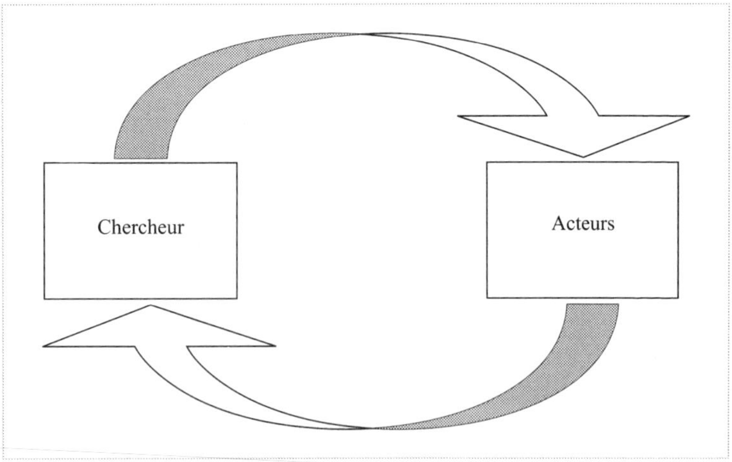

posture interactive transformative

La posture interactive suggérée par le schéma est donc différente de la posture empathique du paradigme interprétatif (interagir avec les acteurs dans une co-construction commune) mais elle ne traduit pas la multiplicité des modes opératoires possibles qu'il s'agira de préciser dans chacun des projets (Allard-Poesi et Perret, Chapitre 3).

Le tableau 1.1. résume les trois paradigmes de recherche discutés ci-dessus.

tableau 1.1.

trois paradigmes de recherche

	Positivisme	Courant interprétatif	Constructivismes
Nature de la Réalité **(ontologie)**	La réalité est une donnée objective indépendante des sujets qui l'observent	La réalité est perçue/interprétée par des sujets connaissants	La réalité est une : • construction de sujets connaissants qui expérimentent le monde ; • co-construction de sujets en interaction
Relation chercheur/objet de la recherche **(épistémologie)**	Indépendance : le chercheur n'agit pas sur la réalité observée	Empathie : le chercheur interprète ce que les acteurs disent ou font qui, eux-mêmes, interprètent l'objet de la recherche	Interaction : le chercheur co-construit des interprétations et/ou des projets avec les acteurs
Projet de connaissance **Processus de construction des connaissances**	Décrire, Expliquer, Confirmer Fondé sur la découverte de régularités et de causalités	Comprendre Fondé sur la compréhension empathique des représentations d'acteurs	Construire Fondé sur la conception d'un phénomène/projet

Source : d'après Girod-Séville et Perret (1999 : 14-15) et M'bengué et *al.* (2000 : 281-82)

Nous l'avions déjà brièvement évoqué au début, un autre critère permet de spécifier les recherches qualitatives : celui du cheminement du projet. Contrairement aux recherches quantitatives qui obéissent à une structuration plus ou moins programmable en plan de recherche, les projets qualitatifs se caractérisent par une construction itérative, utilisant des canevas « ouverts » et peu structurés (Hlady-Rispal, 2002 : 45). La Section II expose brièvement cette propriété qui sera plus abondamment illustrée dans la plupart des chapitres suivants.

section II
le processus de recherche qualitative

Quelles que soient les méthodes utilisées, un processus de recherche se définit comme la construction itérative et le pilotage d'un projet porté par la formulation d'un problème de recherche.

Un certain nombre de composantes, agencées en étapes, forment le processus qui s'étale de la formation d'une première intuition à la rédaction/publication d'un document soumis à la critique (étude, mémoire, thèse, etc.). De nombreux ouvrages existent qui décrivent ce processus (voir, par exemple, Quivy et Campenhoudt, 1995 ; Wacheux, 1996 ; Evrard et *al.*, 1997 ; Thiétart et *al.*, 1999). Cette section vise seulement à donner une vision synoptique du cheminement du chercheur qui conduit un travail qualitatif. Elle attire l'attention sur les composantes de tout projet et sur les spécificités d'un cheminement de recherche qualitative. Ces composantes seront détaillées dans chacun des chapitres ultérieurs de cet ouvrage en fonction des méthodes discutées. La figure 1.4. n'est donc qu'une grille très générale qui ne pourra prendre vie que dans les exemples choisis.

figure 1.4.

une vue synoptique du processus de recherche

	Les grandes étapes	Leur contenu
Construire le processus	Concevoir	Problématique et question(s) de recherche (*cf. infra* figure 1.5.)
	Mettre en œuvre	Construire le *design* Lier concepts et données Collecter les données, choisir l'échantillon Coder et traiter les données
	Analyser Évaluer	Interpréter les résultats Apprécier leur validité
Communiquer le produit	Diffuser	Document final Quelles contributions à la connaissance ? Implications théoriques et managériales Limites Voies de recherche possibles

Source : en partie d'après Thiétart et coll. (1999, Plan de l'ouvrage)

Ce qui constitue l'une des caractéristiques des projets qualitatifs est l'enchaînement de ces différents stades de travail. Contrairement aux approches structurées, la progression n'est pas linéaire : elle est faite d'allers et retours constants, de récursivités, comme par exemple, dans la séquence collecte/codage/analyse des données (Allard-Poesi, Chapitre 7).

Toutefois, tout projet comporte des « invariants » qui forment toujours le corps du processus. Globalement, on peut considérer que tout processus de recherche est constitué de quatre grandes phases interconnectées mais que nous séparons artificiellement pour des raisons de commodité d'exposition. Trois d'entre elles portent sur la construction du processus de recherche (concevoir, mettre en œuvre, analyser/évaluer), la quatrième porte sur la communication du produit final (diffuser).

§ 1. – la construction du processus

La construction débute par l'ensemble des décisions relatives à la problématique et à la question de recherche. Il s'agit d'une étape cruciale qui précède le choix définitif de la ou des stratégies de recherche.

A. – concevoir : définir question de recherche et problématique

Pour Quivy et Campenhoudt (1995), le projet démarre par une question de départ, nécessairement un peu floue, que le chercheur va préciser petit à petit par la confrontation avec les acquis, contradictions, débats de la littérature. Mais il peut aussi advenir qu'un projet prenne forme à partir d'un terrain intéressant dont les spécificités amènent à des révisions plus ou moins draconiennes des premières intuitions (Kœnig, 2002). Un travail exploratoire qui couple lectures sélectives, entretiens avec des acteurs de terrain et d'autres chercheurs (pairs, directeur de recherches), recherche documentaire, etc. permet une première mise en forme qui doit rester malléable. Cette étape permet une « initiation au contexte », un apprentissage progressif du terrain mais aussi un test de la pertinence des premières intuitions de recherche qui seront progressivement affinées mais qui peuvent aussi être totalement remises en cause.

L'ensemble des questions que se pose le chercheur sur la nature et la faisabilité de son projet forme une combinatoire complexe et non un enchaînement linéaire de différents modules qui, progressivement, le conduiront à formuler une problématique (ou objet de la recherche). Gérard Kœnig (2002 : 1) insiste sur le caractère « systémique » et non d'enchaînement de la construction du projet : « l'idée de système est importante qui suggère que les éléments sont en relation les uns avec les autres : si l'un est modifié, l'économie générale du projet a toutes les chances de s'en trouver peu ou prou altérée ». La construction de l'objet de la recherche est donc une étape décisive du processus car il guide la construction du *design*, lequel, en retour, peut venir modifier cette première étape (Allard-Poesi et Maréchal, 1999 : 35).

La question de recherche (encadré 1.2.), quant à elle, est une expression précise et opératoire de l'objet de la recherche (Allard-Poesi et Maréchal, 1999 ; Royer et Zarlowski, 1999) : « la question de recherche est un phare, elle indique un cap. Elle est un outil de focalisation de l'activité » (Kœnig, 2002 : 2).

encadré 1.2.

exemples de questions de recherche

Exemple 1 (Allard-Poesi, 1997)

Quelle est la nature et quels sont les éléments constitutifs des représentations collectives ainsi que les dynamiques sous-jacentes à leur processus d'émergence ? (9)

Cette question de recherche se subdivise en deux sous-questions :

Qr1. *En quoi consiste une représentation collective dans les organisations ? Quelles en sont les propriétés et les éléments constitutifs ? (question de type « quoi ? »)*

Qr2. *Comment émerge une représentation collective à partir des représentations supposées différenciées des individus dans les organisations ? (question de type « comment ? »)*

Exemple 2 (Royer, 1999)

Comment et pourquoi on poursuit le développement de nouveaux produits en dépit d'informations négatives qui tendent à remettre en cause son succès ?

Exemple 3 (De Vaujany, 2001)

Comment émergent les « innovations sociales à l'usage » dans le cas des technologies de l'information de type Intranet ?

Problématique et question de recherche sont donc un aboutissement, plus qu'un commencement, mais un aboutissement avec plusieurs itérations possibles. C'est pourquoi, Wacheux (1996 : 171) suggère de communiquer deux problématiques : la première en début de processus (« problématique 1 »), la seconde à l'issue du travail de terrain. La première constitue un construit à fort contenu théorique. Il s'agit d'un premier dispositif argumentaire et d'un premier énoncé d'envergure du projet mais qui est voué à évoluer par la suite. De même, la question de recherche est, elle aussi, amenée à évoluer avec les phases ultérieures du processus de recherche, évolution souvent génératrice d'inquiétudes pour le chercheur en quête de « certitudes » (Moriceau, 2000b).

(9) Pour plus de détails, voir le Chapitre 7, encadré 7.2.

La recension des principales questions à se poser (composantes) pour définir la problématique et la question de recherche est illustrée par la figure 1.5.

figure 1.5.

concevoir problématique et question de recherche les questions à se poser

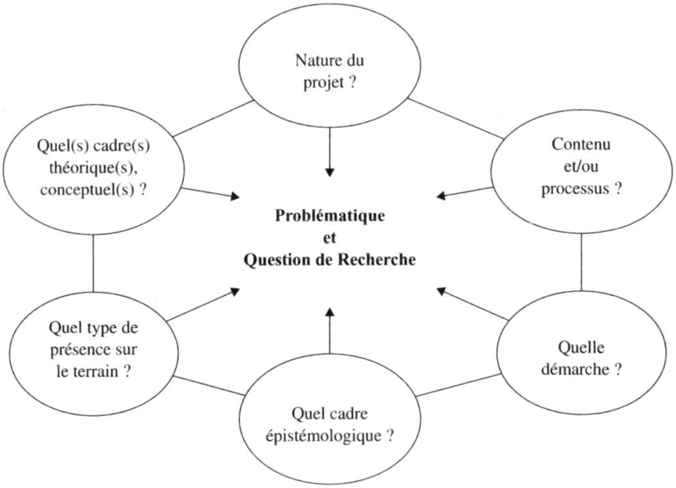

La nature du projet de connaissance est une composante importante : s'agit-il d'explorer, de décrire, de comprendre, d'expliquer, de transformer ? (Evrard et *al.*, 1997). S'agit-il d'une recherche portant sur un contenu et/ou sur un processus (par exemple, un changement stratégique comme l'expose Christiane Demers dans le Chapitre 5) ? De quel type de démarche relève le projet : s'agit-il de tester/justifier (contexte de vérification) ou bien de construire/enrichir (contexte de découverte) ? Ces deux orientations peuvent porter sur des hypothèses, des théories, des modèles (Snow et Thomas, 1994). Quel est le cadre épistémologique/paradigme dans lequel s'inscrit le projet ? Quel type de présence sur le terrain puis-je négocier ? Comme l'indiquent notamment Christiane Demers (Chapitre 5) et Carole Groleau (Chapitre 6), outre la nature même du projet de connaissance, les contraintes et opportunités de terrain orientent la stratégie de la recherche (par exemple, la tolérance au caractère plus ou moins invasif de la recherche).

Ainsi, les choix de méthodes ne sont pas des choix premiers ; ils sont subordonnés à des choix antérieurs : nature de la question de recherche, paradigme et accessibilité du terrain. Il faut éviter ce que Janesick (1998 : 48) nomme la « méthodolâtrie », comprise comme une idolâtrie précoce pour les choix de méthodes dans le processus de recherche.

B. - mettre en œuvre et analyser

Après avoir défini la problématique, la démarche de recherche se poursuit par l'élaboration de ce qu'il est convenu d'appeler le *design* ou l'architecture de la recherche. Celui-ci se concrétise progressivement à partir de la première étape ; « il est la trame qui permet d'articuler les différents éléments d'une recherche : problématique, littérature, données, analyse et résultat » (Royer et Zarlowski, 1999 : 139).

Le *design* de recherche inclut une présentation claire de la question de recherche, des objectifs, des types d'informations nécessaires et des stratégies appropriées pour y répondre (voir par exemple, la figure 2.1., Chapitre 2). Il décrit un ensemble de lignes directrices qui lient les paradigmes théoriques à la stratégie de recherche et aux méthodes de collecte d'informations : « les stratégies d'investigation mettent les paradigmes en mouvement. Elles ancrent les paradigmes sur des sites empiriques particuliers ou bien dans des pratiques méthodologiques spécifiques telles que, par exemple, l'étude de cas » (Denzin et Lincoln, 1998 : 29).

Toutefois, comme nous l'avons déjà suggéré plus haut, lorsque la démarche est plutôt inductive ou abductive, problématique et question de recherche ne peuvent être rapidement et définitivement spécifiées : elles vont encore évoluer avec le recueil et les analyses des données. Ainsi, les itérations successives pourront aboutir à une « problématique 2 » plus ou moins différente de la « problématique 1 », formulée au début du processus. Dans les recherches qualitatives, ce phénomène est fréquent : la recherche n'est pas un long fleuve tranquille et les résultats inattendus, les difficultés ou de nouvelles opportunités peuvent réorienter la question de recherche initiale. Dans « la théorie enracinée » (*grounded theory*) de Glaser et Strauss (1967), il s'agit d'un principe qui fonde la démarche même : « les activités de collecte et d'analyse des données se déroulent de manière quasi simultanée avec, de plus, de fréquents retours à la littérature pour chercher à expliquer les faits nouveaux observés. Ces nombreuses itérations conduisent souvent à affiner la problématique, voire à la redéfinir entièrement en fonction des observations et des opportunités » (Royer et Zarlowski, 1999 : 161).

Cette propriété de récursivité (Hlady-Rispal, 2002 : 177-78), qui sera abondamment illustrée dans les chapitres suivants, fait écho au « bricolage » dont nous parlions plus haut, bricolage qui peut décontenancer le chercheur débutant (Moriceau, 2000b). Le bon déroulement du processus de recherche suppose ainsi que le chercheur accepte cette propriété inhérente aux recherches qualitatives, faite de nombreuses émergences qui émaillent sa démarche. Le codage des données (Allard-Poesi, Chapitre 7) illustre particulièrement bien les inévitables difficultés de l'exercice. Là encore, rechercher la critique constructive est important à ce stade. Il lui faut exposer – et non cacher – ses difficultés, ses doutes, tant à ses aînés que lors de rencontres de type ateliers doctoraux. Ce sont des lieux de prédilection pour débattre, écouter, faire évoluer son travail au contact des autres qui, le plus souvent, ont été ou sont confrontés à des difficultés similaires.

La mise en œuvre du projet nécessite aussi de lier les concepts, théories, modèles, avec les données empiriques de terrain (Angot et Milano, 1999), de choisir l'échantillon théorique, de définir et évaluer les méthodes de collecte et de traitement des données (Baumard et *al.*, 1999 ; Drücker-Godard et *al.*, 1999). Les chapitres de l'ouvrage déroulent chacun les différentes étapes de la mise en œuvre et de l'analyse, montrant combien ces deux moments sont enchevêtrés. Par exemple, collecte et traitement commencent généralement assez tôt dans le processus et se poursuivent jusqu'à ce que le principe de saturation soit atteint (Allard-Poesi, Chapitre 7).

C. - évaluer

L'évaluation d'un projet qualitatif constitue une nécessité d'autant plus forte qu'en arrière-plan, c'est souvent la légitimité des démarches qualitatives qui est en jeu. Plus que dans les approches quantitatives, la validité d'un projet s'évalue par la capacité du chercheur à restituer et justifier sa démarche pour ainsi dire pas à pas (Kœnig, 1993 ; Groleau, Chapitre 6, Section V). Cette traçabilité des « mécanismes génératifs » (La Ville, 2000) est indispensable : elle met à jour l'ensemble des précautions méthodiques, des choix effectués par le chercheur pour garantir une recherche éprouvée.

Ce que Martine Hlady-Rispal (2002 :100), appelle les « tests-qualité », est constitué par l'ensemble des mesures prises pour minimiser les lacunes de son travail et en borner les limites. Bien que, là aussi, la terminologie ne soit pas totalement stabilisée, les différents « tests » (non standardisés comme dans les démarches quantitatives) sont, selon les auteurs :

1. la fidélité, la validité interne et externe, la validité du construit (Thiétart et coll., 1999) ;

2. la crédibilité, la fiabilité, la validation, la transférabilité (Deslauriers, 1991) ;

3. l'acceptation interne, la cohérence interne, la confirmation externe, la complétude, la saturation (Mucchielli, 1994), etc.

L'ouvrage est issu d'une collaboration entre chercheurs nord-américains (québécois) et français. Il est donc un témoin des différences et des spécificités culturelles (Côté et Hafsi, 2000). Nous avons délibérément choisi de respecter et conserver les terminologies marquées par ces spécificités, chaque auteur prenant soin de définir la signification des termes auxquels il renvoie, signification complétée par l'index en fin d'ouvrage.

§ 2. - la communication du produit final

La communication officielle des résultats est constituée par un document qui doit impérativement permettre au lecteur de reconstituer la logique des choix effectués par le chercheur. Partie émergée de l'iceberg, le document final constitue une rationalisation *ex post* (Wacheux, 1996) qui doit être adaptée au type de recherche et au support de diffusion.

L'écriture des résultats est toujours une composition difficile car la nature même des projets qualitatifs interdit le recours à des formes très standardisées, avec des « plans-types ».

Le chercheur est confronté à plusieurs exigences :

- l'exigence académique est la plus critique dans les mémoires et les thèses ;
- l'exigence professionnelle intéresse les acteurs de terrain à qui le chercheur doit restituer les résultats, et, souvent, proposer des implications/actions managériales ;
- l'exigence pédagogique caractérise la capacité à communiquer de manière claire, valide et attractive sur le travail. Cette dernière exigence n'est bien évidemment pas spécifique aux recherches qualitatives mais ces dernières sont tout particulièrement concernées. La richesse des matériaux mobilisés, les multiples itérations que comportent de tels projets, rendent la restitution difficile. Être raisonnablement

« compact » sans être superficiel, tel est le défi majeur à relever dans l'écriture.

Après d'autres, Wacheux (1996), Forgues (1999) ou Hlady-Rispal (2002) mettent en exergue les spécificités de l'écriture pour la restitution finale d'un travail de recherche qualitatif. Nicole Giroux, (Chapitre 2, Section III, § 9), souligne que l'écriture est œuvre de communication : chercher l'adhésion du lecteur se gagne par le respect d'attentes légitimes en matière de qualité scientifique mais aussi d'esthétique de l'écriture. Le lecteur est alors en présence d'un « récit » (Van Maanen, 1988) dont le style peut être variable mais qui, dans tous les cas, n'est pas neutre : il reflète la position épistémologique du chercheur et sa propre conception personnelle de la recherche (Forgues, 1999 : 491 ; Giroux, Chapitre 2).

§ 3. - architecture de l'ouvrage

Les chapitres qui suivent développent certaines stratégies et méthodes particulièrement utilisées dans les recherches qualitatives. Chaque chapitre contient la description de recherches menées par leurs auteurs de manière à donner vie aux méthodes : comment elles peuvent être utilisées, quelles en sont les limites, dans quels cas sont-elles pertinentes, etc. L'ouvrage est bâti selon une logique de construction de projet. Comme nous l'avons déjà signalé, le chercheur qui démarre un projet se pose un certain nombre de questions qui évoluent selon le stade d'avancement. Les auteurs ont donc voulu guider le chercheur au cours de ce cheminement fait d'essais-erreurs et d'itérations.

Si le **chapitre 1** a sommairement présenté ce que l'on entend par recherches qualitatives de manière à mettre en évidence les spécificités de ces démarches, les **chapitres 2, 3** et **4** s'intéressent à trois stratégies particulières : l'étude de cas, la recherche-action et la méthode biographique. Les **chapitres 5** et **6** exposent deux méthodes de collecte classiquement utilisées : l'entretien et l'observation. Enfin, le **chapitre 7** s'attarde sur une particularité essentielle des recherches qualitatives et pourtant très peu abordée dans les ouvrages de méthodologie : le codage des données.

L'ensemble de l'ouvrage est écrit de manière à fournir un maximum d'exemples au lecteur : chaque auteur a puisé dans son expérience personnelle de recherche en étayant ses développements par le recours à des travaux éprouvés. Ces derniers sont tous disponibles soit auprès des auteurs eux-mêmes, soit dans les bibliothèques de France et du Québec.

Ce sont souvent des thèses de doctorat soutenues par les auteurs eux-mêmes ou bien par leurs étudiants. Ce choix particulier constitue un encouragement à l'intention de tous les chercheurs – et plus particulièrement les doctorants – actuellement en cours d'écriture qui, comme le souligne Nicole Giroux, sont naturellement confrontés à l'angoisse de la recherche.

Références bibliographiques citées

ALLARD-POESI (F.), *Nature et processus d'émergence des représentations collectives dans les groupes de travail restreints*, Thèse ès Sciences de Gestion, Université Paris-Dauphine, 29 mai 1997.

ALLARD-POESI (F.) et MARECHAL (C.), « Construction de l'objet de recherche », *in* THIÉTART (R.A.) et coll., *Méthodes de Recherche en Management*, Paris : Dunod, 1999, (34-56).

ANGOT (J.) et MILANO (P.), « Comment lier concepts et données ? », *in* THIÉTART (R.A.) et coll., *Méthodes de Recherche en Management*, Paris : Dunod, 1999, (169-187).

BATESON (G.), *Vers une écologie de l'esprit* (1972), Paris : Seuil, 1977.

BAUMARD (P.), DONADA (C.), IBERT (J.), XUEREB (J.M.), « La collecte des données et la gestion de leurs sources », *in* THIÉTART (R.A.) et coll., *Méthodes de Recherche en Management*, Paris : Dunod, 1999, (224-256).

BERGER (P.) et LUCKMANN (T.), *La construction sociale de la réalité* (1967), Paris : Méridiens Klincksieck, 1989.

BURRELL (G.) et MORGAN (G.), *Sociological Paradigms and Organisational Analysis*, 1979, Hampshire : Arena, 1994.

CHANAL (V.), LESCA (H.) et MARTINET (A. C.), « Vers une ingénierie de la recherche en sciences de gestion », *Revue Française de Gestion* n° 116, 1997, (41-51).

CHARREIRE (S.) et HUAULT (I.), « Cohérence épistémologique : les recherches constructivistes françaises en management revisitées », *in* MOURGUES (N.) et *al.* (Eds.), *Questions de méthode en sciences de gestion*, Caen : Ed. Management et Société, 2002, (293-314)

CORCUFF (P.), *Les nouvelles sociologies*, Paris : PUF, 1995.

CÔTÉ (M.) et HAFSI (T.)(Eds.), *Le management aujourd'hui. Une perspective nord américaine*, Presses Universitaires de Laval-Economica, 2000.

DACHLER (H.P.), « Does the Distinction between Qualitative and Quantitative Methods Make Sense ? », *Organization Studies*, 18/4, 1997, (709-724).

DAVID (A.), « La recherche-intervention, cadre général pour la recherche en management ? », *in* DAVID (A.), HATCHUEL (A.), LAUFER (R.) (coord. par), *Les nouvelles fondations des sciences de gestion*, Paris : Fnege-Vuibert, 2001, (83-109).

DENZIN (N.K.) et LINCOLN (Y.S.) (Eds.), *Strategies of Qualitative Inquiry*, Thousand Oaks : Sage, 1998.

DESLAURIERS (J.P.), *Recherche qualitative. Guide pratique*, Montréal, Mc Graw Hill, 1991.

DRÜCKER-GODARD (C.), EHLINGER (S.) et GRENIER (C.), « Validité et fiabilité de la recherche », *in* THIÉTART (R.A.) et coll., *Méthodes de Recherche en Management*, Paris : Dunod, 1999, (257-287).

ÉVRARD (Y.), PRAS (B.), ROUX (E.) et *al., Market. Etudes et recherches en marketing*, 2e Ed., Paris : Nathan, 1997.

FORGUES (B.), « La rédaction du travail de recherche », *in* THIÉTART (R.A.) et coll., *Méthodes de Recherche en Management*, Paris : Dunod, 1999, (479-495).

GARFINKEL (H.), *Studies in Ethnomethodology*, Englewood Cliffs : Prentice Hall, 1967, réédité à Cambridge : Polity Press, 1984.

GEERTZ (C.), *The Interpretation of Cultures*, New York : Basic Books, 1973.

GIROD-SEVILLE (M.) et PERRET (V.), « Fondements épistémologiques de la recherche », *in* THIÉTART (R.A.) et coll., *Méthodes de Recherche en Management*, Paris : Dunod, 1999, (13-33).

GIROUX (N.), « La construction discursive de l'organisation », *Actes du Colloque Constructivisme(s) et sciences de gestion*, IAE de Lille, 23 octobre 1997, (373-386).

GLASER (B.) et STRAUSS (A.), *The Discovery of Grounded Theory. Strategies for Qualitative Research*, Chicago : Aldine Pub., 1967.

GLASERSFELD (VON) (E.), *The Construction of Knowledge*, Seaside : Intersystems Publications, 1987.

GOMEZ (P.Y.), *Document d'Habilitation à Diriger les Recherches*, Université Paris IX-Dauphine, 1997.

GRAWITZ (M.), *Méthodes des sciences sociales*, 9e ed., Paris : Dalloz, 1993.

GUBA (E.G.), « The Alternative Paradigm Dialog », *in* GUBA (E.G.) (Ed.) : *The Paradigm Dialog*, Newbury Park : Sage, 1990, (17-30).

HLADY-RISPAL (M.), *La méthode des cas. Application à la recherche en gestion*, Bruxelles, De Boeck Université, 2002.

JANESICK (V.J.), « The Dance of Qualitative Research Design : Metaphor, Methodolatry and Meaning », *in* DENZIN (N.K.) et LINCOLN (Y.S.) (Eds.), *Strategies of Qualitative Inquiry*, Thousand Oaks : Sage, 1998, (35-55).

KAUFMAN (J.-C.), *L'entretien compréhensif*, Paris : Nathan, Collection 128, 1996.

KŒNIG (G.), « Production de la connaissance et constitution des pratiques organisationnelles », *Revue de Gestion des Ressources Humaines*, n° 9, novembre 1993, (4-17).

KŒNIG (G.), « Conduite et présentation d'un projet de recherche », *Papier de recherche* http://www.univ-paris12.fr/irg/HTML/IRG/cahiers_recherches.htm, IRG, Université Paris XII, 2002.

KUHN (T.S.), *La structure des révolutions scientifiques* (1963), Paris : Flammarion, 1983.

LA VILLE (DE) (V.I.), « La recherche idiographique en management stratégique : une pratique en quête de méthode ? », *Finance, Contrôle, Stratégie*, vol. 3, n° 3, septembre 2000, (73-99).

LE GOFF (J.), « Vertus problématiques de l'étude de cas », *in* MOURGUES (N.) et *al.* (Eds.), *Questions de méthode en sciences de gestion*, Caen : Ed. Management et Société, 2002, (193-212).

LE MOIGNE (J.L.), « Épistémologies constructivistes et sciences de l'organisation », *in* MARTINET (A.C.) (coord. par), *Épistémologies et Sciences de Gestion*, Paris : Economica, 1990, (81-140).

LE MOIGNE (J.L.), *Le constructivisme, Tome 2 : Des épistémologies*, Paris : ESF éditeur, 1995.

MACE (G.), *Guide d'élaboration d'un projet de recherche*, Bruxelles : De Boeck, 1991.

M'BENGUÉ (A.), VANDANGEON-DERUMEZ, (I.), GRIMAND (A.), « Postures paradigmatiques et outils de recherche en management stratégique », *Actes de la Journée Épistémologie et Méthodologie en Sciences de Gestion*, Université Paris XII, 17 novembre 2000, (279-305).

MILES (M.B.) et HUBERMAN (A.M.), *Analyzing Qualitative Data : A Source Book for New Methods*, Beverly Hills : Sage, 1984 ; trad. fse : *Analyse des données qualitatives*, Bruxelles : De Boeck Université, 1991.

MIR (R.) et WATSON (A.), « Strategic Management and the Philosophy of Science : The Case for a Constructivist Methodology », *Strategic Management Journal*, vol. 21, 2000, (941-953).

MORICEAU (J.L.), « La répétition du singulier : pour une reprise du débat sur la généralisation à partir d'études de cas », *Actes de la Journée Épistémologie et Méthodologie en Sciences de Gestion*, IRG, Université Paris XII, 17 novembre 2000a, (237-256).

MORICEAU (J.L.), « Johannes ou la volonté de comprendre », *Comptabilité, Contrôle, Audit*, n° spécial, décembre 2000b, (31-42).

MOURGUES (N.) et *al.* (Eds.), *Questions de méthode en sciences de gestion*, Caen : Ed. Management et Société, 2002.

MUCCHIELLI (A.), *Les méthodes qualitatives*, Paris : PUF, 1994.

PIAGET (J.), « Les relations entre l'intelligence et l'affectivité dans le développement de l'enfant », *Bulletin de Psychologie*, 1954, (143-150), *in* RIMÉ (B.) et SCHERER (K.), *Les émotions*, Neuchâtel : Delachaux et Niestlé, 1989, (75-96).

POPPER (K.), *Conjectures et réfutations. La croissance du savoir scientifique*, (1969), Paris : Payot, 1985.

QUIVY (R.) et CAMPENHOUDT (VAN) (I.), *Manuel de recherche en sciences sociales*, Paris : Dunod, 1995.

ROYER (I.), *La dynamique de l'escalade de l'engagement et du désengagement dans le développement de produits nouveaux*, Thèse ès Sciences de Gestion, Université Paris IX-Dauphine, 15 janvier 1999.

ROYER (I.) et ZARLOWSKI (P.), « Le *design* de la recherche », *in* THIÉTART (R.A.) et coll., *Méthodes de Recherche en Management*, Paris : Dunod, 1999, (139-168).

SCHUTZ (A.), *The Phenomenology of the Social World*, (1932), London : Heinemann, 1972. Consulter aussi : *Le chercheur et le quotidien*, Paris : Méridiens Klinksieck, 1987.

SILVERMAN (D.), *Interpreting Qualitative Data*, London : Sage, 1993.

SMITH (M.J.), *Social Science in Question*, London : Sage, 1998.

SNOW (C.C.) et THOMAS (J.B.), « Field Research Methods in Strategic Management : Contributions to Theory Building and Testing », *Journal of Management Studies*, vol. 31, n° 4, 1994, (457-480).

THIETART (R.A.) et coll., *Méthodes de Recherche en Management*, Paris : Dunod, 1999.

USUNIER (J.-C.) et *al.*, *Introduction à la recherche en gestion*, Paris : Economica, 1993.

VARELA (F.J.), *Autonomie et connaissance. Essai sur le vivant*, (1980), Paris : Seuil, 1989.

VAUJANY (DE) (F.X.), *Gérer l'innovation sociale à l'usage des technologies de l'information : une contribution structurationniste*, Thèse de Doctorat, 2 tomes, Université Jean-Moulin Lyon 3, décembre 2001.

VAN MAANEN (J.), *Tales of the Fields : On Writing Ethnography*, Chicago : The University of Chicago Press, 1988.

WACHEUX (F.), *Méthodes qualitatives et recherche en Gestion*, Paris : Economica, 1996.

WHYTE (W.F.) (Ed.), *Participatory Action Research*, London : Sage, 1991.

YIN (R.K.), *Case Research Study. Design and Methods*, 2nd Ed., London : Sage, 1994.

chapitre 2

l'étude de cas

Nicole GIROUX

La recherche est une activité vivante. Elle s'inscrit dans le quotidien du chercheur. Son déroulement s'étale souvent sur une grande portion de sa carrière. Elle occupe donc une place importante dans son cheminement personnel. Elle constitue pour lui un effort d'étude méthodique et systématique d'un phénomène, de développement des connaissances. Tout en respectant les normes de son domaine d'expertise et les règles reconnues de la démarche scientifique, le chercheur mobilise aussi d'autres dimensions de sa personnalité telles que son esprit d'initiative, son ingéniosité, sa diplomatie, sa créativité, voire son intuition. En définitive, il assume, comme auteur, les limites et les atouts de sa position de sujet créatif. Derrière l'apparence neutre et objective de la recherche, il y a toujours un « je » qui est engagé et qui se veut réflexif. C'est pourquoi, dans ce texte, en prenant délibérément la position du « je » (au lieu du traditionnel et impersonnel « nous »), je raconterai comment, au cours des dernières années, j'ai utilisé l'étude de cas comme mode privilégié de construction de connaissance. Assumer son individualité et sa responsabilité comme chercheur est une démarche non-conventionnelle et risquée mais qui je crois en vaut la peine. J'espère que cette approche saura transmettre aux chercheurs novices le goût d'une recherche à la fois rigoureuse et passionnée.

Dans ce chapitre, je souhaite présenter la méthode de l'étude de cas en soulignant son caractère concret et actif. Pour ce faire, je vais en décrire les caractéristiques, les avantages et les limites en illustrant mon propos à l'aide d'exemples tirés de mes travaux sur le changement stratégique. Le texte qui suit est divisé en quatre sections : la première définit cette méthode ; la seconde montre la polysémie du terme « étude de cas », la troisième décrit en détail la démarche de construction du cas ; la quatrième montre comment la méthode des cas, loin d'être un exercice isolé, peut servir de fondement à un programme de recherche systématique et dynamique. Enfin, en conclusion, je soulignerai les avantages, les limites, mais aussi les plaisirs de l'étude de cas.

section I
l'étude de cas : une longue tradition

L'étudiant-chercheur au doctorat ou le jeune chercheur en sciences de gestion s'interroge parfois sur la pertinence de choisir l'étude de cas comme stratégie de recherche. Il a souvent entendu dire que ce n'est pas une approche valorisée dans le milieu académique, qu'elle produit au mieux une belle histoire et au pire une anecdote relevant davantage du journalisme que d'une véritable démarche scientifique.

Je crois personnellement que la valeur d'un outil dépend de son adéquation à l'usage que l'on veut en faire. Si l'objectif du chercheur est de tester une théorie au sens traditionnel du terme (approche hypothético-déductive classique), la méthode des cas n'est pas l'outil le plus adéquat à cause de sa capacité limitée à généraliser ses résultats (la généralisation statistique n'est pas pertinente ici). Elle permet, en revanche, de mettre à l'épreuve une théorie ou des propositions en dégageant des pistes de généralisation théorique (Snyder et Page, 1958 ; Yin, 1993). De même, si le chercheur désire décrire un phénomène dans toute sa complexité, selon une approche dite « compréhensive », en prenant en compte un grand nombre de facteurs, alors la méthode de cas est tout indiquée. Comme le disait Mintzberg, qui dans ses cours m'a donné le goût de faire des études de cas, « quand on veut étudier les migrations des oiseaux, on peut les étudier à distance avec un radar ; quand on veut savoir comment ils vivent, il faut aller en observer quelques-unes de près ».

Les critiques de l'étude de cas lui reprochent souvent de ne pas répondre aux critères de fidélité, d'économie et de robustesse. Par là, ils signifient que le chercheur étant l'instrument principal de collecte et d'analyse, on ne saurait garantir qu'un autre chercheur trouverait intégralement les mêmes résultats (fidélité de l'instrument de mesure). Ils lui reprochent aussi son manque de simplicité. En effet, les « théories ancrées » qui se dégagent de la démarche d'étude de cas, à cause de son caractère « idiographique » (s'attachant à la recherche du particulier) ne produisent pas des modèles simples. Elles ne sont donc pas économiques en termes de concepts et de relations causales. De plus, son caractère particulier vient mettre en doute sa capacité de généralisation des résultats (validité externe). Pour toutes ces raisons, les critiques de l'étude de cas lui accordent davantage un statut de « pré-recherche » ou de « post-recherche ». L'étude de cas sert alors, selon eux, soit à découvrir les variables à prendre en compte dans une étude ultérieure plus classique par questionnaire, soit encore à voir comment les résultats d'une telle recherche se concrétisent dans une situation particulière.

À cela, on peut répondre que la réalité est complexe et que l'esprit humain est capable d'en saisir les subtilités et d'en apprécier les indéterminations. Par ailleurs, l'étude de cas a aussi ses forces. Ainsi, à cause de la proximité de l'objet, cette méthode assure que l'on étudie bien le phénomène choisi. On lui concède donc une validité interne forte. Les détracteurs de l'étude de cas oublient souvent que celle-ci comporte des avantages spécifiques. Elle est une stratégie de recherche dynamique qui évolue en cours de route pour s'adapter aux particularités et aux opportunités du terrain. Elle constitue ainsi davantage une démarche de découverte qu'une démarche de vérification.

Malgré les critiques, l'étude de cas est aujourd'hui considérée comme une démarche scientifique légitime qui est le fruit d'une grande tradition de recherche dans les sciences humaines et sociales. Elle a largement démontré, par des travaux qui sont aujourd'hui devenus des classiques, qu'elle peut contribuer de manière significative à l'avancement des connaissances. L'étude de cas n'est pas un instrument mineur et nouveau dans la boîte à outils des chercheurs. Elle participe d'une longue tradition de recherche qualitative (Hamel, 1997). On peut retracer son utilisation dans la plupart des sciences humaines et sociales, en particulier celles qui ont une dimension clinique importante : médecine, psychologie, psychanalyse, histoire, science politique, sociologie, anthropologie, éducation et communication.

En sciences de gestion, plusieurs travaux de recherche devenus des classiques ont utilisé l'étude de cas (Allison, 1971 ; Chandler, 1962 ; Clark, 1956 ; Zald, 1963). Cette méthode a particulièrement été utilisée dans le champ de la stratégie par les études relatant des processus de décision ou de changement et cela, tant en France, aux États-Unis qu'au Québec (Bouchiki, 1990 ; Firsirotu, 1984 ; Gioia et Chittipeddi, 1991 ; Giroux, 1990 ; Leroy et Ramantsoa, 1996 ; Pettigrew, 1985 ; Hafsi et Demers, 1989 ; Mintzberg et Waters, 1985 ; Quinn, 1980 ; Vandangeon-Derumez, 1998… et la liste est loin d'être exhaustive).

Plusieurs études de cas ont même été publiées, et cela depuis fort longtemps, dans la grande revue de gestion américaine *Administrative Science Quarterly* (Bartunek, 1984 ; Meyer, 1982 ; Mintzberg et *al.*, 1976 ; Woolsey-Biggart, 1977). Il s'agit donc d'une méthode qui a fait ses preuves et produit des recherches jugées de grande qualité par des organismes de diffusion réputés pour leur sélection rigoureuse. Cet argument d'autorité vise bien sûr à rassurer le doctorant qui hésite à s'en servir et sert aussi à lui fournir des modèles de qualité dont il peut s'inspirer (Frost et Stablein, 1992).

section II
l'étude de cas, une multitude de formes

Si la méthode des cas a mauvaise réputation, c'est peut-être parce qu'elle prend plusieurs formes que l'on confond entre elles. L'étude de cas est alors desservie par une de ses grandes qualités : sa polyvalence qui favorise une grande diversité d'applications (Hlady-Rispal, 2000). Comme son nom l'indique, la méthode de cas vise l'étude en profondeur d'un ou de plusieurs cas qui exemplifient un phénomène que l'on veut étudier. Le chercheur veut alors observer l'unicité du phénomène et en préserver les particularités (Stake, 1998). Il s'agit alors de documenter un « morceau de réalité » dans une approche « idiographique » (Tsoukas, 1989).

L'étude de cas suppose que l'on documente un phénomène en utilisant plusieurs techniques de collecte de données (étude de documents, entretiens, observations, etc.). Ces données d'origines diverses servent à construire le cas qui sera analysé en fonction d'une problématique particulière (Hamel et *al.*, 1991). L'étude de cas relate donc un événement ou une série d'événements (présents ou passés) pour en tirer un savoir théorique susceptible d'éclairer la pratique.

Une des particularités de cette méthode est de prendre en compte la temporalité. Ainsi, elle est particulièrement féconde pour les recherches de type diachronique, processuel et contextuel, quand le chercheur tente de répondre à des questions comme : que s'est-il passé ? Comment cela s'est-il produit ? Pourquoi cela est-il arrivé ? Elle tient compte des dimensions historique, contextuelle et circonstancielle du phénomène observé.

En effet, contrairement aux études par sondage qui donnent un portrait d'un grand nombre d'occurences à un moment donné dans une approche synchronique, l'étude de cas se prête bien à des études longitudinales (Barker, 1993) ou historiques (Vézina, 1999) dans une approche diachronique. Elle fournit aussi beaucoup d'éléments d'informations concernant les circonstances dans lesquelles se produisent les phénomènes observés. Ces données favorisent une approche contextualiste de l'activité de la firme (Pettigrew, 1983) et permettent ainsi de mieux comprendre l'évolution du contexte dans lequel s'insère la firme.

Enfin, il faut aussi souligner que l'étude de cas se prête bien à une démarche de recherche circonscrite dans le temps (comme la rédaction d'un mémoire ou d'une thèse). Son format narratif, s'il pose un problème de réduction, de compression des données (Allard-Poesi, Chapitre 7) pour satisfaire le format imposé pour la publication sous forme d'un article, peut en revanche plus facilement donner lieu à la réécriture pour l'édition d'un ouvrage afin d'en faciliter la diffusion.

Cette démarche d'enquête et de reconstruction vise en somme à mieux comprendre le phénomène observé, que celui-ci soit de niveau individuel (Noël, 1989), sectoriel (Demers, 1993), organisationnel (Godelier, 1997) ou communautaire (Dupuis, 1991). Son objectif est de créer du sens dans une masse de données riches provenant de multiples sources et de multiples points d'observation dans le temps. Comme nous le verrons plus loin, cette richesse éclairante représente un coût non négligeable pour le chercheur tant au niveau de la collecte que de l'analyse. La méthode des cas n'est pas, contrairement à ce qu'en disent ses détracteurs, une méthode de facilité. C'est une méthode différente qui possède ses propres exigences et critères de qualité.

Tel que mentionné précédemment, le cas peut prendre diverses formes qui supposent un travail de recherche plus ou moins élaboré de la part de son auteur. Ces formes varient selon le type d'auditoire auquel le cas s'adresse et le type de fonction qu'il veut remplir.

- Il y a tout d'abord **le cas journalistique** publié dans les revues traitant du monde des affaires. Ces cas décrivent, le plus souvent de façon sommaire, une entreprise et ses activités. Ils servent souvent à illustrer les propos de l'auteur, à les appuyer par des anecdotes mémorables. Ce sont souvent ces cas qui, à cause de leur style accrocheur, sont à l'origine de la mauvaise réputation de la méthode des cas. Il ne faut pas toutefois rejeter ces cas du revers de la main. Ils constituent un moyen important de diffusion du savoir-faire en gestion. Ils peuvent aider le chercheur débutant à identifier des situations de gestion méritant une étude plus poussée. Lorsqu'ils sont bien documentés, ils peuvent servir de données secondaires (1) pour des études à caractère scientifique utilisant

(1) Les données secondaires sont des données non recueillies par le chercheur pour les fins de sa recherche mais par d'autres à d'autres fins et que le chercheur utilise comme matériau pour son analyse.

aussi des méthodes quantitatives comme par exemple les études de chercheurs reconnus comme Miller et Friesen en stratégie (1980).

– Il y a aussi **le cas à caractère pédagogique** qui présente aux étudiants en sciences de gestion des situations vécues synthétisées, bien documentées et parfois dramatisées pour les aider à développer leur capacité d'analyse et d'argumentation. Cette forme de cas, popularisée par la célèbre Université de Harvard, a sensibilisé plusieurs générations de chercheurs et d'étudiants à la problématique de la gestion vue du sommet hiérarchique et à l'analyse stratégique. Cette pédagogie par l'étude de cas a toutefois été fortement critiquée à cause de son caractère artificiel qui ne tient pas compte de la complexité des organisations et des enjeux réels de la pratique. De tels cas peuvent cependant être tirés d'études plus élaborées (cas de recherche) et servir ainsi de moyen de diffusion auprès des praticiens.
– Il y a ensuite **le cas clinique** visant à poser un diagnostic, à prescrire une intervention et à documenter son déroulement et ses effets. On le retrouve fréquemment dans les interventions psychothérapeutiques. En sciences de gestion, on trouve sous cette forme les comptes rendus d'interventions de consultants. On peut en lire des exemples dans diverses revues en sciences de gestion qui s'adressent plus particulièrement aux praticiens *(Journal of Applied Behavioral Sciences, Organizational Dynamics, Long Range Planning)*. Ce type de cas a l'avantage de fournir des informations sur le quotidien de l'organisation. Il permet de jeter un regard furtif sur ce qui se passe dans diverses organisations. Son caractère sommaire ne permet cependant pas de saisir toute la complexité de leur dynamique interne et d'en induire des théories.
– Finalement, il y a le type de cas qui nous intéresse plus particulièrement ici : **le cas de recherche**, qui est une analyse en profondeur décrivant dans le détail un phénomène organisationnel s'étalant parfois sur plusieurs années, voire plusieurs décennies (Mintzberg, 1982 ; Pettigrew, 1985 ; Giroux, 1993). Ce sont des cas bien documentés, de plusieurs dizaines, voire centaines de pages fournissant de façon systématique les sources de données (documents internes ou externes), les *verbatim* des entretiens, les détails des observations.

Ce dernier type de cas a pour objectif final une élaboration théorique à partir de la description. Il s'inscrit dans une démarche inductive ou abductive et qualitative de recherche. Cela ne veut pas dire qu'il ne peut contenir de données chiffrées. Ainsi, les observations que Mintzberg (1980) a faites des activités de cinq gestionnaires comportent beaucoup d'éléments chiffrés et il en est de même pour l'étude réalisée par Murray et *al.* (1983) sur les stratégies des organisations hospitalières dans le contexte de coupures budgétaires. Toutefois, ces chiffres ne sont que des éléments de description. On y retrouve donc parfois des statistiques descriptives mais aucun test d'hypothèses.

À cause de cette dimension qualitative, on tend souvent à associer la méthode des cas au paradigme interprétatif. Toutefois, une recension de la recherche utilisant la méthode des cas montre que celle-ci a été fréquemment pratiquée avec succès par des tenants de diverses positions paradigmatiques. Une recension des grands cas publiés montre la variété des perspectives prises par les auteurs utilisant cette méthode. On constate alors que la perspective interprétative – et en particulier le courant culturaliste – a suscité de nombreuses études de cas décrivant les processus de création de sens, de socialisation (Trujillo, 1992).

Cependant, l'étude de cas a aussi servi plus récemment dans des approches qualifiées de constructivistes, par exemple :

- la théorie de la structuration en a souvent usé pour décrire le processus d'implémentation de la technologie (Barley, 1986 ; Bouchiki, 1990 ; Orlikowski, 1996) ;
- la théorie de l'énaction, pour illustrer les processus de cognition collective (Weick, 1988) ;
- la théorie de la traduction, pour montrer les rouages de l'innovation (Herreros, 1996).

Les approches critique et postmoderne ont aussi utilisé la méthode des cas pour donner à voir la manipulation des symboles et l'utilisation du discours pour transformer l'organisation (Rosen, 1985). Finalement, même des tenants du paradigme fonctionnaliste s'en sont servis pour mettre à jour l'effet des structures et de l'action des dirigeants sur la stratégie et la culture de l'entreprise (Firsirotu, 1984).

Cette variété dans l'étude de cas rend l'appellation « méthode des cas » polysémique et provoque souvent des malentendus qui tendent à la discréditer. Le fardeau de la clarification repose donc sur le chercheur qui doit préciser sa position, ses objectifs, ses critères de choix des techniques de collecte, de grille d'analyse et de mode de présentation. Produire un projet, un *design* de recherche et l'appliquer, c'est avant tout une suite de décisions. Celles-ci doivent être justifiées (Giordano, Chapitre 1). Tout comme pour la démarche quantitative, hypothético-déductive, le chercheur doit fournir aux lecteurs tous les éléments d'information leur permettant d'évaluer la qualité de sa démarche de recherche et la valeur des connaissances qu'ils en tirent. La rigueur et la capacité réflexive sont donc des qualités que partagent tous les chercheurs dignes de ce nom quelles que soient leur position paradigmatique et la démarche de recherche – qualitative ou quantitative – qu'ils privilégient.

section III
la démarche de reconstruction : l'exemple de la carte Visa-Desjardins

Réaliser une étude de cas c'est, pour le chercheur, accomplir une longue démarche (de plusieurs mois à plusieurs années) pleine d'espoir, d'écueils, de lassitude et de rebondissements. Durant ce long parcours visant l'élaboration de théories à partir de cas (Eisenhardt, 1989), le chercheur devra réaliser plusieurs tâches : la problématisation de son objet, le *design* de la recherche, l'évaluation de la faisabilité, la négociation de l'entrée sur le terrain, la collecte, la mise en forme et l'analyse des données et enfin la rédaction du document final. Ces tâches ne sont pas toujours réalisées clairement en étapes successives. Souvent, elles se chevauchent et, parfois, plusieurs boucles d'itération se produisent dans cette démarche en apparence logique mais qui doit suivre le cours des événements de la vie du chercheur et les contraintes de l'organisation observée.

En recherche, on distingue deux logiques : celle de l'argumentation et celle de la découverte. Ces deux logiques ne s'opposent pas mais elles sont tout de même différentes. La logique de l'argumentation est celle qui prévaut lors de la reconstruction et de la rédaction. Elle tend à présenter la démarche du chercheur de manière synthétique pour fins de diffusion. Le cheminement de la recherche est ainsi fréquemment présenté comme un processus logique, linéaire, rationnel. La démarche de la découverte, quant à elle, décrit le vécu concret de la recherche. Elle est trop longue à décrire dans le détail. Elle est souvent très éclairante car elle révèle les nombreuses itérations, les choix difficiles, les retards, les impasses de la recherche. Elle montre comment le hasard joue parfois un rôle important dans la recherche.

Dans cette section, la démarche logique de la reconstruction du cas sera décrite. Je mentionnerai toutefois au passage des éléments de ma démarche de découverte lors de mon étude doctorale portant sur le retournement stratégique (objet théorique) dans le cas de la carte Visa-Desjardins (objet empirique).

§ 1. - la problématique

Dans le long processus de recherche, toutes les étapes sont nécessaires mais certaines sont cruciales et même anxiogènes (Devereux, 1980). La première est sans doute celle de la définition de l'objet théorique. Le chercheur doit alors répondre à l'épineuse question : qu'est-ce que je cherche au juste ? Cela peut sembler trivial mais la réponse à cette question n'est pas évidente. Souvent, elle est le fruit d'un long processus de décantation. Elle est un effort de précision et de simplification. Cette étape est cruciale et prend souvent beaucoup de temps ce qui, en général, est très stressant pour le doctorant novice qui a hâte d'aller sur le terrain. Elle est cependant nécessaire pour servir de guide dans la collecte de données mais aussi pour être capable de « vendre » son projet aux personnes qui en seront les partenaires (directeur de recherche, personnes ressources et informateurs, organismes bailleurs de fonds). Katherine Harrigan disait qu'idéalement, deux mots devraient suffire pour décrire l'objet. Dans le cas de sa propre thèse, il s'agissait des « entreprises déclinantes ». Pour celle de Mintzberg (1980), il s'agissait du « travail du gestionnaire » et dans celle de Demers (1993 et Chapitre 5), de la « diffusion des intentions stratégiques ».

Comment savoir si l'objet tel que défini vaut la peine d'y consacrer temps et énergies ? Lors d'une conversation durant la conférence de la *Strategic Management Society* tenue à Amsterdam il y a quelques années, Robert Burgelman m'a décrit ses critères personnels. Selon lui, un bon sujet de recherche suscite l'intérêt pour plusieurs raisons : il soulève une question théorique pertinente et peu explorée, il correspond à une réalité empirique importante sur le terrain, les résultats attendus sont susceptibles d'aider à améliorer la pratique.

Davis (1971), pour sa part, affirme que les thématiques de recherche qui retiennent le plus l'intérêt sont celles qui viennent remettre en question les connaissances prises pour acquis ou qui, au contraire, montrent que ce que l'on croyait impossible est en fait ce qui se passe. En somme, il s'agit de thèmes susceptibles de briser les cadres de référence existants et d'ouvrir de nouvelles possibilités. Pour Stake (1998), la méthode des cas permet d'étudier des situations offrant de fortes potentialités d'apprentissage.

Bruno Latour dans la conférence qu'il donnait à l'Université de Montréal en 1995, mentionnait l'intérêt de se pencher sur les situations de changement parce qu'elles révèlent les dynamiques et les tensions au sein des organisations. Pettigrew (1989) affirme, quant à lui, privilégier l'étude de cas extrêmes où le processus de changement est apparent, dans des organisations emblématiques, très visibles, dans des situations où les décisions sont complexes et portent à conséquence.

§ 2. - l'échantillon

Le choix des cas de l'échantillon dépend bien sûr de la problématique choisie mais aussi de l'accessibilité des données et de l'objectif du chercheur. Il s'agit, selon Pettigrew (1989), d'une démarche « d'opportunisme planifié » alliant créativité intellectuelle, énergie entrepreneuriale et habileté à gérer des liens avec des entreprises. Berg (1990) présente différents cheminements possibles :

- l'étude de cas décrivant une anomalie, une situation étrange qui apparaît hors de l'ordinaire ;
- le cas qui, à l'inverse du précédent, se veut représentatif d'un phénomène courant ;
- ou bien encore le cas exemplaire (les cas de succès ou d'échecs retentissants) ;
- il y a enfin, selon lui, les cas servant d'illustration de concepts ou ceux qui, à l'inverse, servent à générer des hypothèses.

Markus (1989) souligne qu'il est aussi possible dc sélectionner un cas parce que l'on croit que celui-ci vient remettre en question la théorie existante. S'il parvient à infirmer le savoir existant, le chercheur sera alors tenu, selon elle, de fournir une nouvelle explication du phénomène à l'étude générant ainsi une nouvelle théorie.

Dans l'élaboration du *design* de la recherche, le chercheur devra déterminer s'il veut faire un ou plusieurs cas. Quelle que soit sa décision, il devra s'assurer que sa sélection lui permet de bien observer ce qui l'intéresse et de pouvoir générer de la théorie en utilisant un des outils les plus importants pour ce faire, à savoir la comparaison. Il devra donc se préoccuper de bâtir un échantillon offrant à la fois de la similitude et de la variance entre les situations observées.

Ainsi, l'auteur peut étudier, dans le cas d'une seule organisation, un phénomène qui change au fil du temps (variation temporelle) (Giroux, 1990). Il peut aussi, à l'intérieur d'une même organisation, étudier plusieurs cas enchâssés comme par exemple la réaction au changement dans diverses unités administratives (variation intra-organisationnelle) (Demers, Chapitre 5). Il peut alors étudier plusieurs organisations où un phénomène similaire se produit (variation inter-organisationelle) (Aktouf, 1986 ; Bouwen, 1991).

L'échantillon peut aussi être asymétrique. Chandler (1962) en donne un bon exemple dans son étude célèbre sur la relation entre la structure et la stratégie dans laquelle, après avoir rédigé quatre études en profondeur lui permettant de générer des propositions, il a procédé à l'étude d'une multitude de situations similaires. Cette façon de faire a pour objectif d'accroître la validité externe de la recherche.

On en trouve un autre exemple dans les études où la théorisation à partir d'un cas unique est ensuite appliquée à des cas préexistants rédigés par d'autres chercheurs (Hafsi et Demers, 1989). Finalement, le *design* peut prévoir une méta-analyse de cas, c'est-à-dire la constitution d'un *corpus* composé d'une multitude de cas déjà publiés traitant d'un phénomène semblable (Larson, 1993 ; Noblit et *al.*, 1988) soit pour en induire une théorisation comme par exemple la fameuse étude de Mintzberg et *al.* (1976) sur le processus de décision, soit encore pour appliquer à la banque de cas une grille d'analyse conçue au préalable.

Le choix de l'une ou l'autre forme dépend bien évidemment de la pertinence des cas sélectionnés en regard de la problématique, de la disponibilité des situations exemplaires, du temps et des ressources imparties au chercheur. Dans le cas de la carte Visa-Desjardins, l'échantillon ne comportait qu'un seul cas (*cf.* encadré 2.1. ci-après). Ce qui était, aux yeux de plusieurs critiques du projet de thèse, une lacune importante car les possibilités de comparaison semblaient alors absentes. Toutefois, le cas de la carte Visa-Desjardins était si riche qu'il présentait plusieurs sources de variations :

- variations dans les thématiques du discours et dans le contexte politique et idéologique interne au fil du temps ;
- variations externes dans la réglementation, les conditions sociales et économiques et les positions des concurrents aux différentes périodes ;
- variation intra-organisationnelle dans les prises de position des acteurs placés aux différents niveaux de l'organisation ;
- variation inter-organisationnelle dans la position des diverses institutions canadiennes et québécoises face au crédit et à la carte.

encadré 2.1.

la carte Visa-Desjardins

Le cas de la carte traitait d'une thématique – le crédit – tout au long des quatre-vingt-cinq ans d'une organisation (1900-1985). La tâche de documentation était donc considérable et excluait ainsi un échantillon de plusieurs cas. Il s'agissait de retracer les actions et les discours sur la thématique centrale de l'étude et sur les concepts qui lui étaient associés (variation dans le temps). Par ailleurs, pour la période spécifique relative à l'analyse et à la décision concernant la carte de crédit (1968-1985) (Giroux, 1989), l'étude systématique des décisions et discours des concurrents et des autres institutions concernées par l'industrie financière a permis une analyse comparée (variation inter-organisationnelle) (Giroux, 1990). De plus, puisqu'il s'agissait d'une décision suscitant la controverse, une étude systématique de plusieurs décisions ayant donné lieu à des débats au sein de cette organisation a aussi pu être faite (variation intra-organisationnelle) (Giroux, 1992). Finalement, la décision étudiée étant centrale pour l'identité de cette institution, il a été possible de la comparer à plusieurs autres cas rédigés par d'autres chercheurs où l'identité de certaines grandes institutions avait été remise en question avec plus ou moins de bonheur (Giroux, 1993). Le fait d'avoir un échantillon d'un seul cas n'est donc pas si limitatif qu'on ne le croit. Mais encore faut-il le sélectionner avec précaution (échantillonnage théorique) et le documenter en profondeur, tant dans le temps que dans l'espace (accumulation systématique de données provenant de plusieurs sources).

La démarche de sélection d'un objet théorique et empirique de recherche telle que décrite ci-dessus semble systématique et rationnelle. Dans la pratique, il s'agit souvent d'une démarche comportant des aspects inattendus et aléatoires qui, souvent, ne sont pas mentionnés dans les récits de la recherche. Ainsi, par exemple, dans le cas de l'étude de la carte Visa-Desjardins, c'est en lisant le journal du matin que j'ai trouvé mon sujet de thèse ! En effet, un grand journal québécois titrait que le Mouvement Desjardins, une grande coopérative de services financiers, faisait volte-face et décidait enfin de lancer une carte de crédit alors que six ans plus tôt il avait officiellement annoncé qu'il refusait de le faire. Ce refus était d'ailleurs survenu sept ans après l'introduction de ce produit sur le marché par la concurrence après un long questionnement sur le sujet.

Il s'agissait là d'un phénomène important et inusité. Plusieurs traits ont retenu mon attention. Premièrement, l'article étalait publiquement ce qui semblait une contradiction dans le processus de décision stratégique dans une grande institution très visible. Deuxièmement, il s'agissait d'un changement mais d'un type de changement dont on parle peu dans la littérature – on ne changeait pas pour faire quelque chose de nouveau mais pour défaire, pour faire le contraire – en somme, il s'agissait d'un « retournement stratégique ». Troisièmement, cette décision venait biffer une décision antérieure de ne pas faire quelque chose, décision qui avait été annoncée publiquement et applaudie à l'époque. Or, il est rare qu'une organisation annonce qu'elle ne fera pas quelque chose – en général, on parle surtout de ce que l'on va faire – et cela, surtout si l'on risque de devoir, quelque temps plus tard, justifier publiquement d'avoir changé d'avis. C'était un événement intrigant… Il me semblait significatif et j'ai décidé d'approfondir la question pour mieux comprendre ce qui s'était passé.

§ 3. - le *design*

Je me suis alors demandée quels étaient les facteurs susceptibles de provoquer un tel retournement. En définitive, je me posais la question de savoir comment une organisation en vient à « changer d'idée » et comment la contradiction est gérée dans le discours institutionnel. À un autre observateur, ce phénomène aurait pu paraître anodin ou trivial, mais, pour moi, il était révélateur d'une turbulence.

D'une part, je connaissais bien les organisations coopératives à titre de praticienne et de chercheur. Les organisations coopératives se distinguent de l'entreprise privée sur plusieurs points fondamentaux. Elles ont comme particularités : d'être la propriété de leurs usagers ; d'avoir comme finalité la satisfaction des besoins de leurs membres-propriétaires ; de fonctionner de manière démocratique (un membre = un vote) ; de partager les surplus générés selon l'usage et non selon l'investissement et enfin de posséder une réserve non partageable. On retrouve des coopératives dans la plupart des pays du monde. Il y a par exemple plusieurs grandes coopératives de consommation en Suède, de nombreuses coopératives de travailleurs tant en France, en Italie qu'en Espagne, de grandes coopératives agricoles en France et au Canada.

Au Québec, le Mouvement Desjardins est un grand ensemble financier coopératif diversifié regroupant plus de mille caisses d'épargne et de crédit qui est la propriété de plus de quatre millions de Québécois. Pour avoir œuvré et étudié les coopératives durant plusieurs années, je savais que le processus de décision y était grandement influencé par son caractère démocratique et par l'idéologie collectiviste démocratique qui a donné naissance à cette forme d'organisation. Je savais aussi que les débats sont fréquents dans ce type d'organisation, particulièrement lorsque l'identité et les valeurs semblent remises en question par le changement stratégique. Le cas de la carte semblait donc pouvoir être particulièrement révélateur de la dynamique de ce genre d'organisation.

D'autre part, comme étudiante en gestion, je m'intéressais depuis plusieurs années au processus de changement dans les organisations. J'ai reconnu l'intérêt de ce phénomène parce que j'avais déjà en tête un cadre qui me permettait de lire différemment ce phénomène, de le « problématiser ». Si j'y ai reconnu l'illustration de deux questions théoriques (celles de la gestion de la cohérence et de la continuité dans l'action collective en situation de changement, questions très pertinentes dans mon champ de spécialisation en stratégie), c'est que j'avais sous les yeux un « morceau de réel » qui m'interpellait. Le hasard m'amenait à un point de convergence entre deux intérêts (changement et coopérative) et cela, en me confrontant à une situation qui excitait ma curiosité… Peut-on espérer mieux comme chercheur ? La figure 2.1. ci-après résume la manière dont a été construite la démarche de recherche.

J'ai alors décidé de suivre à la trace l'évolution du cheminement de ce dossier et du discours organisationnel sur la question de la carte en la plaçant dans la perspective des circonstances internes à l'organisation et dans le contexte de son environnement en transformation. Le *design* de la recherche semblait simple : une étude de cas dans une perspective diachronique. J'avais envisagé quatre points importants sur la trame temporelle du changement : le moment d'introduction de ce nouveau produit, le « non » à la carte, le « oui » à la carte et finalement un moment de fin de période sélectionné de manière arbitraire (cinq ans après le début de la mise en œuvre, pour en voir les résultats).

J'avais sous-estimé le fait que les organisations (en particulier les coopératives) sont des collectivités complexes, qu'elles s'inscrivent à la fois dans le moment et dans la durée et que l'histoire et le discours y jouent un rôle fondamental. J'ai rapidement eu l'occasion de constater que la carte de crédit n'était pas un nouveau produit comme un autre. C'était un objet qui avait une valeur symbolique forte tant dans la société que dans cette organisation particulière. Le produit était relié, dans l'imaginaire des décideurs, aux valeurs promues par le fondateur quatre-vingt-cinq années auparavant. Il me fallait donc remonter dans le temps pour vraiment comprendre ce qui s'était passé. Comme la question m'intéressait vraiment, j'ai décidé de persister dans ma démarche de recherche « généalogique » sur la carte Visa-Desjardins.

figure 2.1.

la définition de la démarche de recherche

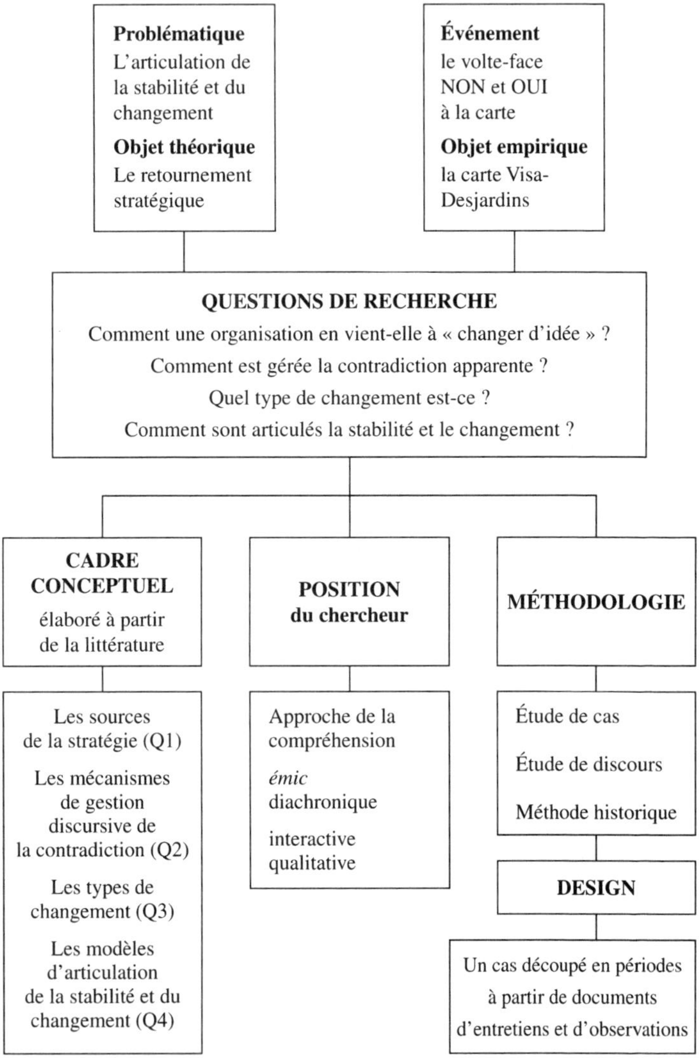

Note : Les (Qi) correspondent aux questions de recherche.

■ § 4. - la négociation de l'entrée sur le terrain

Il devient de plus en plus difficile de faire des études sur le terrain et en particulier celles qui, comme l'étude de cas, requièrent d'y rester longtemps pour recueillir une grande quantité de données. Il y a plusieurs raisons à cela : le travail dans les organisations devient plus lourd et plus complexe, les réductions d'effectifs qui ont eu lieu ces dernières années ont encore accru cette tendance, la présence du chercheur vient perturber les activités courantes. Il est donc normal que les praticiens surchargés hésitent à laisser une personne extérieure venir fouiller dans leurs vieux papiers, poser des questions (parfois naïves ou non pertinentes), observer leur façon de faire dans le quotidien. On peut comprendre qu'ils ne se sentent pas à l'aise d'être ainsi placés sous le microscope surtout lorsque le statut du chercheur (est-ce un « espion » de la direction ?) et l'usage qui sera fait ultérieurement des données (contrôle de la performance ? réputation de l'organisation ?) ne sont pas clairs.

Cela ne veut pas dire qu'il est impossible de faire des études de cas. L'expérience montre, au contraire, que souvent les informateurs sur le terrain sont d'une générosité extraordinaire. Toutefois, il importe que le chercheur prenne le temps de bien expliquer ce qu'il veut faire et pourquoi, et surtout qu'il bâtisse une relation de confiance en démontrant qu'il est un professionnel de la recherche, qu'il comprend les contraintes temporelles, économiques et politiques vécues en organisation.

L'accès au terrain n'est pas automatique. Il n'est pas non plus interdit. Il est le plus souvent négocié au départ mais aussi en cours de route. Il est donc nécessaire que le chercheur se prépare avant l'entrée et que, tout au long de sa recherche, il soit vigilant à maintenir, par ses actions, sa crédibilité. Avant d'entrer en contact avec l'entreprise, il doit donc s'informer autant qu'il le peut sur son histoire et sa situation. Ainsi, dans le cas Visa-Desjardins, tous les documents externes accessibles ont été révisés (rapport annuel, revue de presse, journaux destinés aux dirigeants). Cela a permis de tester la faisabilité du projet, d'en saisir l'ampleur, de bâtir une première chronologie des événements et, point non négligeable pour la suite, d'identifier les personnes qui se sont succédé à la tête des différentes organisations concernées par la décision.

L'autorisation d'entrée constitue un moment déterminant de la recherche. Il est donc essentiel de bien choisir la méthode et la personne cible. Dans le cas de l'étude Visa-Desjardins, une lettre expliquant l'objectif de la recherche fut envoyée à la direction générale. Le fait de s'adresser à des personnes en autorité est particulièrement utile car, si celles-ci autorisent l'entrée, il y a de grandes chances qu'elles ouvrent ainsi l'accès au reste de l'organisation. Cette missive initiale fut suivie d'un rappel téléphonique et d'une rencontre avec une personne ressource très proche de la direction générale. Cette personne allait devenir l'interlocuteur privilégié du chercheur. Elle connaissait bien l'organisation et son histoire et était habituée à « gérer » la présence de chercheurs dans cette organisation.

Il faut mentionner que le Mouvement Desjardins, à cause de sa longue histoire, de son importance économique et de sa visibilité sociale, avait au préalable fait l'objet de nombreuses études (projets de recherche, thèses). Plusieurs répondants y avaient donc développé une « expertise » dans la participation à des études. Ce phénomène est très fréquent dans les grandes organisations ou institutions. Il faut se rappeler que les organisations sont aussi des arènes politiques dont les méandres ne sont pas toujours accessibles au chercheur. Il faut comprendre que l'organisation doit maintenir son image et sa crédibilité auprès de ses partenaires externes. Aussi, est-il normal que les personnes qui accueillent le chercheur tentent de tester ses connaissances, de mettre à jour ses intentions, d'évaluer son éthique. Le chercheur, conscient de cet état de fait, qui comprend le point de vue de son interlocuteur et qui a investi du temps dans la collecte d'informations sur l'entreprise (et aussi sur son répondant) est en bonne position pour franchir avec succès cette étape cruciale.

Cette mise à l'épreuve du chercheur se continuera durant la recherche. Un chercheur ne passe jamais inaperçu. Les membres de l'organisation le surveillent et échangent entre eux sur ses agissements (Groleau, Chapitre 6). Il est donc nécessaire que le chercheur se fixe des normes de comportement et s'y tienne de manière à démontrer sa fiabilité et sa crédibilité. Lorsque celle-ci est établie, il sera alors surpris de pouvoir obtenir des informations (statistiques internes, confidences) qu'il n'avait jamais osé rêver collecter. Ces « cadeaux » doivent donc être appréciés à leur juste valeur et le chercheur doit en user avec respect et circonspection.

§ 5. - les multiples techniques de collecte des données

Une fois l'entrée sur le terrain acquise, le chercheur doit développer une stratégie de collecte. Plusieurs options sont possibles selon les choix épistémologiques du chercheur. Cette démarche peut être très structurée à l'aide d'une grille de données à recueillir dans divers sites afin de faciliter la comparaison entre les cas. Elle peut être émergente comme dans le cas de la « théorie ancrée » (la *grounded theory* de Glaser et Strauss, 1967) où le chercheur part avec une thématique large et, au fur et à mesure de sa collecte, compare les nouvelles données avec les anciennes, développe des propositions qui engendrent une nouvelle quête d'informations. Cet aller et retour constant se déroule jusqu'à l'atteinte de la « saturation » (c'est-à-dire quand l'ajout d'informations à la marge est de moins en moins générateur de nouveaux savoirs). Dans le cas de la carte, une forme mixte de démarche fut réalisée.

encadré 2.2.

le cas Visa-Desjardins et la collecte des données

Le cadre temporel prévu à l'origine (de l'introduction à la mise en œuvre) s'avérant inadéquat, une approche thématique a été utilisée. Une analyse (manuelle et informatisée) du thème de la carte de crédit et des concepts qui lui étaient associés dans les rapports annuels (pour la période préalablement circonscrite) a été réalisée. Cela a permis d'identifier des dossiers stratégiques reliés à celui de la carte dans le discours argumentaire de l'organisation. Les différents thèmes associés (l'endettement, l'éducation à la consommation, la technologie informatique, la réforme des systèmes de paiement) n'étaient pas constants. Ils apparaissaient et disparaissaient au fil des périodes. Il semblait donc important, pour saisir l'histoire du retournement, de bien comprendre ces thèmes et pourquoi ils étaient parfois associés à la question de la carte.

Par ailleurs, une recension préalable des écrits sur le changement avait signalé l'utilité de prendre en compte de multiples facteurs internes et externes tels que l'influence des individus, de la structure et de la culture de l'organisation, des opportunités et contraintes (économiques, législatives, politiques, technologiques) issues de l'environnement. Toutes ces variables ont donc été documentées, tant pour le dossier de la carte que pour les autres thèmes qui lui étaient associés. Cette stratégie mixte de collecte, à la fois émergente (à partir du discours de l'organisation) et dirigée (à partir des variables issues de la littérature), devait permettre ultérieurement, une fois les données colligées, de bâtir deux matrices faisant la synthèse de ce qui s'était passé relativement à ces thèmes en les replaçant tant dans le contexte interne de l'organisation que dans son contexte externe (industriel et sociétal) pour la période allant de 1900 à 1985 (voir les tableaux 2.1. et 2.2. ci-dessous).

Cette première démarche d'identification des données à colliger a eu un effet inattendu. L'étude du discours sur la carte a fait ressortir que, lors de l'annonce de l'achat de la carte, le terme « crédit » n'était aucunement mentionné, ce qui semblait pour le moins surprenant. Cette constatation signalait l'importance de la sémantique dans la transformation du discours portant sur le changement. Elle invitait aussi le chercheur à amasser des données discursives pour analyse subséquente et cela, tant au niveau de l'organisation que de l'industrie et de la société ambiante.

tableau 2.1.

l'évolution de l'environnement (1900-1985)

	1901-1967	1968-1974	1975-1978	1979-1981	1981-1985
Social	De la société traditionnelle à la révolution tranquille	Contestation de la société de consommation	Montée du nationalisme	Le référendum	Le Québec de l'ouverture au monde
Économique	Industrialisation et croissance	Inflation et contrôle des prix		Montée des taux d'intérêts	Récession et début de la reprise
Législatif	Lois des banques et création des institutions	Commission étudie les systèmes de paiement	Rapport de la commission : « L'arbre de vie »	Nouvelle loi des banques	Décloisonnement des institutions financières
Industriel	Des usuriers aux compagnies de finance	Le crédit à la consommation et la carte	Expansion des banques québécoises	Fusions	Collaboration inter-institutions
Technologique	Mécanisation	Informatisation de la comptabilité	Interconnexion entre succursales	Nouveaux produits grâce à l'informatique	Interconnexion entre institutions

tableau 2.2.

l'évolution dans le discours du thème de la carte et des concepts associés (1900-1985)

	1901-1967	1968-1974	1975-1978	1979-1981	1981-1985
Crédit	Le « crédit productif » prôné par le fondateur	Ouverture au crédit à la consommation	Diversification du crédit	Le produit crédit-budget	La marge de crédit
Éducation	Campagne d'éducation au budget : « joindre les 2 bouts »	Appui au consumérisme	Campagne anti-carte « arrêtez de flic-flaquer »	Campagne publicitaire : « parlons d'argent »	Promotion de l'auto-éducation par l'information
Carte		« Crédit improductif » ou « monnaie de plastique » ?	Discours du futur dirigeant : « après le non »	« Carte de paiement »	Émission de la carte de crédit Visa et de la carte de débit multiservices
Informatique	Mécanisation	Les systèmes de gestion informatisée	Invention de l'inter-caisses	Mise en place des guichets automatiques	Les transferts électroniques de fonds
Paiement	Guerre des « papillons » pour la compensation des chèques	Participation indirecte au système de paiement canadien	Participation à l'élaboration des nouveaux systèmes de paiement	Participation à l'Association canadienne de paiement	Mise en place de la Caisse Centrale Desjardins

Il serait alors possible de contextualiser et de comparer les différents discours sur le phénomène de la carte de crédit. Le choix d'une stratégie de collecte n'est donc pas neutre : une approche structurée permet d'être systématique ; une approche émergente de faire des découvertes. C'est pourquoi la stratégie de collecte peut, tout comme la stratégie d'entreprise, s'élaborer aussi « chemin faisant » !

Une fois la question posée, le site trouvé et la stratégie de recherche déterminée, il reste à procéder à la collecte des données. L'étude de cas est une méthode exigeante mais particulièrement appréciée du chercheur qui aime la variété. En effet, le plus souvent, elle combine plusieurs techniques de collecte de données : l'entretien (Demers, 1993 et Chapitre 5), l'observation participante (Giroux et Dumas, 1996) et non participante (Noël, 1989 ; Groleau, Chapitre 6), l'analyse de contenu de documents (Vézina, 1999). Ces techniques ne seront pas présentées en détail dans ce texte puisqu'elles font l'objet de chapitres spécifiques dans ce livre. Toutefois, certains aspects de la collecte qui apparaissent sensibles seront ici discutés. Ainsi, quel que soit le type de technique utilisée, le chercheur doit soigner le processus d'échantillonnage, conserver une attitude réceptive et être rigoureux dans l'inscription de ses données (sur support papier, audio ou vidéo) car la qualité des résultats de sa recherche en dépend.

Trop souvent dans les ouvrages méthodologiques, on oublie de mentionner combien l'étape de collecte de données est délicate et cruciale. Le chercheur ne peut observer tout le réel dans sa grande complexité. Il doit faire des choix parfois difficiles. Il doit aussi être conscient que, malgré son souci d'obtenir les données importantes, certains facteurs indépendants de sa volonté en limitent l'accès (départ et décès des personnes, disparition de documents, etc.).

Dans le cas de l'entretien, il doit chercher à rencontrer toutes les personnes concernées par la problématique et tenter d'avoir un échantillon le plus varié possible (différents niveaux hiérarchiques, différents points de vue, etc.).

Dans le cas de l'observation, il lui est impossible d'observer tout ce qui se passe (surtout dans une grande organisation répartie en plusieurs sites). Le chercheur doit donc prendre le temps de réfléchir à la pertinence de son poste d'observation (où le phénomène à étudier est-il susceptible de se produire ?).

Dans le cas des documents sonores, écrits, visuels, il peut puiser à différentes sources internes (dossiers courants, archives, journaux internes, rapports annuels, discours des dirigeants, conventions collectives, messages publicitaires, etc.) et externes (associations industrielles, textes de lois et de réglementation, revue de presse, etc.). Les sources de données ne manquent donc pas pour pratiquer la « triangulation » (Jick, 1979). La débrouillardise, la diplomatie et l'imagination s'avèrent alors des atouts à mobiliser au service de la recherche.

Tout au long de sa collecte, le chercheur doit conserver une attitude ouverte et absorber, comme une éponge, l'information qu'on lui fournit. Il doit maintenir, malgré la fatigue et la lassitude qui peuvent survenir (particulièrement lors de la fouille minutieuse dans un monceau d'archives sur microfilm), une position de vigilance, d'attention et de curiosité plutôt que d'évaluation et de jugement (Morse, 1994). Cette attitude lui permettra d'accumuler beaucoup de données riches.

Cependant, si le chercheur ne veut pas subir la paralysie induite par une surcharge d'informations, il doit se donner des limites (temporelles, thématiques). Le critère le plus important de sélection est alors la pertinence de l'information par rapport à la problématique de recherche. Traiter des données est une tâche coûteuse, aussi convient-il de limiter la matière première à l'essentiel. Lorsqu'il atteint les limites de la collecte (saturation), le chercheur s'en aperçoit rapidement : les répondants se répètent, les observations se ressemblent, les documents se confirment.

Avant de cesser sa collecte, il doit cependant se demander si ses données ne sont pas biaisées. Plusieurs sources de biais sont possibles. Le chercheur doit donc se demander s'il n'a pas été influencé dans sa sélection par les membres de l'organisation ; s'il n'a pas eu tendance à favoriser les éléments les plus saillants au détriment d'observations plus routinières ; s'il a fait tout ce qui était en son pouvoir pour obtenir les informations non conformes à ses positions de départ. En somme, il doit prendre de la distance par rapport à son propre travail et se faire l'avocat du diable. S'il ne le fait pas, ses lecteurs le feront… Il sera alors souvent trop tard pour retourner sur le terrain chercher des données complémentaires.

Les données colligées doivent être retranscrites le plus rapidement possible pour éviter les pertes dues aux limites de la mémoire mais aussi pour faciliter l'intégration des données par le chercheur et ainsi améliorer la collecte subséquente. Par exemple, un entretien, même lorsqu'il est enregistré, fournit des données qu'il convient de noter comme le climat, les réticences du répondant, la communication non-verbale (Rouleau, Chapitre 4 ; Demers, Chapitre 5). C'est pourquoi il est important de transcrire les notes et les impressions le plus tôt possible avant de les oublier. La transcription des entretiens *verbatim*, même si elle est fastidieuse (il faut prévoir un minimum deux heures de transcription par heure d'entretien), permet au chercheur d'« apprendre ses données ». Le fait de ré-entendre l'entretien, lors de la transcription, fait souvent ressortir des éléments qui, à la première écoute, n'avaient pas retenu l'attention. Cette seconde écoute permet aussi d'identifier des questions, des éléments manquants que le chercheur peut documenter dans un autre entretien ou par d'autres documents ultérieurement. Le temps passé à inscrire ses données lui permet donc de faire constamment le point de sa recherche, d'être constamment à jour. Cette démarche stimulera aussi ses capacités d'analyse. Le chercheur a donc intérêt à noter, tout au long de cette étape, dans un dossier séparé, les réflexions qui lui viennent à la relecture de ses données.

Dans le cas du Mouvement Desjardins, la taille et l'âge de l'organisation ont facilité grandement la collecte. En effet, une grande institution comme celle-là est soucieuse de sa mémoire. Elle conserve des archives de grande qualité. Sauf pour deux situations de maladie et de décès, il m'a été possible de rencontrer toutes les personnes avec lesquelles je voulais m'entretenir. Ces personnes, qui avaient été mêlées de près aux différents dossiers, étaient depuis longtemps dans l'organisation et en connaissaient bien tant l'histoire officielle que le fonctionnement au quotidien. Elles ont été des sources précieuses d'informations et ont été très généreuses de leur temps. Lors d'un séjour de six semaines sur le terrain, il m'a été possible d'observer le fonctionnement, de fouiller à loisir dans le centre de documentation et de participer comme observatrice à des sessions de formation dont une portant sur l'histoire et la culture de l'organisation. La somme de données ainsi amassées était considérable (un mètre cube de documents à analyser !). Il fallait alors mettre de l'ordre dans cette masse d'informations pour en découvrir le sens et ainsi répondre à mes questions de départ. Mais auparavant, je devais passer à une autre étape de la réalisation de la recherche : la mise en forme de ma « banque de données ».

§ 6. - la rédaction du cas

La rédaction du cas constitue un effort de synthèse, d'intégrité et de communication. Le chercheur doit écrire un texte qui présente le cas de manière claire, aisément compréhensible pour le lecteur qui n'a pas, comme lui, séjourné sur le terrain et passé de nombreuses heures à transcrire des entretiens ou à lire et relire des documents. Le texte doit donc être simple et bien structuré tout en fournissant au lecteur suffisamment de données brutes (statistiques, dates, références, citations) pour qu'il se fasse par lui-même une opinion sur ce qui s'est passé et pour qu'il soit en mesure d'évaluer l'analyse que l'auteur fera par la suite du cas en regard de son questionnement. Le cas doit présenter les divers points de vue des différents acteurs et signaler les données manquantes ou ambiguës.

Le cas est une narration qui doit, pour être intéressante et intelligible, fournir suffisamment de détails sur les acteurs, leur contexte d'action et sur les événements qui sont survenus durant la période étudiée (Revault d'Allones, 1989 ; Wolcott, 1990). Il va sans dire que la qualité de l'écriture est un élément important de cet acte de communication (Huff, 1999 ; Stake, 1995 ; Van Maanen, 1989). Selon Yin (1993), le lecteur doit se sentir impliqué dans la situation décrite par le cas. Platt (1988) affirme même que le cas a une fonction rhétorique. D'après elle, la richesse des détails fournis rend le contenu plus facile à mémoriser. Le cas, en présentant le point de vue des différents acteurs, peut susciter de l'empathie et ainsi permettre au lecteur de mieux comprendre la situation et les contraintes vécues par les membres de l'organisation.

§ 7. – la validation de la première version du cas

Dans le cas de la carte Visa-Desjardins, une première version de cent cinquante pages a été rédigée. Elle racontait en ordre chronologique l'évolution du dossier de la carte et des concepts associés en replaçant le tout dans le cadre des changements en cours dans le contexte organisationnel, industriel et sociétal. Cette première version fut soumise à l'informateur privilégié qui avait ouvert les portes de l'organisation. Cet exercice visait à vérifier la compréhension des faits (la terminologie bancaire n'est pas toujours claire pour un non-initié) et l'exactitude de notre présentation factuelle des événements. Le cas soumis ne contenait aucune interprétation ; il était un premier collage des informations colligées et constituait en quelque sorte une « banque de données ». Avant de procéder à l'analyse et à l'interprétation, il fallait s'assurer que tous les éléments importants à prendre en compte s'y trouvaient. Le répondant sollicité n'a ajouté que quelques informations supplémentaires et a précisé la chronologie de certains événements. Tout au long de mes recherches et aussi dans celles de mes étudiants, nous avons bénéficié de la collaboration des praticiens pour la lecture de la première version du cas et cela même si le texte est long. Il faut noter toutefois que dans les thèses françaises, la longueur des cas est souvent limitée à une cinquantaine de pages, le reste figurant dans des annexes séparées. De plus, la relecture systématique par les informants de textes aussi longs n'est pas toujours facile à obtenir.

Un autre point important est à souligner ici. Pour certains chercheurs, la rédaction d'un cas ne se réalise qu'après l'analyse en profondeur des données. Le cas qui est alors rédigé est structuré en fonction des résultats obtenus. La description et l'analyse y sont alors étroitement liées. La description devient alors une narration explicative, une argumentation justifiant les conclusions du chercheur. Pour ma part, je préfère écrire à tout le moins une première version du cas avec un minimum de structuration et le traiter ensuite comme matériau pour l'analyse. Cela aide, je crois, le lecteur à se faire par lui-même une idée du cas. Il peut ensuite comparer les résultats de son analyse avec les miens. Cela permet alors d'avoir ensuite des débats appuyés et intéressants.

La rédaction préalable à l'analyse a aussi des avantages pour le chercheur. Comme la transcription, la rédaction est en soi un mode de prise de connaissance (Richardson, 1998). Elle stimule la réflexion du chercheur. Elle lui signale les données divergentes (à cause de la triangulation des sources de données) ou manquantes (alors qu'il est encore temps de retourner sur le terrain). Elle peut même l'amener à élaborer des propositions à vérifier lors de l'analyse plus détaillée du cas.

§ 8. - l'analyse et la théorisation à partir du cas

La démarche d'analyse consiste à générer du sens dans une masse de données. L'analyse doit se faire en regard de la problématique initiale que le chercheur ne doit pas perdre de vue (soit pour en réaffirmer la pertinence, soit pour la questionner). L'objectif ultime de l'analyse est donc de théoriser à partir du cas. Morse (1994) affirme toutefois que la théorie est présente tout au long de la recherche : elle guide la démarche d'investigation et de collecte, elle aide à structurer les données, elle aide à faire ressortir les applications possibles des résultats. Dans l'analyse, c'est l'apport du chercheur à la théorie existante et sa contribution à la communauté scientifique qui sont en jeu.

Morse (1994) souligne que, malgré ce que croient les novices, la théorie n'émerge pas d'elle-même à partir des données. Selon elle, l'analyse est un processus actif de questionnement, de conjecture et de vérification à travers lequel le chercheur tente de comprendre ses données, de les synthétiser et de les re-contextualiser. Miles et Huberman (1988) vont dans le même sens. Ils déclarent que, pour tirer des connaissances valides à partir des données, le chercheur doit réaliser une série d'activités de simplification, de transformation des données et d'abstraction (Allard-Poesi, Chapitre 7). Trois tâches sont pour eux fondamentales : la réduction des données, leur présentation et la génération de conclusions.

Dans la littérature sur la recherche qualitative, les divers auteurs présentent différentes stratégies et tactiques pour réaliser ces tâches. Avant de les exposer, il me semble nécessaire de préciser ce que l'on entend par théorie puisque c'est là l'objectif ultime de la démarche et aussi parce que, d'après Daft (1985), l'absence ou la faiblesse de la théorisation est la principale cause de rejet des articles soumis pour publication.

Sutton et Straw (1995) affirment qu'une bonne théorie se base sur quelques idées simples mais qui ont des implications importantes. D'après ces auteurs, la théorie doit établir des liens entre des éléments (actions, événements, etc.) pour expliquer pourquoi un phénomène est susceptible de se produire. Une théorie est donc, pour eux, un ensemble d'arguments inter-reliés logiquement et qui sont convaincants. Di Maggio (1995) pose que le problème de la théorisation est plus complexe que ne le postulent Sutton et Straw. Il soutient qu'il y a plusieurs types de bonnes théories par exemple : la théorie comme loi dans une approche positiviste nomothétique ; la théorie comme narration dans une approche subjectiviste, interprétative ou postmoderne. Il pose que la théorie doit concilier des opposés : elle doit dé-familiariser tout en demeurant intelligible ; elle doit être complète tout en étant facile à saisir. Il affirme enfin que la théorie est un produit social, le fruit de la coopération entre son auteur et son lecteur.

Lors d'une session pléniaire de l'Academy of Management à San Diego en 1998, plusieurs auteurs reconnus en gestion à travers le monde ont tenté de répondre à la question : « qu'est ce qu'une bonne théorie ? » Leurs réflexions ont été par la suite publiées dans un numéro spécial de la revue *Journal of Management Inquiry* (1999). Selon Karl Weick, les théories qui font une différence sont celles qui ont une résonance émotive, qui sont sensibles au contexte et aux particularités de la situation vécue par les protagonistes et à la temporalité de l'événement. Pour Pasquale Gagliardi, une bonne théorie est celle qui donne du pouvoir (*empower*) aux acteurs, qui les éclaire et qui les guide dans l'action de par ses connotations morales et sa valeur esthétique. Enfin, Peter Frost affirme que la compassion, le courage et la compétence humaine comptent et que nous avons besoin de recherches et de théories qui nous aident à comprendre et à nous connecter aux autres êtres humains.

Ces auteurs, dans leur posture réflexive sur le sens de leur démarche de théorisation, ont mis la barre haute. Ils nous invitent à concevoir la démarche de théorisation non seulement comme un exercice académique visant l'obtention du titre de docteur ou l'établissement de la réputation de compétence du chercheur mais aussi comme une activité humaine à part entière qui peut avoir des impacts sociaux importants et qui doit, dès lors, être soumise à des critères éthiques.

La tâche de développement théorique est donc subtile et très exigeante. Si on aborde la question de la théorisation dans une perspective non pas idéale mais plus pragmatique, on constate qu'elle demeure complexe. Ainsi, Weick (1989), selon son habitude, préfère parler non pas de la théorie (produit) mais de la théorisation (processus). Il présente la construction théorique comme une démarche d'imagination disciplinée. Pour lui (Weick, 1995), cette démarche est composée d'activités de sélection, de mise en relations, de synthèse, d'idéalisation. Le processus de théorisation s'appuie évidemment sur des listes de références et de variables, sur des diagrammes et des propositions, mais ceux-ci ne sont que des produits émergents et provisoires de la recherche et non son aboutissement. Ce caractère actif, en constante élaboration de la théorie, est aussi souligné par Morse (1994). Cette auteur décrit la théorisation comme le développement et la manipulation d'un schème malléable jusqu'à la découverte du schème explicatif le plus en adéquation avec les données. Il s'agit en somme de savoir vivre dans l'incertitude en ayant en tête un schème plastique constamment révisé dans un processus de spéculation, de modification et d'élagage. Il s'agit finalement de trouver l'énoncé décrivant et expliquant le mieux et de manière simple et appropriée les données sur le phénomène étudié.

Pour théoriser dans l'étude de cas, il faut ainsi mettre l'accent sur les relations et les interdépendances dans la situation observée. La manière la plus simple de le faire est de chercher dans les données les récurrences, les *patterns*. Il faut alors identifier les similitudes et les différences entre les situations observées à l'intérieur d'un cas ou entre les cas. Cet effort de comparaison constante (Strauss et Corbin, 1998) et de mise en forme (Miles et Huberman, 1984) est particulièrement important dans l'étude de cas et dans la démarche qualitative en général puisque le chercheur ne dispose pas d'un logiciel pour établir les liens entre les données et les inscrire dans des tableaux de corrélations. Il est celui qui crée l'ordonnancement. Il doit donc trouver des moyens pour condenser les données tout en tentant de leur rendre justice et de limiter la tendance à trop réduire la complexité (Allard-Poesi, Chapitre 7).

Strauss et Corbin (1990) suggèrent au chercheur de constamment questionner les données pour développer sa sensibilité théorique. Miles et Huberman (1988) proposent plusieurs tactiques de traitement des données qualitatives pour générer du sens : le comptage des occurrences, le regroupement de données en catégories ou au contraire la fragmentation de celles-ci, l'utilisation de métaphores, la recherche de variables intermédiaires. Ce processus de « brassage » des données peut être poussé plus loin par l'utilisation de supports à la présentation des données. Ceux-ci stimulent le processus cognitif. Il est par exemple possible d'utiliser la chronologie ou la localisation des événements sur une flèche de temps pour comprendre les phénomènes de succession ainsi que les co-occurrences des événements. Cette technique permet aussi l'analyse en parallèle de nombreuses variables (Langley, 1997). La création de matrices facilite, quant à elle, la classification et la comparaison des données par thème, par site (Foote Whyte, 1984). Cet outil, lorsqu'il est utilisé de manière itérative, permet de raffiner l'analyse, de préciser les concepts (Meyer, 1982 ; Giroux, 1992). Demers (1993), pour sa part, représente les variables processuelles qu'elle étudie sous forme de cercles qui s'interpénètrent ce qui lui permet de montrer l'interdépendance dynamique entre celles-ci.

Ces divers supports de présentation constituent ce que Langley (1997) appelle des stratégies d'organisation des données dont l'objectif est la formulation de propositions. Elle les distingue des stratégies qu'elle a qualifiées d'« ancrage » comme la narration ou la « théorie ancrée » (*grounded theory*) qui visent à unir étroitement les théories et les données dont elles émanent suite à une analyse inductive.

Outre la mise en forme, il est possible de faire subir aux données plusieurs traitements générateurs de sens. En effet, on peut procéder à plusieurs lectures des données en utilisant différents cadres théoriques (Allison, 1971), en recherchant systématiquement des hypothèses alternatives, en re-questionnant constamment les données à partir des cas déviants (Huberman et Miles, 1984) et en tentant d'établir des liens entre les niveaux macro et micro (Vaugham, 1992).

Langley (1997) affirme que l'effort d'analyse suscite le processus d'abstraction. Il peut aider à vérifier des concepts. Cependant, il ne peut remplacer l'effort de synthèse qui est au cœur de la démarche de théorisation. C'est pourquoi, elle déclare qu'au-delà de l'induction ou de la déduction, il y a la démarche d'interprétation. Celle-ci suppose un saut qualitatif, créatif, marqué par l'inspiration.

La capacité d'imagination et d'inspiration du chercheur est stimulée par ses lectures, sa réflexion, ses études et expériences antérieures. Il s'agit en quelque sorte pour lui de s'élever au-dessus des données mises en forme pour passer à un niveau théorique supérieur. C'est à cette étape que la comparaison des résultats de l'analyse avec la littérature théorique et empirique existante peut s'avérer fructueuse (Eisenhardt, 1989). Le chercheur doit alors s'appliquer à réviser systématiquement ses résultats à la lumière des cas convergents ou divergents présentés par ses prédécesseurs. Cet exercice lui permet de re-contextualiser son travail dans le cadre des savoirs existants (Morse, 1994) et d'accroître la validité externe de ses résultats.

Dans le cas de la carte Visa-Desjardins, différents modes de présentation visuelle des données ont été utilisés : tableau de l'évolution des prises de position (votes) sur le projet aux divers moments de décision ; présentation comparative des argumentaires de la firme, de ses concurrents et des organismes réglementaires ; représentation du cheminement du dossier aux différents niveaux de l'organisation et aux différentes phases des décisions successives.

Par la suite, le cas a été lu en regard des différentes variables explicatives mises en avant dans la littérature (influence du *leadership*, de la culture et de la structure de l'organisation, des forces environnementales). Finalement, des hypothèses alternatives soumises par des collègues connaissant bien le contexte coopératif ont été testées sur les données.

Il s'agissait alors de chercher dans les données tout ce qui pouvait appuyer ces nouvelles propositions afin de voir si elles n'avaient pas un pouvoir explicatif plus grand. Pour le chercheur, il s'agissait en quelque sorte de devenir son propre avocat du diable, remettant constamment en question ses lectures, ses interprétations antérieures de ses données et cela à partir d'un point de vue divergent. Tous ces niveaux successifs d'analyse ont permis le développement d'une compréhension plus fine du phénomène observé. Ils ont permis de formuler des conclusions plus nuancées reflétant la complexité stratégique de cette grande organisation.

§ 9. – la rédaction du texte final

À la fin du long périple de l'étude de cas, vient le moment crucial de la rédaction du produit final. C'est alors que les dimensions communicationnelle, sociale et argumentaire de la recherche deviennent évidentes. Le chercheur doit penser à la manière dont il va mettre en forme ses résultats de recherche. Il doit convaincre son ou ses auditoires de la pertinence de son questionnement, de la rigueur de sa démarche et de la valeur de ses résultats. Son texte sera scruté, questionné, critiqué à partir des critères en vigueur dans la communauté scientifique. Il doit donc, dans la rédaction, prévoir les arguments et fournir les justifications des choix qu'il a faits. Il doit aussi mettre en valeur son travail en soignant le formatage, le style de l'écriture et les références à l'univers du discours scientifique.

Bien sûr, le format du texte et son style varieront selon le type de véhicule de diffusion (thèse, livre, communication pour un colloque, articles de revues scientifiques ou encore destinés à des praticiens). Toutefois, certains critères de qualité sont recherchés quel que soit le type de document rédigé. La qualité de l'écriture (structure et style) sont les premiers éléments qui toucheront le lecteur. La clarté et la simplicité jointes à la précision sont alors importantes. La structure du texte doit être perceptible. En somme, l'auteur doit prendre le lecteur par la main et l'amener à suivre son raisonnement jusqu'à son aboutissement. Il doit lui fournir des éléments pour que celui-ci puisse le suivre aisément : définition des concepts ; exemples pertinents ; logique des liens entre les concepts et entre les arguments ; rapport entre les arguments, leurs fondements et les données qui les appuient.

L'auteur doit, en outre, rendre le voyage agréable à son lecteur. Van Maanen (1989) souligne que l'écriture est une œuvre de communication comportant des aspects esthétique et émotif puisqu'il faut chercher l'adhésion du lecteur à la théorisation proposée. La qualité de l'écriture et plus particulièrement le choix des *verbatim* à inclure peuvent alors rendre le texte attirant et « parlant ». L'utilisation de graphiques ou de tableaux, dans la mesure où ils sont justifiés, simples et révélateurs, peut venir soutenir l'intérêt du lecteur. Un bon texte présente un enchaînement progressif d'idées, bien organisé, accessible et agréable. Daft (1985) note qu'un style amateur qui exagère la contribution de l'auteur et montre une méconnaissance des contributions antérieures indispose le lecteur et provoque souvent le rejet du texte soumis pour publication.

La structuration du texte peut varier mais, d'après Whetten (1989), le lecteur s'attend à y retrouver la réponse à différentes interrogations qui couvrent les éléments les plus importants à prendre en compte dans la critique d'un texte scientifique (*cf.* encadré 2.3.).

Un bon texte sait donc répondre aux questions suivantes : pourquoi est-ce important d'étudier cette question maintenant ? Quels sont les postulats qui sous-tendent la position et les choix de l'auteur ? La conceptualisation et le *design* sont-ils conçus et inter-reliés ? La réalisation de la recherche a-t-elle été bien faite ? Quelles sont les implications de ce qui a été trouvé ? Qu'est-ce que ce travail apporte de nouveau ? À qui ce travail peut-il être utile ? Quelles en sont les limites ?

encadré 2.3.

les éléments à retrouver dans un texte de nature scientifique (thèse, articles, etc.)

1. La description de la problématique

2. La justification de la pertinence de la problématique au niveau théorique, pratique

3. La description et l'explication du positionnement épistémologique et théorique de l'auteur

4. La justification de la logique de la démarche :

- Définition de l'objet théorique et de l'objet empirique
- Définition des questions de recherche et des principaux construits
- Recension des écrits et description du cadre théorique choisi
- Description et justification du *design* (site, échantillon, type de cas, techniques de collecte, instruments à utiliser)

5. La démonstration de la rigueur et de la minutie dans la réalisation : description des différentes étapes de la collecte des données et de l'analyse

6. La présentation des résultats

7. L'explication de la signification des résultats en regard du cadre théorique et de la problématique

8. La présentation de l'originalité et des limites de la recherche et les questions qui restent à explorer

9. La description de la contribution de l'auteur à la théorie et à la pratique.

Dans le cas Visa-Desjardins, la réalisation des étapes de la recherche peut se résumer par la figure 2.2. suivante :

figure 2.2.

la réalisation des étapes de la recherche

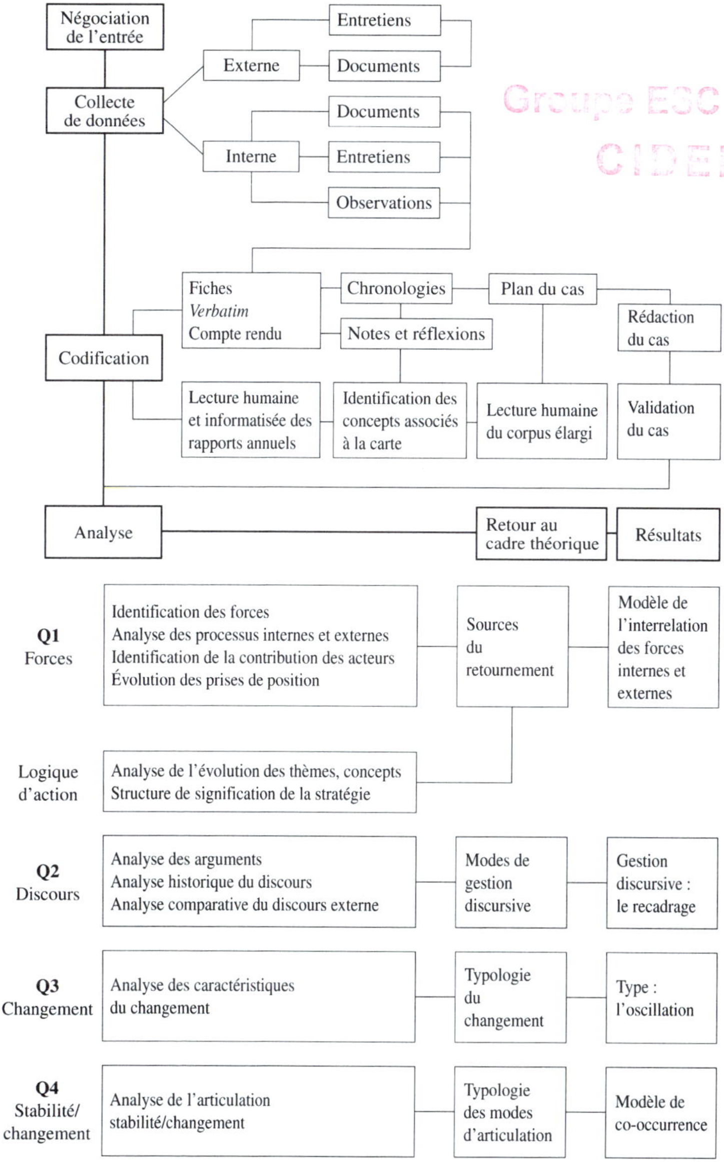

Un bon texte doit donc être intéressant à lire et fournir au lecteur tous les éléments pour évaluer la valeur de la recherche réalisée. Il doit, de plus, être ciblé comme le souligne Anne Huff (1999). Pour elle, publier c'est entrer en conversation avec d'autres chercheurs. Aussi, le rédacteur doit-il se familiariser avec les attentes et les règles des conversations dans lesquelles il veut entrer et construire son texte en conséquence.

Le rapport d'une étude de cas doit présenter à la fois un « morceau de vie » plausible, parlant et convaincant, et une argumentation serrée, ancrée, où le chercheur montre qu'il est conscient des avantages et des limites de sa démarche. Les principaux avantages de la méthode de cas dont il doit tirer profit sont le caractère adaptatif et la forte validité interne de la démarche, la richesse de données diachroniques et processuelles qui permettent de développer une réflexion plus nuancée et une théorisation tenant compte de la complexité de son objet.

Les principales limites auxquelles il est confronté, qu'il doit minimiser ou contourner sont : les coûts de la démarche tant pour le chercheur que pour les participants, le peu de contrôle des variables, la grande quantité de données à traiter, la fidélité et la validité externe limitée (le chercheur est l'instrument toujours subjectif de collecte et le petit nombre de sites contraint les possibilités de généralisation). Pour répondre aux critiques, l'auteur doit fournir toutes les informations permettant au lecteur de vérifier ses assertions. Il doit démontrer qu'il a fait l'effort de re-contextualisation dans la littérature existante, qu'il a bien pris la position de l'avocat du diable, qu'il a fait une réflexion approfondie sur les caractéristiques de son cas de manière à inventorier les domaines où ses conclusions sont susceptibles de s'appliquer tout comme l'ont fait Snyder et Paige (1958) dans leur étude de cas devenue un exemple du genre.

section IV
un programme de recherche à partir de la méthode des cas

Que faire une fois la recherche terminée et les résultats publiés (et le titre de docteur enfin obtenu !) ? Quel peut être le rôle de l'étude de cas dans le développement de la carrière du chercheur, dans son effort soutenu de développement de connaissances ? Deux pistes de développement sont possibles selon que le chercheur entend poursuivre seul sa démarche ou bien s'il souhaite travailler en collaboration.

§ 1. - travailler en collaboration

Souvent, on oppose à l'utilisation de la méthode des cas l'argument de la non-cumulativité du savoir. À cela, deux chercheurs experts dans l'utilisation des cas, Mintzberg et Pettigrew, opposent l'argument de la communauté. Dans l'approche positiviste, le savoir se construit par la réplique (aussi appelée *replica* ou réplication ; voir § 2. ci-après) et l'extension du savoir antérieur. Dans la méthode des cas, il est possible, selon eux, de mettre à contribution plusieurs chercheurs pour créer une banque de cas détaillés permettant la comparaison et le développement de savoirs nuancés sur le fonctionnement des organisations. Mintzberg affirme qu'une dizaine de chercheurs réalisant chacun une douzaine de cas pourraient ainsi créer une banque de cas d'une richesse incroyable. De la même façon, Pettigrew décrit comment l'équipe de son centre de recherche sur le changement a réussi à produire dix cas en trois ans.

Cette dernière démarche nécessite cependant une réflexion approfondie pour élaborer un même *design* partagé par tous les contributeurs. Elle suppose aussi des ressources, parfois considérables, pour la création d'une infrastructure de recherche collective. On retrouve cette manière de « gérer » la recherche dans des équipes le plus souvent formées de doctorants et de jeunes chercheurs qui évoluent sous la direction d'un chercheur reconnu qui sait établir des partenariats avec les entreprises et avec les organismes subventionnaires ou commanditaires. Cette manière de faire existe depuis longtemps dans les sciences pures et appliquées où de grands laboratoires assurent la pérennité de l'effort de recherche. Il faut toutefois ouvrir ici une parenthèse pour mentionner que, selon les pays, la forme que prend l'aide à la recherche « organisée » peut varier. Dans certains cas il s'agit non pas de distribution de fonds mais de contrat de consultation, de stages rémunérés ou encore de l'offre d'un accès privilégié au terrain. Cette approche n'est pas la seule voie possible pour assurer la continuité de la recherche.

§ 2. - poursuivre seul

Le chercheur peut aussi continuer sa démarche en solitaire et élaborer son propre plan de développement. Il peut alors poursuivre son questionnement par des stratégies de réplique, de spécification ou de transfert.

La réplique consiste à étudier d'autres cas similaires dans des contextes différents afin de tester la validité des résultats et de développer une perspective contingente du phénomène. La spécification se réalise, quant à elle, par une définition plus étroite, des critères de choix des cas et par une étude plus détaillée des processus sélectionnés pour approfondissement. L'objectif de cette démarche est de développer des connaissances plus fines et opérationnelles. Le transfert, pour sa part, vise à stimuler l'imagination conceptuelle en transférant des concepts ou construits d'un niveau d'analyse à un autre ou d'une problématique à une autre.

Dans le cas de la carte Visa-Desjardins, une fois la thèse terminée, celle-ci fut reprise et réécrite sous forme de livre (Giroux, 1993) comme c'est souvent le cas dans le monde académique. Une perspective institutionnelle du changement a alors fourni une nouvelle grille de lecture du cas. Dans ce livre, les résultats du cas Visa-Desjardins ont été comparés à quatre autres cas publiés précédemment. Cela a permis de développer un modèle du changement dans les institutions.

Par la suite, la réflexion sur le cas Visa-Desjardins devait mener à l'élaboration de nouvelles recherches. La thèse avait souligné l'importance de la dimension temporelle, des stratégies discursives et du processus dit « dialogique » dans le changement (Giroux, 1993). Ces trois éléments ont alors constitué des pistes de développement d'un programme de recherche. La spécification a été la première tactique utilisée. Cinq cas de prise de décision ayant été documentés dans la thèse, ces données ont été reprises et une analyse comparative a été réalisée (Giroux, 1992-1993). Cette analyse portait sur les contraintes temporelles du changement.

Une stratégie de réplique a été utilisée ensuite dans l'étude de discours organisationnels justifiant deux autres situations de retournement (dans deux cas, une institution publique et une autre coopérative) (Giroux et Vézina, 1996 ; Giroux et Cooren, 2000).

Ensuite, je suis revenue à la stratégie de spécification. En effet, dans le cas Visa-Desjardins, il s'agissait d'une situation d'acquisition. Cinq nouveaux cas de fusions-acquisitions ont été réalisés pour mieux comprendre le rôle de la communication dans des contextes de changement de ce type (Giroux et Dumas, 1997).

Par ailleurs, afin de poursuivre l'analyse de la dimension dialogique du changement, un modèle (Giroux, 1998a) et une grille d'analyse ont été développés et une méta-analyse d'une dizaine de cas est actuellement en cours sur cette question. Finalement, les études de cas portant sur le processus d'intégration des fusions-acquisitions ont montré que le changement est fréquemment vécu comme une perte. La littérature sur le phénomène de perte et de deuil a alors été compilée. Une recension a été faite pour identifier la contribution potentielle des modèles du deuil à la compréhension du changement et ainsi explorer les possibilités de transfert (Giroux, 1998b).

Le cas initial de la thèse, loin d'être un travail isolé, a donc été le point de départ d'une démarche de recherche qui, seule ou avec d'autres, m'a amenée à réaliser ou à étudier de manière comparative vingt-six autres cas. Cet exemple tiré de mon expérience montre que le doctorant ou jeune chercheur ne doit pas craindre de limiter ses possibilités de recherche et de publication en utilisant la méthode de l'étude de cas. Bien au contraire, celle-ci lui permet de déplier au fil du temps sa recherche en accordéon en alternant questionnement théorique et recherche sur le terrain comme le souligne Anne Huff dans son ouvrage sur la publication scientifique (1999).

Cet exemple est loin d'être unique. Il témoigne de la possibilité de privilégier cette méthode tout au long de la carrière d'un chercheur et même d'obtenir des fonds pour ce faire auprès des grands organismes qui subventionnent la recherche. C'est une méthode qui, à mon humble avis, à un bel avenir… parce qu'elle est toujours de mise et parce qu'elle s'appuie sur les résultats probants des travaux de nos prédécesseurs.

L'étude de cas a fourni des textes devenus des classiques dans le domaine des sciences humaines et sociales. Dans le champ de la stratégie, l'article de Mintzberg et Waters (1985) sur les stratégies délibérées et émergentes en est un exemple incontournable. Cet article, souvent cité, se fonde sur l'analyse comparative de plusieurs études de cas portant sur le processus de formation de stratégie dans différentes organisations. Il atteste clairement la capacité de l'étude de cas à générer de nouvelles connaissances, à stimuler la théorisation.

Conclusion : avantages, limites et plaisirs de la méthode des cas

Ma démarche personnelle de recherche, à la fois émergente et planifiée, basée sur l'étude de cas m'a convaincue de la richesse et de l'utilité de cette méthode. Malgré ses difficultés et ses limites, je crois qu'elle offre plusieurs avantages très séduisants.

Elle permet au chercheur de s'approcher du terrain, de séjourner dans l'organisation et d'en comprendre la dynamique. Elle met le chercheur en contact avec les praticiens et l'oblige sans cesse à questionner la pertinence pratique de sa quête de savoirs. Elle le met au défi de développer des compétences dans plusieurs techniques de collecte de données (entretien, analyse de discours, observation). Elle l'amène à raffiner ses méthodes d'analyse et de présentation synthétique d'une grande quantité de données.

En somme, cette méthode est aussi un outil de croissance car elle suscite chez le chercheur le développement de différentes qualités comme le souci constant de pertinence et de rigueur, la persévérance, la flexibilité et surtout l'humilité devant l'incroyable richesse et la grande complexité des cas vécus sur le terrain.

Références bibliographiques citées

AKTOUF (O.), « La parole dans la vie de l'entreprise : faits et méfaits », *La Revue Internationale de Gestion*, 1986, (31-37).

ALLISON (G.), *The Essence of Decision, Explaining The Cuban Missile Crisis*, Boston : Little, Brown and Co., 1971.

BARKER (J.R.), « Tightening the Iron Cage : Concertive Control in Self-managing Teams », *Administrative Science Quarterly*, 1993, vol. 38, (408-437).

BARLEY (S.R.), « Technology as an Occasion for Structuring : Evidence from Observations of CT Scanners and the Social Orders of Radiology Departments », *Administrative Science Quarterly*, 1986, (78-108).

BARTUNEK (J.M.), « Changing Interpretive Schemes and Organizational Restructuring : The Example of a Religious Order », *Administrative Science Quarterly*, vol. 29, 1984, (355-372).

BERG (D.), « A Case in Print », *Journal of Applied Behavioral Science*, vol. 26, n° 1, 1990, (64-68).

BOUCHIKI (H.), « Le micro-ordinateur dans l'entreprise : du plaisir à la norme », *Gérer et Comprendre, Annales des Mines*, septembre 1990, (16-25).

BOUWEN (R.) et FRY (R.), « Organizational Innovation and Learning. Four Patterns of Dialogue between the Dominant Logic and the New Logic », *International Studies of Management and Organization*, vol. 21, n° 4, 1991, (37-51).

CHANDLER (A.D.), *Strategy and Structure. Chapters in the History of Industrial Enterprise*. Cambridge : The MIT Press, 1962.

CLARK (B.R.), « Organizational Adaptation and Precarious Values. A Case Study », *American Sociological Review*, vol. 21, 1956, (327-336).

DAFT (R.), « Why I Recommended that Your Manuscript be Rejected and What You Can Do About It », *in* CUMMINGS (L.L.) et FROST (P.J.) (Eds.), *Publishing in the Organizational Sciences*, Homewood : Richard D. Irwin Inc., 1985, (193-210).

DAVIS (M.S.), « That's Interesting ! », *Philosophy of Social Sciences*, vol. 1, 1971, (309-344).

DEMERS (C.), « Le changement radical vu de l'intérieur : la diffusion stratégique dans les organisations complexes », *Communication et Organisation*, vol.16, n° 2, mai 1993, (22-31).

DEVEREUX (G.), *De l'angoisse à la méthode*, Paris : Flammarion, 1980.

DI MAGGIO (P.J.), « Comments on What Theory Is Not », *Administrative Science Quarterly*, vol. 40, 1995, (391-397).

DUMAS (D.) et GIROUX (N.), « L'intégration planifiée et émergente d'une acquisition : le cas de Consulpro », *Cahiers du GISCOR*, Université de Montréal, 1996.

DUPUIS (J.P.), *Une analyse anthropologique des rapports entre l'entreprise et la communauté dans deux villages abitibiens*. Thèse de Doctorat, Université de Montréal, 1991.

EISENHARDT (K.M.), « Building Theories from Case Study Research », *Academy of Management Review*, vol. 14, 1989, (532-550).

FOOTE WHYTE (W.), *Learning From the Field*, Beverly Hills : Sage, 1984.

FIRSIROTU (M.), *Strategic Turnaround as Cultural Revolution : The Case of Canadian National Express*, Thèse de Doctorat, Université McGill, Montréal, 1984.

FROST (P.) et STABLEIN (R.), *Doing Exemplary Research*, Newbury Park : Sage, 1992.

GIOIA (D.) et KUMAR (C.), « Sensemaking and Sensegiving in Strategic Change Initiation », *Strategic Management Journal*, vol.12, 1991, (433-448).

GIROUX (N.), « Les mécanismes discursifs de retournement stratégique », *Actes du Colloque Travail et Pratiques Langagières*, École Polytechnique, Paris, 1989.

GIROUX (N.), *Le retournement stratégique : le cas de la carte Visa-Desjardins*, Thèse de Doctorat, Montréal, UQAM, 1990.

GIROUX (N.), « Participation et prise de décision stratégique », *Coopératives et Développement*, vol. 24, n° 1, 1992-93, (41-63).

GIROUX (N.), *Changement stratégique dans une institution : le cas Visa Desjardins*, Boucherville : Gaétan Morin, 1993.

GIROUX (N.), « La communication dans la mise en œuvre du changement », *Management International*, vol. 12, n° 2, novembre 1998 (a), (1-15).

GIROUX (N.), « Vivre son deuil pour s'approprier les transformations organisationnelles », *Interactions*, vol. 2, n° 1, printemps 1998 (b), (154-173).

GIROUX (N.) et COOREN (F.), « Le changement du discours stratégique », *in* CÔTÉ (M.) et HAFSI (T.) (Eds.), *Le management aujourd'hui, une perspective nord-américaine*, Québec, Les Presses de l'Université Laval et Economica, 2000, (355-369).

GIROUX (N.) et DUMAS (D.), « Trois modalités d'intégration des fusions/acquisitions : l'intégration planifiée, l'intégration émergente et l'intégration conjointe », *Actes de la Conférence de l'Association Internationale de Management Stratégique*, Montréal, HEC, mai 1997, (531-541).

GIROUX (N.) et VÉZINA (M.), « Le cas de la diversification de Purdel, coopérative agro-alimentaire, dans le secteur de la boulangerie », Rapport de Recherche 96-5, *Cahiers du Centre de Gestion des Coopératives*, Montréal, HEC, novembre 1996.

GLASER (B.G.) et STRAUSS (A.), *The Discovery of Grounded Theory. Strategies for Qualitative Research*, Chicago : Aldine, 1967.

GODELIER (E.), « De la stratégie des sites à la stratégie de groupe », *Gérer et Comprendre, Annales des Mines*, 1997, (79-91).

HAFSI (T.) et DEMERS (C.), *Le changement radical dans les organisations complexes. Le cas Hydro-Québec*, Boucherville : Gaétan Morin, 1989.

HAMEL (J.), *Études de cas et sciences sociales*, Paris : L'Harmattan, 1997.

HAMEL (J.), DUFOUR (S.) et FORTIN (D.), *Case Study Methods*, Newbury Park : Sage, 1993.

HERREROS (G.), « La sociologie de l'innovation : une pragmatique managériale », *Gestion 2000*, n° 3, 1996, (63-77).

HLADY-RISPAL (M.), « Une stratégie de recherche en gestion », *Revue Française de Gestion*, janvier-février 2000, (61-70).

HUBERMAN (A.M.) et MILES (M.B.), « Data Management and Analysis Methods », *in* DENZIN (N.K.) et LINCOLN (Y.S.) (Eds.), *Handbook of Qualitative Research* ; Thousand Oaks, CA. : Sage, 1994, (428-444).

HUFF (A.S.), *Writing for Scholarly Publication*, Thousand Oaks : Sage, 1999.

JICK (T.D.), « Mixing Qualitative and Quantitative Methods : Triangulation in Action », *Administrative Science Quarterly*, vol. 24, December, 1979, (602-611).

LANGLEY (A.), « L'étude des processus stratégiques : défis conceptuels et analytiques », *Management International*, vol. 2, n° 1, 1997, (37-49).

LARSSON (R.), « Case Survey Methodology : Quantitative Analysis of Pattern across Case Studies », *Academy of Management Journal*, vol. 36, n° 6, 1996, (1515-1546).

LEROY (F.) et RAMANANTSOA (B.), « La fusion comme source d'évolution organisationnelle : Analyse du processus de variation-sélection-rétention », *Actes informatisés de la Conférence de l'Association Internationale de Management Stratégique*, Lille, 1996.

MARKUS (L.), « Case Selection in a Disconfirmatory Case Study », *in* CASH (J.L.) et LAWRENCE (L.) (Eds.), *The Information Systems Research Challenge. Qualitative Research Methods*, Boston : Harvard Business School, vol. 1, 1989, (20-26).

MEYER (A.D.), « Adapting to Environmental Jolts », *Administrative Science Quarterly*, vol. 27, 1982, (515-537).

MILES (M.B.) et HUBERMAN (A.M.), « Drawing Valid Meaning from Qualitative Data : Toward a Shared Craft », *in* FETTERMAN (D.M.) (Ed.), *Qualitative Approaches to Evaluation in Education. The Silent Scientific Revolution*, Newbury Park : Sage, 1988, (222-244).

MILES (M.B.) et HUBERMAN (A.M.), *Qualitative Data Analysis*, Beverly Hills : Sage, 1984.

MILLER (D.) et FRIESEN (P.), « Archetypes of Organizational Transition », *Administrative Science Quarterly*, vol. 25, 1980, (268-299).

MINTZBERG (H.), *The Nature of Managerial Work*, Englewood Cliffs : Prentice Hall, 1980.

MINTZBERG (H.), RAISINGHANI (D.), THÉORET (A.), « The Structure of « Unstructured » Decision Processes », *Administrative Science Quarterly*, vol. 21, 1976, (246-275).

MINTZBERG (H.) et WATERS (J.A.), « Of Strategies Deliberate and Emergent », *Strategic Management Journal*, vol. 6, 1985, (257-272).

MINTZBERG (H.) et WATERS (J.A.), « Tracking Strategy in an Entrepreneurial Firm », *Academy of Management Journal*, vol. 25, n° 3, 1982, (465-499).

MORSE (J.), « Emerging from the Data : The Cognitive Processes of Analysis in Qualitative Inquiry », *in Critical Issues in Qualitative Research Methods*, Beverly Hill : Sage, 1994, (23-43).

MURRAY (V.V.), JICK (T.D.) et BRADSHAW (P.), « To Bargain or Not to Bargain », *in* BAZERMAN (M.H.) et LEWICKI (R.J.) (Eds.), *Negotiating in Organizations*, Beverly Hills : Sage, 1983, (272-296).

NOBLIT (G.W.) et HARE (D.R.), *Meta-Ethnography : Synthesizing Qualitative Studies*, Newbury Park : Sage, 1988.

NOËL (A.), « Strategic Cores and Magnificent Obsessions : Discovering Strategy Formation Through Daily Activities of CEOS », *Strategic Management Journal*, vol. 10, 1989, (33-49).

ORLIKOWSKI (W.), « Improvising Organizational Transformation over Time : A Situated Change Perspective ». *Information Systems Research*, vol.7, n° 1, 1996, (63-92).

PETTIGREW (A.M.), « Issues of Site Selection and Time on Longitudinal Research on Change », in CASH (J.) (Ed.), *Qualitative Research Methods*, Boston : Harvard Business School Press, 1989.

PETTIGREW (A.M.), *The Awakening Giant*, Oxford : Basil Blackwell, 1985.

PETTIGREW (A.M.), « Contextualist Research. A Natural Way to Link Theory and Practice », *Conference on Conducting Research with Theory and Practice in Mind*, Los Angeles, November, 1983.

PLATT (J.), « What can Case Studies Do ? », *Studies in Qualitative Methodology*, vol. 1, 1988, (1-23).

QUINN (J.B.), *Strategies for Change, Logical Incrementalism*, Homewood : Irwin Inc., 1980.

REVAULT D'ALLONNES (C.), « L'étude de cas : de l'illustration à la conviction », *in La démarche clinique en sciences humaines*, Paris : Dunod, 1989, (67-87).

RICHARDSON (L.), « Writing. A Method of Inquiry », *in* DENZIN (N.K.) et LINCOLN (Y.S.) (Eds.), *Collecting and Interpreting Qualitative Materials*, Thousand Oaks : Sage, 1998, (345-371).

ROSEN (M.), « Breakfast at Spiro's : Dramaturgy and Dominance », *Journal of Management*, vol. 11, n° 2, 1985, (31-48).

SNYDER (R.C.) et PAIGE (G.D.), « The United States Decision to Resist Aggression in Korea », *Administrative Science Quarterly*, December 1958, (341-378).

STRAUSS (A.L.) et CORBIN (J.), « Grounded Theory Methodology », *in* DENZIN (N.K.) et LINCOLN (Y.S.) (Eds.), *Strategies for Qualitative Inquiry*, Thousand Oaks : Sage, 1998, (158-183).

STRAUSS (A.L.) et CORBIN (J.), « Techniques for Enhancing Theoretical Sensitivity », *in Basics of Qualitative Research*, Beverly Hill : Sage, 1990, (75-95).

STAKE (R.E.), « Writing the Report », *in The Art of Case Study Research*, Newbury Park : Sage, 1995.

STAKE (R.E.), « Case Studies », *in* DENZIN (N.K.) et LINCOLN (Y.S.) (Eds.), *Handbook of Qualitative Research*, Thousand Oaks, CA : Sage, 1994, (237-247).

SUTTON (R.I.) et STAW (B.M.), « What Theory Is Not », *Administrative Science Quarterly*, vol. 40, 1995, (71-384).

TRUJILLO (N.), « Interpreting (the Work and the Talk of Baseball) : Perspective on Ballpark Culture », *Western Journal of Communication*, vol. 56, Autumn, 1992, (351-372).

TSOUKAS (H.), « The Validity of Idiographic Research Explanations », *Academy of Management Review*, 14, 1989, (551-561).

VANDANGEON-DERUMEZ (I.), « La dynamique des processus de changement », *Revue Française de Gestion*, vol. 120, septembre-octobre, 1998, (120-138).

VAN MAANEN (J.), « Some Notes on the Importance of Writing in Organization Studies », *in* CASH (J.I.) et LAWRENCE (P.) (Eds.), *The Information Systems Research Challenge : Qualitative Research Methods*, Boston : Harvard Business School, vol. 1, 1989, (27-33).

VAUGHAN (D.), « Theory Elaboration : The Heuristics of Case Analysis », *in* RAGIN (C.C.) et BECKER (H.S.) (Eds.), *What Is a Case ? Exploring the Foundations of Social Inquiry*, Cambridge : Cambridge University Press, 1992, (173-201).

VÉZINA (M.), « Altérabilité du contexte et formation de la stratégie : une analyse contextualiste ». *VIIIe Conférence de l'Association Internationale de Management Stratégique*, École Centrale, Paris, mai 1999.

WEICK (K.E.), « What Theory Is Not, Theorizing Is », *Administrative Science Quarterly*, vol. 40, 1995, (385-390).

WEICK (K.E.), « Theory Construction as Disciplined Imagination », *Academy of Management Review*, vol. 14, n° 4, 1989, (516-531).

WEICK (K.E.), « Enacted Sense-making in Crisis Situation », *Journal of Management Studies*, vol. 25, n° 4, 1988, (305-317).

WOLCOTT (H.F.), *Writing up Qualitative Research*, Newbury Park : Sage, 1990.

WOOLSEY BIGGART (N.), « The Creative Destructive Process of Organizational Change : The Case of the Post Office », *Administrative Science Quarterly*, vol. 22, 1977, (410-425).

YIN (R.K.), *Applications of Case Study Research*, Newbury Park : Sage, 1993.

YIN (R.K.), « Designing Single and Multiple Case Studies », *in Case Study Research. Design and Methods*, Thousand Oaks : Sage, 1989, (27-60).

ZALD (M.N.) et DENTON (P.), « From Evangelism to General Service : The Transformation of the YMCA », *Administrative Science Quarterly*, September 1963, (214-234).

chapitre 3

la recherche-action

Florence ALLARD-POESI
Véronique PERRET

La recherche-action peut se définir comme une méthode de recherche dans laquelle « il y a une action délibérée de transformation de la réalité, recherche[s] ayant un double objectif : transformer la réalité et produire des connaissances concernant ces transformations » (Hugon et Seibel, 1998 : 13 (1)). Cette définition générale se traduit par des formes très variées d'approches qui néanmoins se rejoignent au travers des traits caractéristiques communs.

L'ensemble des méthodes de recherche-action revendique un double objectif de changement concret dans le système social et de production de connaissances sur celui-ci. Elles se démarquent ainsi des recherches conventionnelles (comme l'étude de cas par exemple) en posant le changement de l'objet investi comme objectif à part entière de la recherche. Suivant ainsi les principes de l'*Action Research* posés par Lewin (1946), on ne peut accéder à la connaissance d'un système social qu'en en faisant varier les dimensions constitutives et leurs relations, c'est-à-dire en induisant un changement de celui-ci. Ceci implique pour le chercheur d'intervenir délibérément sur la réalité étudiée, démarquant par là son rôle de celui de l'observateur neutre prescrit par les démarches scientifiques traditionnelles. Dans cette même perspective, parce que les connaissances élaborées doivent améliorer l'action et le management social (Lewin, 1946), les changements visés par la recherche-action doivent résoudre des problèmes concrets : « la recherche qui ne produit que des livres ne suffit pas » (Lewin, 1946, 1997 (2) : 144). S'inscrivant dans des réalités sociales envisagées comme des systèmes complexes (multiplicité des rationalités et des représentations, interdépendance entre les dimensions à l'œuvre dans le système, caractère dynamique du système...), la recherche-action considère toujours les problèmes à résoudre comme des objets complexes.

Ces deux dimensions (intervention du chercheur sur des problèmes concrets complexes) amèneront, avec les travaux du Tavistock Institute (Jaques, 1951) et du Mouvement de la Démocratie Industrielle Norvégien

(1) Cité par Barbier (1996 : 7)

(2) Par convention dans ce texte, la première date mentionnée correspond à celle de l'édition originale ; la seconde, mentionnée en italiques, à la réédition consultée.

(Emery et Thorsrud, 1976), à poser la participation des acteurs de terrain comme un principe fondamental de la recherche-action.

Les trois dimensions clés de la recherche-action (changement, élaboration de connaissance et intervention) revêtent des significations différenciées en fonction des postulats épistémologiques et de la vision de la réalité sociale qu'ils portent. Ce chapitre se propose de présenter les approches de la recherche-action les plus utilisées en management en soulignant leurs spécificités en termes de visée et de processus de recherche.

Les différents courants de la recherche-action peuvent ainsi être envisagés au travers de leur conception de l'articulation changement-connaissance. Nous distinguerons, dans la première partie de cet article, un ensemble de recherches qui posent le changement du système social comme un moyen d'élaboration de connaissances sur ce système, de celles qui se donnent pour objet premier la production d'un changement social.

Ces différentes visées sont portées par des conceptions de l'objet et des dispositifs de recherche différenciés comme nous le verrons dans la deuxième partie. Ces projets se rejoignent néanmoins dans la liberté qu'ils accordent au chercheur dans le choix des méthodes d'enquête et de changement, reflet de l'esprit du pragmatisme (3) toujours à l'œuvre dans la recherche-action. Les différentes étapes de conduite d'un projet de recherche-action (construction de l'objet de recherche, élaboration et mise en œuvre du *design*, choix des méthodes d'enquête et de changement) et les difficultés particulières émaillant ce processus, seront illustrées au travers d'une recherche menée dans une association du secteur médico-social du centre de la France.

section I
changer et connaître : les différentes approches de la recherche-action

Si la recherche-action a toujours pour objectif de changer la réalité sociale et de produire des connaissances sur ces changements, elle revêt

(3) En employant le terme de pragmatisme, nous référons à la tradition philosophique du pragmatisme américain (en particulier, Dewey, 1967) dont les principes ont fortement inspiré la genèse de la recherche-action, en même temps qu'à sa signification courante (avoir un esprit pratique, considérer les choses en fonction de leur utilité pratique).

des formes variées en fonction du statut et du rôle accordé par le chercheur à chacune de ces dimensions : s'agit-il avant tout de changer la réalité sociale pour produire des connaissances sur celle-ci ? Ou bien de produire des connaissances en vue de changer cette réalité ?

On peut ainsi distinguer un ensemble d'approches qui, suivant en cela Lewin (1946), pose le changement du système social comme un moyen d'accès ou d'élaboration de connaissance sur ce système. La recherche-action « expérimentale » de Lewin (1939 ; 1946), la Science de l'Action (*Action Science*) d'Argyris et ses collègues (1985), et les approches ingénieriques ou de recherche-intervention de l'École des Mines, par-delà leurs spécificités, visent ainsi avant tout l'élaboration de connaissances scientifiques : une connaissance objective sur le système social et son fonctionnement pour Lewin et Argyris ; une connaissance sur la relative efficacité des modèles et outils de gestion pour la recherche-intervention (David, 2000a et b) et la recherche ingénierique (Chanal et *al.*, 1997 ; Claveau et Tannery, 2002).

D'autres approches, s'inscrivant dans la continuité des différents mouvements du Tavistock Institute (en particulier le Mouvement de la Démocratie Industrielle Norvégien, Emery et Thorsrud, 1976 ; Thorsrud, 1970), se donnent pour objet premier la production d'un changement social. La production de connaissances, ici envisagées comme le fruit d'une élaboration conjointe, d'un apprentissage mutuel entre chercheurs et acteurs de terrain, sera la voie d'accès privilégiée à un tel changement. Les interventions psychosociologiques à visée thérapeutique (Jaques, 1947, 1951), les courants « militants » (*Participatory Action Research*, Fals-Borda et Rahman, 1991 ; Hall, Gillette et Tandon, 1982) et coopératifs (*Cooperative Inquiry*, Heron, 1996 ; *Human Inquiry,* Reason, 1994b ; *Pragmatist Action Research*, Greenwood et Levin, 1998 ; *Participatory Action Research*, Whyte, Greenwood et Lazes, 1991), conçoivent certes de façon très différente la nature du changement visé, mais considèrent tous à leur manière que seule l'élaboration de connaissances par le chercheur et les acteurs de terrain permet un changement véritable. Construction/changement de la réalité sociale et élaboration de connaissances se confondent, de sorte que la connaissance est avant tout un processus par lequel changer (ou qui change) cette réalité, et non l'objectif ultime de l'intervention.

Cette première distinction ne saurait refléter, à elle seule, la variété des chemins que peut emprunter la recherche-action, encore moins les méandres et ambiguïtés qu'ils recèlent parfois. Chaque approche porte en effet une vision particulière de la « construction » que constitue la réalité sociale et de l'humain en son sein, conception qui affecte de manière profonde la relation qu'entretient le chercheur avec celle-ci, la nature et l'objet du changement et des connaissances qu'il vise.

§ 1. – changer pour connaître

Suivant son précurseur, la recherche-action est ici une méthode visant à l'élaboration de connaissances scientifiques sur et par l'action, cependant que la nature et l'objet même de ces connaissances varient fortement d'une approche à l'autre. Pour Lewin (1949) et Argyris et *al.* (1985), la réalité sociale et l'action en son sein sont des réalités, si ce n'est objectives, tout au moins objectivables, dont le chercheur, en en faisant varier les formes, peut appréhender le fonctionnement : un mode de *leadership* ou de management social (Lewin, 1947a), les « théories de l'action » des membres de l'organisation (Argyris et *al.*, 1985). Ces changements sont introduits par des méthodes dont le chercheur pourra aussi chercher à évaluer les effets, de sorte que « l'action » de la « recherche-action » concerne également l'intervention du chercheur. L'objectif est, *in fine*, de produire des connaissances sur le fonctionnement du système social et l'action en son sein, mais aussi sur l'intervention elle-même, considérée comme une forme de management social (Lewin, 1946 ; Argyris et *al.*, 1985). Les approches francophones de la recherche-intervention (Hatchuel et Mollet, 1986 ; David, 2000a et b) et la recherche ingénierique (Chanal et *al.*, 1997 ; Claveau et Tannery, 2002) sont animées de ce même projet : il s'agit avant tout de produire des connaissances sur le fonctionnement du système social et l'action en son sein. En envisageant cependant ceux-ci comme construits par les acteurs et l'intervention elle-même, la recherche ne vise plus la mise à jour du fonctionnement « objectif » du système social, mais la construction de connaissances qui soient utiles à l'action et qui améliorent l'efficacité de ce système. Cette visée amène ces approches à porter leur attention aux modèles et aux outils de gestion.

A. – la recherche-action lewinienne

Lewin (1946, 1997 : 144) définit la recherche-action comme « une recherche comparant les conditions et les effets de différentes formes d'action sociale, et conduisant à l'action sociale ». Comme l'expérimentation, cette méthode suppose une description du système social dans lequel la recherche prend place (le groupe, l'atelier, par exemple), la connaissance des lois générales à l'œuvre en son sein, et leur mise à l'épreuve par le biais d'une intervention.

Cette méthode s'appuie sur une vision de la réalité sociale comme un « champ dynamique » et une certaine suspicion à l'égard des méthodes descriptives de recherche. Lewin conçoit ainsi les systèmes sociaux, et le groupe en particulier, comme des « tout » disposant de propriétés qui leur sont propres, différentes de celles des éléments (individus, sous-groupes) qui les composent (pour une revue, voir Allard-Poesi, 2002). Ces propriétés sont le fait de l'interdépendance dynamique des facteurs à l'œuvre dans le système social, en particulier la structure des rôles dans la tâche, du statut des membres et réseaux de communication, et les forces animant cette structure (comme les besoins des individus, les barrières physiques et sociales, qui facilitent ou au contraire inhibent les actions individuelles et sociales). La mise en évidence de ces propriétés globales nécessite ainsi de décrire la structure du champ qui contraint ses « possibles » d'une part, et de faire varier les forces qui y sont à l'œuvre pour en mesurer les effets d'autre part. « La réalité de ce à quoi le concept réfère est établie en "faisant avec" plutôt qu'en "l'observant" [...] » (Lewin, 1949, 1999 : 31).

L'expérimentation est aussi préconisée parce qu'elle permet de lever les tabous scientifiques plus efficacement que ne le permettent les méthodes de description et de classification conventionnelles. Ces dernières permettent certes d'étudier les propriétés structurelles et les relations au sein d'un groupe. Mais tant que le scientifique ne fait que les décrire, on peut lui reprocher que ces descriptions ne reflètent que sa vision subjective et ne correspondent pas aux propriétés « réelles » du phénomène considéré. En produisant des effets, l'expérimentation est ainsi plus efficace pour mettre en évidence la réalité d'un phénomène que ne le sont les méthodes descriptives.

C'est animé de ces mêmes soucis de rigueur scientifique et de complétude que Lewin sort du laboratoire pour mener ses expériences dans « la vraie vie ». Les phénomènes sociaux étant des « tout » dans lesquels la culture et l'idéologie sont des dimensions clés, ils doivent être étudiés dans leur cadre réel : l'école, la maison, l'usine (Lewin, 1947a et b). Les modes de commandement, puis de management social (Lewin, 1946), en tant que forces structurantes et dynamiques du champ social, deviennent des objets privilégiés de la recherche-action. Si, en sortant du laboratoire, l'expérimentation change d'objet, le rôle du chercheur ne se trouve pas fondamentalement modifié. Il reste un expérimentateur qui doit s'assurer de la mise en place effective des conditions et des facteurs (structure et forces) nécessaires à la conduite de son projet. Il reste aussi un théoricien du social, dont les connaissances permettent d'aller « au-delà des apparences », de toucher « les faits sous-jacents et les variables intervenantes », autrement dit, de changer véritablement la réalité sociale et de mesurer les effets de ces changements. La théorie ici est essentielle. Elle nous permet de savoir comment aller d'un point A à un point B, et « si nous allons dans la bonne direction et à quelle vitesse nous y allons » (Lewin, 1946, 1997 : 146). C'est en ce sens, qu'« il n'y a rien de plus pratique qu'une bonne théorie » (Lewin, 1943-44, 1997 : 288).

Ce sont ces mêmes exigences de rigueur scientifique et d'objectivité qui animent le projet de l'*Action Science*, dont l'ancrage lewinien est clairement revendiqué (Argyris et *al.*, 1985). Le projet se trouve néanmoins déployé, pour devenir, et méthode d'analyse du système social, et méthode de recherche sur l'intervention elle-même.

B. - l'*Action Science*

Si la vision de la réalité sociale portée par le projet de l'*Action Science* diffère à de nombreux égards de celle de Lewin, son ambition première y fait largement écho. Il s'agit de produire des connaissances scientifiques sur l'action sociale, entendue comme fondement du système social, visée qui ne peut être satisfaite sans modifier celle-ci et évaluer les effets de ces changements. Les expériences de Milgram (1974) sur l'obéissance sont ainsi critiquées par Argyris et *al.* (1985). Ces expériences mettent en évidence que la proportion de sujets refusant d'infliger les chocs électriques les plus douloureux à leur élève/victime augmente à mesure qu'ils s'en rapprochent (lorsqu'ils voient la victime souffrir, lorsqu'ils doivent lui maintenir la main sur la plaque conductrice du choc, notamment). Si les comportements d'obéissance se réduisent, ils sont cependant toujours présents, et restent largement majoritaires dans les autres cas. Pour Argyris et *al.* (1985), Milgram n'a pas cherché à modifier profondément la situation expérimentale et son issue, de sorte qu'il ne dispose pas des moyens de comprendre les causes des comportements observés. Il aurait fallu étudier les raisons ayant poussé les sujets désobéissants à agir comme tel, développer une théorie sur les causes de ces comportements (et leur pendant, l'obéissance) et la soumettre à l'épreuve du test. En d'autres termes ici, seule la modification des comportements permet une élaboration théorique robuste et sa mise à l'épreuve.

Le changement seul, néanmoins, ne suffit pas. Il doit être accompagné, si ce n'est d'un test par le biais d'une expérimentation, tout au moins d'une analyse rigoureuse, de sorte que les résultats obtenus puissent être reliés effectivement aux changements introduits. La critique est ici dirigée vers les approches « coopératives » (*Participatory Action Research*, Whyte et *al.*, 1991 ; *Pragmatist Action Research*, Greenwood et Levin, 1998). Si ces approches impliquent bien un changement social, elles ne proposent pas de descriptions rigoureuses du système, de l'intervention elle-même et de ses effets, empêchant la mise à l'épreuve d'explications rivales (qui ne sont d'ailleurs pas considérées, voir Argyris et Schön, 1991). En ce sens, elles n'autorisent pas d'attribuer les effets observés aux changements produits, de formuler des inférences causales valides.

L'*Action Scienc*e revêt la rigueur de l'expérimentation et doit s'appuyer sur une théorie. Son projet est ainsi défini comme l'étude :

1. des variables impliquées dans le *statu quo* et qui le maintiennent en l'état ;

2. des variables impliquées dans le changement du *statu quo* vers des alternatives libératrices ;

3. des variables de l'intervention nécessaire pour tester les hypothèses précédentes, et, enfin ;

4. de la méthodologie de recherche qui permettra le changement et, simultanément, produira des connaissances satisfaisant des tests rigoureux de disconfirmation » (Argyris et *al.*, 1985 : xii).

Il s'agit ainsi de produire des connaissances sur le système social, mais aussi sur l'intervention elle-même, en tant qu'élément permettant sa modification (dimension qui n'est pas explicitement présente dans le projet lewinien). La pratique de l'intervention est dès lors au cœur du dispositif : « c'est en réfléchissant sur cette pratique que nous espérons contribuer à une compréhension des manières de tester et de justifier des affirmations théoriques dans la pratique, et des points communs et différences de cette méthode avec celle de la science conventionnelle » (Argyris et *al.*, 1985 : 35). Si le chercheur est toujours le théoricien/expérimentateur lewinien, c'est aussi une personne qui, à l'instar du thérapeute, doit s'engager dans une réflexion sur sa pratique et l'évaluation de ses effets.

L'influence du courant psychosociologique du Tavistock paraît ici très présente dans le programme de l'*Action Science*. Elle l'est aussi dans la conception de l'organisation sous-tendue par ce projet, qui, à certains égards, n'est pas sans rappeler la « prison du psychique » dont parle Morgan (1989). Pour Argyris, en effet, les systèmes sociaux, et les organisations en particulier, sont souvent emprisonnés dans des comportements et attitudes défensives qui les empêchent d'affronter les exigences paradoxales et conflits auxquels ils font face et, *in fine*, les paralysent. Ces routines défensives se marquent notamment par la production de systèmes d'actions et d'explications qui s'autojustifient et se nourrissent d'eux-mêmes, conduisant à l'enlisement et la reproduction des erreurs passées (Argyris et Schön, 1991). Ces comportements sont le fait des « théories-en-usage » (*theories-in-use*) des individus dont les principes et variables constitutives (relevant d'un modèle I d'apprentissage) empêchent toute mise à l'épreuve des idées et donc toute modification des comportements. Ces « théories-en-usage » ne peuvent en outre être explicitées puis modifiées sans l'intervention du chercheur. En effet, leurs auteurs n'en ont le plus souvent pas conscience ou ont recours à des théories affichées (*espoused theories*) qui viennent justifier ces comportements défensifs. Il s'agit donc pour le chercheur de mettre à jour ces théories et de forcer les membres de l'organisation à en rechercher les causes et en analyser les conséquences (méthode dite de confrontation, *confronting*). L'intervention devient dès lors le moyen privilégié par lequel révéler ces « théories-en-usage » et routines défensives, qui, une fois mises à jour et confrontées, seront ainsi modifiées.

Seule l'intervention permet, dans une telle perspective, d'élaborer des connaissances valides. Elle sert tout à la fois de révélateur du fonctionnement du système social, de mise à l'épreuve des propositions théoriques par le changement qu'elle induit, et de progrès méthodologiques, par la réflexion sur l'intervention qu'elle impose. Elle permet, *in fine*, la production de connaissances à la fois rigoureuses scientifiquement (*rigor*), et « actionnables », utiles pour l'action (*relevance*).

Les courants francophones de la recherche-intervention (David, 2000 a et b ; Hatchuel, 1994) et de la recherche ingénierique (Chanal et *al.*, 1997 ; Claveau et Tannery, 2002) partagent cette même visée. Ils se distinguent néanmoins du projet argyrisien par la revendication du statut constructiviste des connaissances produites, statut émanant d'une réflexion sur les spécificités des sciences de gestion.

C. - recherche ingénierique et recherche-intervention

La recherche ingénierique (Chanal et *al.* 1997 ; Claveau et Tannery, 2002) et la recherche-intervention (Hatchuel et Molet, 1986 ; Hatchuel,

1994 ; David, 2000a et b) s'attachent à formuler les principes épistémologiques et méthodologiques adéquats à la production d'une connaissance scientifique en sciences de gestion en général (David et *al.*, 2000) et en stratégie en particulier (Martinet, 1990 ; Claveau et Tannery, 2002).

Se référant à Argyris, ces recherches posent l'élaboration de connaissances actionnables au cœur de leurs principes. L'objectif de la recherche en sciences de gestion n'est en effet pas, selon ces approches, de produire une connaissance purement descriptive, explicative ou normative, mais d'élaborer des connaissances disposant d'une portée générale (propriété générique) et pouvant être mobilisées par les acteurs en situation particulière (Claveau et Tannery, 2002 : 91).

Ces connaissances doivent ainsi en premier lieu se situer « au bon niveau » pour le praticien, c'est-à-dire être intelligibles et appropriables par lui (Chanal et *al.*, 1997). Les problématiques gestionnaires supposent dès lors que l'on travaille à des niveaux théoriques intermédiaires, plus contextuels, rapprochant les connaissances produites des « théories fondées » (*grounded theories*) de Glaser et Strauss (1967) : « le caractère fondé de ces théories leur assure pertinence et utilité pour l'action, et le niveau auquel elles sont formulées, qui dépasse les faits simplement mis en forme, permet aussi l'élaboration de théories générales » (David, 2000b : 210).

Dans ces approches, cette visée d'actionnabilité se traduit en second lieu par la production de connaissances, c'est-à-dire sous forme de modèles et/ou d'outils utiles à l'action. Il s'agit avant tout de fournir aux acteurs de l'organisation une représentation intelligible qui leur permette d'agir plus efficacement (4) (Chanal et *al.*, 1997). La modélisation, entendue comme une construction intentionnelle en vue d'une intervention, devient dès lors la tâche essentielle du chercheur. La nature de la modélisation dépendra des objectifs du modélisateur et prendra ainsi des formes variées suivant la nature des modèles conçus et le type de savoirs à partir desquels le chercheur travaille (David, 2000b) : outils d'aide au diagnostic ou à la construction de problème (Chanal et *al.*, 1997), *artefacts* médiateurs (Claveau et Tannery, 2000), outils de gestion (Moisdon, 1997 ; David, 1998). Se démarquant de l'expérimentateur lewinien ou du psycho-sociologue argyrisien, le chercheur devient un « chercheur-ingénieur ». Ainsi, « la recherche ingénierique s'apparente par certains

(4) Le modèle de Porter ou les configurations de Mintzberg peuvent être utilisés en ce sens.

côtés à la recherche-action par le fait que l'on s'intéresse principalement à des processus de changement organisationnel et que l'on implique les acteurs affectés par le changement dans la démarche de recherche. Elle s'en distingue cependant en imaginant un nouveau statut de "chercheur-ingénieur" qui conçoit l'outil support de sa recherche, le construit, et agit à la fois comme animateur et évaluateur de sa mise en œuvre dans les organisations, contribuant ce faisant à l'émergence de représentations et de connaissances scientifiques nouvelles » (Chanal et *al.*, 1997 : 41).

Bien qu'essentielle, cette étape de modélisation n'est pas suffisante pour situer les approches de recherche ingénierique et de recherche-intervention dans le champ de la recherche-action : la construction mentale de la réalité au travers d'un modèle doit ensuite être mise à l'épreuve du terrain. Kœnig souligne ainsi (1993 : 13) : « des réalités nouvelles émergent au cours de l'action ; la recherche-action a notamment pour objectif d'en favoriser la compréhension et, partant, la maîtrise par les membres de l'organisation ». Dans la démarche de recherche ingénierique proposée par Chanal et *al.* (1997), la mise en application d'un outil (qui est une instrumentalisation du modèle) est une étape essentielle (5) : « [elle] permet d'effectuer un certain nombre de bouclages sur l'ensemble du processus de recherche. Ces bouclages constituent l'étape d'évaluation de la démarche et de la discussion de la contribution scientifique de la recherche » (Chanal et *al.*, 1997 : 45).

Le même souci anime la recherche-intervention : l'analyse des effets de l'intervention du chercheur dans l'entreprise, donc de sa contribution à la construction sociale de la réalité, est l'instrument essentiel d'élaboration d'une production scientifique (Hatchuel, 1994). L'objectif des démarches scientifiques d'intervention est certes « de comprendre en profondeur le fonctionnement du système, de l'aider à définir des trajectoires

---

(5) On peut souligner ici une ambiguïté de positionnement des recherches revendiquant une approche ingénierique quant au rôle que joue la mise à l'épreuve sur le terrain. Pour Chanal et *al.* (1997), l'instrumentalisation du modèle au travers d'un outil et sa mise en application sur le terrain constituent le cœur de la recherche ingénierique. Pour Claveau et Tannery (2002 : 127), cette étape est beaucoup moins essentielle : « la recherche ingénierique se définit par l'objectif de fournir une aide, un accompagnement et un appui au stratège dans son activité de construction mentale de la réalité [...]. Bien sûr, cette construction mentale ne vaut *in fine* que parce qu'il y aura intervention et construction sociale. Cependant nous considérons que ce deuxième registre relève du champ des pratiques, donc de l'acteur stratège et non pas de celui du théoricien ». Cette ambiguïté du rôle de l'instrumentation et surtout de la mise en œuvre pose la question de l'appartenance de la recherche ingénierique au champ de la recherche-action (Kœnig, 1993).

possibles d'évolution, de l'aider à en choisir une, [mais aussi de l'aider à] la réaliser, à en évaluer le résultat » (David, 2000b : 203).

La recherche-intervention partage ainsi le même objectif de changement de la réalité que la recherche-action argyrisienne. Elle s'en éloigne néanmoins en ancrant sa démarche dans la conception d'une situation idéalisée et la mise en œuvre d'outils visant à atteindre cette situation, et non, comme chez Argyris, dans l'utilisation de connaissances théoriques sur le fonctionnement du système social et la réflexion des acteurs sur leur propre système (David, 2000a). L'opposition ne porte pas sur le recours ou non à des connaissances théoriques mais sur leur exploitation par le chercheur. Pour la recherche-intervention et la recherche ingénierique les connaissances théoriques servent à concevoir la situation idéalisée et les outils permettant de l'atteindre alors que pour Argyris ces connaissances seront mises à l'épreuve par l'intervention. Ces deux dimensions (conception d'une situation idéalisée, mise en œuvre d'outils) amènent les démarches de recherche-intervention et ingénieriques à revendiquer un positionnement épistémologique constructiviste. Pour David (2000a : 100), ce positionnement se justifie au regard de la réalité gestionnaire qui est « construite dans nos esprits, parce que nous n'en avons que des représentations, construite parce que, en sciences de gestion, les différents acteurs, y compris les chercheurs, la construisent ou aident à la construire ».

En ce qu'elles visent la conception, l'implémentation et l'évaluation de modèles et d'outils « efficaces » (David, 2000a), la recherche-intervention et la recherche ingénierique disposent enfin d'une visée normative. Sans débat éthique sur les questions que soulève cette notion d'efficacité, elles risquent de fait l'excès de fonctionnalisme (ça marche, donc c'est efficace). Ce risque n'est cependant pas, fondamentalement, le propre de ces approches. En posant la production de connaissances scientifiques comme objectif premier des sciences sociales, les projets de recherche-action portés par Lewin, l'*Action Science*, les recherches-intervention et ingénieriques, courent le risque de laisser de côté les questions de la nature et de l'utilité des changements qu'elles produisent. C'est notamment sur ces interrogations que s'appuient et se fondent les approches suivantes : changer qui, quoi et pourquoi ?

§ 2. - connaître pour changer

Les recherches regroupées ici sont, pour certaines d'entre elles, loin d'être incompatibles avec les principes et visées de la recherche-action lewinienne. Il s'agit toujours de produire des connaissances et permettre le changement du système social. Elles s'en éloignent cependant progressivement pour embrasser une vision de la connaissance comme moyen de changement de la réalité sociale, et non comme un objectif légitime en lui-même. La nature et l'objet de ces connaissances et, en conséquence, le changement visé, varieront grandement d'un projet à l'autre, illustration d'un relativisme pas toujours assumé :

- révéler les mécanismes inconscients qui nous emprisonnent pour nous en libérer, avec les approches psychosociologiques à visée thérapeutique (Jaques, 1951) ;
- créer des connaissances locales comme instrument de pouvoir pour s'émanciper de la structure sociopolitique en place, pour les approches « militantes » (*Participatory Action Research*, Fals-Borda et Rahman, 1991 ; Hall et *al.* 1982) ;
- créer des connaissances qui, tout à la fois, résolvent le problème des acteurs et accroissent leur contrôle des situations qu'ils vivent pour les approches « coopératives » (*Cooperative Inquiry*, Heron, 1996 ; Reason et Heron, 1986 ; *Human Inquiry*, Reason, 1994b ; *Pragmatist Action Research*, Greenwood et Levin, 1998 ; *Participatory Action Research*, Whyte et *al.*, 1991).

L'action et l'intervention perdent ici leur statut privilégié de moyen d'élaboration de connaissances dont elles bénéficiaient dans les approches précédentes, au profit de la participation et de l'émancipation des acteurs des systèmes sociaux sur lesquels elles s'appliquent.

A. - les approches psychosociologiques à visée thérapeutique

À la suite des travaux de Lewin, de nombreuses pratiques d'intervention en entreprises (notamment les approches s'inscrivant dans le courant de l'*Organizational Development*, Beckhard, 1969 ; Bennis, 1969) ont développé et mobilisé des connaissances de nature psychosociologique pour fonder leur démarche. Ces pratiques d'intervention et les fondements théoriques du changement sur lesquels elles s'appuient se sont cependant heurtés à de nombreuses critiques. Certaines concernent la conception théorique du changement organisationnel que ces approches véhiculent (Pettigrew, 1985) ; d'autres la nature de l'intervention jugée technocratique et « faussement participative » qu'elles impliquent (Stephenson, 1975).

Jaques (1947, 1951) (6) ne remet pas en cause l'idée lewinienne de l'utilité des savoirs du théoricien en sciences sociales (en particulier pour la société). Il dénonce par contre le danger d'une orientation technocratique prétendant agir pour ou sur les gens, plutôt qu'avec les gens. Il peut, en ce sens, être considéré comme un pionnier de la recherche-action à visée thérapeutique.

Les premiers travaux de Jaques (1947) sur les méthodes d'intervention de nature psychosociologique insistent particulièrement sur les deux préoccupations majeures des recherches-action qui sont ici regroupées :

1. la participation des acteurs comme méthode d'intervention ;

2. l'émancipation comme objectif de l'intervention. L'hypothèse qui sous-tend le projet jaquien est comparable à celle de Lewin lorsque ce dernier milite pour la recherche-action : les sciences sociales doivent pouvoir apporter une aide concrète aux organisations humaines et notamment aux entreprises industrielles, c'est-à-dire faciliter la résolution de problèmes de fonctionnement, l'établissement de relations constructives, le traitement des tensions. Mais la formation psychanalytique de Jaques l'oriente d'emblée vers une visée de thérapie sociale et vers une approche collaborative non technocratique. Pour Jaques (1947), l'approche technocratique tend à empêcher chez le « système-client » le développement de nouveaux rôles qui lui permettraient de faire face lui-même à ses problèmes. L'intervenant entretient ainsi une dépendance continue à son égard, sans possibilité d'émancipation. La voie que propose Jaques est donc l'acquisition par les membres de l'organisation de connaissances sur son fonctionnement et des techniques leur permettant de faire face de façon adéquate à leurs propres problèmes.

Jaques peut être considéré comme l'initiateur de l'application de la psychanalyse aux organisations. Les principes de son approche, qu'il baptisera socio-analyse, sont :

1. que les chercheurs offrent leurs analyses à ceux qui en font la demande ;

2. qu'ils ne font aucune recommandation et ne s'arrogent jamais la responsabilité des personnes de l'organisation qui ont initié l'étude ;

---

(6) Pour une présentation synthétique de l'ensemble des travaux de Jaques, voir Perret (2002).

3. qu'enfin, la collaboration de tous les membres de l'organisation est requise à chacun des stades de l'intervention (reconnaissance du problème, élaboration des méthodes d'intervention, réalisation du projet à grande échelle).

Jaques (1948) définit ainsi l'approche collaborative comme une tentative d'établir des conditions dans lesquelles tous les groupes concernés d'une communauté peuvent participer avec le consultant social à l'élucidation des origines des difficultés et à l'élaboration des méthodes de résolution des problèmes.

Transposant les outils de la cure psychanalytique individuelle au niveau social, Jaques propose une démarche reposant sur le maniement des résistances et des phénomènes de transfert sur le « consultant-thérapeute » : le changement social ne peut s'accomplir que si les résistances sont analysées et surmontées au travers du processus de transfert sur le thérapeute. Dans ce cadre, la formation psychanalytique des intervenants devient une condition nécessaire au succès de l'intervention. Dans l'interprétation des résistances de groupe, le thérapeute dispose d'un rôle collaboratif et neutre : ni manipulateur ni ingénieur, il participe au changement social en clarificateur qui aide le groupe à rendre manifestes ses tensions internes, de sorte que celui-ci puisse faire face lui-même à ces tensions dans les meilleures conditions (Jaques, 1947). Autrement dit, en utilisant ces résistances, c'est-à-dire en interprétant les attitudes dans le groupe, en mettant en évidence leurs relations aux tensions, en examinant les forces émotionnelles influençant le comportement au moment où elles opèrent, en mettant en évidence les éléments positifs ou négatifs du phénomène transférentiel, le consultant aide la communauté à dégager les bases sur lesquelles elle pourra entreprendre le changement. Ce travail requiert la participation active de tous les membres de la communauté concernée, participation sans laquelle ces mécanismes et le dévoilement qu'ils autorisent ne peuvent s'opérer.

Pour Dubost (1972 : XXXVI), l'apport de Jaques aux méthodes de recherche-action se situe en particulier dans « le caractère plus radical des possibilités offertes au changement social par une attitude d'élucidation pure ». L'intervention se veut avant tout thérapeutique (au sens analytique du terme) et émancipatrice. Elle rend compte, par ses principes, du rapport que Jaques établit entre connaissance et changement, les connaissances du chercheur étant un outil au service du changement social. Comme dans les approches présentées dans la première partie cependant, le rôle et la position du chercheur restent clairement distincts de ceux des participants, et le chercheur n'abandonne pas l'idée de dégager des résultats d'une portée plus générale que les seuls changements opératoires accomplis au cours de l'intervention. L'approche psychosociologique choisie par Jaques, et empruntée par d'autres par la suite (Pagès et *al.*, 1979 ; Kets de Vries et Miller, 1985 ; Enriquez, 1992), permet ainsi de faire des propositions théoriques nouvelles sur les dysfonctionnements organisationnels et les résistances au changement, au travers de leurs significations relationnelles, psychanalytiques et culturelles. Dans cet effort de généralisation cependant, Jaques « quitte [alors] le terrain de l'approche "collaborative", [et] se retrouve seul agent du travail de théorisation [...]. La perte de ses partenaires ramène son potentiel créatif à celui de la sous-culture à laquelle il appartient personnellement, c'est-à-dire révèle plus clairement ses conceptions et ses appartenances idéologiques » (Dubost, 1972 : XL). Les approches « militantes » et « coopératives » vont engager plus radicalement le travail du chercheur dans la voie « collaborative » ouverte par Jaques.

B. - les approches « militantes »

Les approches militantes, comme la recherche-action participante (*Participatory Action Research*, Fals-Borda et Rahman, 1991), s'inscrivent dans une vision critique et politique des connaissances scientifiques. Ces dernières sont essentiellement considérées comme étant le monopole d'une élite éduquée et privilégiée, et un instrument de pouvoir au service du maintien du système sociopolitique en place. Les arguments de neutralité du chercheur vis-à-vis de son objet, de quête d'une vérité absolue, et les expressions essentiellement théoriques et conceptuelles des connaissances produites, deviennent là des moyens de préserver le contrôle du chercheur sur le système social qu'il étudie et les connaissances qu'il produit sur celui-ci, et de satisfaire les intérêts de la classe qu'il sert (Tandon, 1982 (7)). La recherche-action participante vise dès lors à libérer les plus démunis du joug d'un tel système et à contribuer ainsi à une plus grande démocratie.

Ce projet implique de redonner aux plus démunis les moyens de produire des connaissances au service de leurs propres intérêts d'une part, de s'approprier méthodes et connaissances scientifiques, pour devenir capables d'exercer un regard critique sur celles-ci, d'autre part. Il s'agit donc en premier lieu d'aider les participants à élaborer des connaissances qui leur soient « utiles » (qui servent leurs intérêts). Révélant des

(7) Cité par Reason (1994a : 328).

capacités analytiques et d'intelligence jusqu'ici ignorées, les expériences et modes d'expression des participants sont encouragés et valorisés. Le rôle du chercheur est alors d'offrir aux participants la confiance et les méthodes ou moyens leur permettant d'analyser leur situation et de résoudre leur problème (ce qui peut passer par une formation aux méthodes d'enquête). L'engagement du chercheur, une attitude positive et ouverte vis-à-vis des participants sont ici essentiels : ils permettent de transformer une relation « sujet/objet » asymétrique, en une relation sujet-sujet dans laquelle les différentes formes de connaissances (locales et scientifiques) dialoguent et conduisent à une compréhension plus profonde de la situation (Reason, 1994a : 328).

La recherche-action participante vise en second lieu à faire prendre conscience aux participants locaux du caractère politique des connaissances et de leur mode d'élaboration. Le chercheur devient un instrument de « conscientisation », c'est-à-dire « de prise de conscience par la réflexion collective et l'enquête "sur soi-même" » (Freire, 1970 (8)). Reason (1994a : 334) souligne ainsi qu'il n'y aurait sans doute pas de recherche-action participante sans l'intervention d'une personne disposant « de temps, de compétences et d'engagement, quelqu'un qui, inévitablement, est membre du groupe éduqué et privilégié ». L'intervention est d'ailleurs, rappellent Greenwood et Levin (1998 : 176), souvent précédée d'une étude sur la distribution des richesses et des risques dans le système social plus large auquel appartient la communauté d'intervention, étude dont les résultats seront utilisés comme moyen de « mobilisation » des participants locaux. Le risque est alors fort que le processus de recherche-action et les connaissances élaborées ne deviennent que la seule voix du militant, reproduisant par là les schémas d'autorité qu'il dénonce (Reason, 1994 : 334).

Les démarches « coopératives », en s'appuyant sur les principes à l'œuvre dans les approches militantes pour les appliquer aux organisations occidentales (9) (voir Whyte et *al.*, 1991), sont critiquées par ces

(8) Cité par Greenwood et Levin (1998).

(9) Les approches que nous avons qualifiées ici de « militantes » réfèrent à un ensemble de recherches-action mené au service des communautés et des pays les plus pauvres, en particulier en Asie, en Amérique Latine et en Afrique. Ces approches très politiques à visée émancipatrice se distinguent des approches coopératives qui, tout en reconnaissant le caractère politique des connaissances, n'ont pas pour objectif la libération des plus démunis. Pour éviter la confusion entre ces différents courants qui ont parfois recours au même label (*Participatory Action Research* chez Fals-Borda et Rahman, 1991 et Whyte et *al.*, 1991), Greenwood et Levin (1998 : 173 *sq*) parlent de « *Southern Participatory Action Research* » pour désigner les recherches-action militantes.

dernières qui y voient un risque de colonisation des connaissances et des voies de libération des plus démunis. Ce sont pourtant ce même objectif d'élaboration de connaissances et cette même visée démocratique qui animent ces démarches.

C. - les approches « coopératives »

Nous regroupons ici un ensemble d'approches qui ancrent leur posture sur des questions méthodologiques ou épistémologiques particulières :

- l'enquête coopérative (*Cooperative Inquiry*, Heron, 1971 ; 1996 ; Reason et Heron, 1986) dans laquelle les sujets sont considérés comme des acteurs de leurs actions, décisions et intentions ;
- l'enquête « humaine » (*Human Inquiry*, Reason, 1994b) qui, sur cette base, propose une méthode d'élaboration des connaissances qui serait réellement participative ;
- la recherche-action pragmatiste enfin (*Pragmatist Action-Research*, Greenwood et Levin, 1998) qui, s'appuyant sur une épistémologie pragmatiste, se donne pour objectif la production de solutions utiles aux acteurs, et qui, par l'ouverture des possibles qu'elle autorise, leur permet d'accroître leur contrôle sur les situations qu'ils vivent.

Par-delà ces différents fondements, ces approches se rejoignent dans une conception de la réalité sociale et des connaissances comme résultats de processus d'apprentissages mutuels entre participants et chercheurs notamment. Dans ces perspectives, la réalité sociale est une construction qui s'élabore dans les interactions qu'entretiennent les individus entre eux et le monde qui les entoure. À la différence des approches psychosociologiques ou de l'*Action Science*, l'individu n'est cependant pas « déterminé », « emprisonné » par des peurs, théories ou autres dimensions inconscientes. Il est, soulignent Heron et Reason, si ce n'est en réalité, au moins potentiellement autodéterminé, c'est-à-dire auteur de ses actions (voir Reason, 1994a : 325-326). Cette posture ne s'entend pas comme un postulat ontologique, mais comme une position nécessaire pour fonder une recherche-action réellement participante. Pour Reason (1994a : 325-326), une méthode de recherche-action participative doit ainsi nécessairement s'appuyer sur une conception du monde et des relations qui privilégient la participation comme principe : « on ne peut faire de la recherche sur les personnes dans le vrai sens du terme que si on les considère comme autodéterminées » (Reason, 1994a : 326).

Dans cette perspective, ce que les participants font et expérimentent au cours du processus de recherche doit être déterminé en grande partie par eux. Le chercheur ne peut, de fait, prétendre à une position privilégiée dans le processus de recherche. Idéalement, les chercheurs et participants sont tous des « co-chercheurs ». Autrement dit, une recherche visant l'augmentation de l'autonomie des acteurs et leur meilleure maîtrise de la situation (l'idéal démocratique de Dewey, 1927 (10)), ne peut que procéder d'une méthode dont les fondements mêmes reposent sur une conception « démocratique » de la réalité.

La participation est la première dimension de ces approches. La seconde est la reconnaissance et la recherche de la diversité. La construction sociale de la réalité et l'élaboration des connaissances ne peuvent ni ne doivent se fondre dans une seule et même réalité. Parce que chercheurs et participants disposent nécessairement de visions différentes du problème à résoudre, parce que tout système social implique des mécanismes d'inclusion, d'exclusion, d'influence et des jeux de pouvoir (Reason, 1994 : 326), un consensus sur une décision ou action à entreprendre, et la signification qu'elle revêt, ne peuvent que rarement être atteints. Ils ne sont d'ailleurs pas souhaitables. Seule la diversité des expériences et attitudes des participants, et les conflits qu'elle engendre, peuvent permettre le développement de solutions et significations plus créatives au cours des cycles d'actions et de réflexion qu'implique la recherche-action. Ainsi, pour Greenwood et Levin (1998 : 11, 12), « la démocratie équivaut à la création d'arènes (de communication) pour des débats vivants et des décisions qui respectent et renforcent la diversité des groupes. Nous rejetons explicitement les modèles des processus démocratiques de la justice distributive et de consensus et prenons la diversité des compétences, des expériences, des ethnicités, des sexes et des politiques comme la source la plus valable de changement potentiellement positif dans les groupes ». De fait, « la recherche-action vise à aider les communautés et organisations à mobiliser leurs ressources diverses et complexes le plus pleinement possible ».

Ces deux dimensions induisent une conception de la recherche-action comme un apprentissage co-généré (*cogenerative learning*). La visée n'est pas de « trouver une vérité objective », mais, pour reprendre l'expression de Rorty (1980 : 377), « de faire en sorte que la conversation se poursuive » : « ouvrir les logiques de discussion, créer des

---

(10) Cité par Greenwood et Levin (1998 : 73-74).

espaces de réflexion collective dans lesquels de nouvelles descriptions et analyses des situations importantes puissent être développées, et (ainsi), servir à fonder de nouvelles actions » (Greenwood et Levin, 1998 : 86) ; en d'autres termes, « ouvrir les possibles ».

Dans ce processus, la tension dynamique à l'œuvre entre les connaissances scientifiques du chercheur et celles des participants est essentielle : les connaissances et expériences des participants locaux doivent venir compléter les compétences méthodologiques et théoriques du chercheur, le maintien et la reconnaissance de leurs différents points de vue et apports étant susceptibles d'engendrer de nouvelles significations et apprentissages. Les efforts et réflexions se tournent dès lors sur la conception et la promotion de dispositifs de recherche permettant le dialogue, la confrontation et l'articulation de ces différentes significations (Greenwood et Levin, 1998 ; Reason, 1994b).

L'objectif est certes de produire des solutions qui « marchent » (*workability*) (Reason, 1994b ; Greenwood et Levin, 1998), mais surtout de permettre aux acteurs de « faire sens » de ces solutions : résoudre le problème, mais aussi permettre la création de connaissances nouvelles pour les chercheurs et les participants. Ici, la recherche-action enclenche un cycle d'actions et de réflexions qui doit pouvoir se poursuivre.

Le caractère contextuel, relatif et temporaire des connaissances élaborées est clairement revendiqué. Aux critères de validité interne jugée en fonction de la robustesse et de la pertinence des résultats (qualité des inférences produites, mise à l'épreuve d'hypothèses rivales) et de validité externe évaluée en fonction de leur caractère généralisable (transférabilité dans d'autres situations), les approches coopératives préfèrent un critère de crédibilité (*credibility*, Greenwood et Levin, 1998 : 81). Les connaissances générées sont crédibles si elles convainquent, par les arguments et processus sur lesquels elles s'appuient, les participants (crédibilité dite interne) et les chercheurs n'ayant pas participé à la recherche (crédibilité externe). Les participants pensent-ils que la recherche a permis de résoudre le problème posé ? Font-ils sens de ces résultats ? Ceux-ci sont-ils générateurs de connaissances nouvelles ? Ces significations et connaissances particulières, contextuelles, permettent-elles de faire sens dans d'autres situations ? La validité laisse ainsi la place à un critère de crédibilité qui se doit d'être évalué par le biais de débats et dialogues entre chercheurs et participants. Si la mise à l'épreuve est toujours présente, il s'agit de fait d'une autre forme d'épreuve (relative) que celle à l'œuvre dans la recherche-action expérimentale ou dans l'*Action Science* : celle du jugement social.

Les différentes approches de la recherche-action ici distinguées, par l'attention relative qu'elles portent à l'action et ou la participation, au changement ou aux connaissances produites, se traduisent par des conceptions de l'objet de recherche et des dispositifs d'enquête différenciés.

section II
spécificités et diversité des processus de recherche-action

À la suite de Lewin, un projet de recherche-action est toujours issu d'une volonté de résoudre un problème concret, de transformer une situation vécue comme étant problématique par les acteurs, en une situation plus favorable. La définition du problème et, ce faisant, de l'objet de la recherche, prendront néanmoins des formes variées, traduction de la vision de la réalité sociale portée par le chercheur et de son projet de connaissances (Allard-Poesi et Maréchal, 1999) : s'agit-il essentiellement de produire des connaissances scientifiques, satisfaisant les critères de validité de la science ? Et/ou la recherche-action vise-t-elle avant tout à favoriser un processus d'apprentissage par et pour les acteurs de terrain ? Plus concrètement, l'élaboration du projet de recherche-action relève de processus où la participation des acteurs de terrain va varier fortement d'une approche à l'autre. En conséquence, le dispositif de recherche, s'il revêt toujours la forme spiralée que décrit Kœnig (1997), enchaînant des phases de conception/action/observation et réflexion, ne disposera pas du même statut. Il peut s'apparenter à un programme dont le respect garantira la qualité des inférences (Argyris et Schön, 1991) et/ou l'actionnabilité des connaissances produites (David, 2000a et b). Il peut s'apparenter à un « outil » visant à accueillir un processus d'élaboration de sens, et dont les modalités seront redéfinies au cours de la recherche (voir Greenwood et Levin, 1998). Les différentes approches de la recherche-action se rejoignent néanmoins dans une absence de prescription ou règles quant au choix des méthodes d'investigation, de diagnostic et de réflexion. Des méthodes quantitatives d'études par questionnaires aux discussions de groupe, tout outil de collecte et d'analyse des données est bon à prendre, dans la mesure où il est utile à la réalisation du projet initial, reflet, par là, de l'esprit du pragmatisme à l'œuvre dans la recherche-action.

§ 1. - la construction de l'objet de recherche

Un projet de recherche-action est toujours ancré dans un problème pratique : comment augmenter la consommation d'abats en temps de guerre alors que la population américaine rechigne à consommer ces bas morceaux ? Comment faire en sorte que les jeunes mamans donnent du jus d'orange et de l'huile de foie de morue à leurs nourrissons afin de lutter conte le rachitisme et favoriser le développement des enfants ? Comment augmenter la production dans les usines (Lewin, 1947 a et b) ? Dans leurs termes mêmes, ces problèmes pratiques impliquent toujours la modification de comportements, conduites et actions (11) individuels (le comportement des jeunes mamans ; Lewin, 1947a) et/ou sociaux (augmenter la production de l'atelier ; réaliser des économies substantielles pour sauver des emplois ; Whyte et *al.*, 1991). La transformation de ce problème initial en « objet de recherche », entendu comme « une question articulant des objets théoriques, méthodologiques et/ou empiriques [...] cristallisant le projet de connaissances du chercheur » (Allard-Poesi et Maréchal, 1999 : 37) et éventuellement ici, des participants, emprunte cependant des chemins variés.

Cette transformation peut procéder d'une « traduction » du problème ou de la demande exprimée par les acteurs de terrain au travers des connaissances et/ou préoccupations théoriques du chercheur. Le problème initial peut alors être transformé en une problématique théorique qui s'exprimera sous forme d'hypothèses qu'il s'agira ensuite de soumettre à l'épreuve du test. À la lumière de la théorie du champ de Lewin, le problème de la consommation d'abats des ménagères américaines pendant la Seconde Guerre mondiale est ainsi traduit en une problématique ayant trait aux niveaux de conduite et aux habitudes sociales dans les groupes. Comment modifier le niveau de conduite dans un groupe alors que celui-ci est le fait d'une habitude sociale, forme de résistance au changement ? Deux hypothèses sont émises par Lewin

(11) La notion d'action est ici entendue au sens large : il peut s'agir de favoriser les échanges et apprentissages au sein d'un groupe, objectif particulièrement cher aux approches pragmatistes (Greenwood et Levin, 1998 : 80).

(1947 a et b) : 1. l'augmentation des forces en faveur du changement (par le biais de conférences vantant les mérites de la consommation d'abats) ne conduit pas à une modification significative du niveau de conduite ; 2. la réduction des forces en défaveur du changement (en réduisant, par la discussion de groupe, l'attachement des individus à la norme sociale) produit, à l'inverse, une modification du niveau de conduite. Argyris aurait sans doute traduit ce même problème en termes des « théories-en-usage » (relevant d'un modèle I d'apprentissage) et des routines défensives des ménagères, dont la modification (vers des « théories-en-usage » relevant du modèle II) permettrait et le changement du niveau de conduite et la mise à l'épreuve de l'hypothèse.

Le problème initial peut aussi être interprété au travers d'une perspective théorique (perspective psychanalytique, sociopolitique), traduction visant le dévoilement, et par là, l'émancipation des acteurs. Les recherches-action « militantes » considèrent ainsi que les problèmes auxquels les plus démunis font face sont le fait d'une structure sociopolitique aliénante (une inégale distribution des richesses et des risques) à laquelle participent les institutions productrices de connaissances (écoles, institutions, universités) et contre laquelle il convient de lutter (pour plus de détails, Greenwood et Levin, 1998 : 177). La socio-analyse conduit à expliquer les problèmes de résistance auxquels les organisations font face comme le résultat de mécanismes inconscients de défense contre l'anxiété psychotique (Jaques, 1951), mécanismes qui, « élucidés », permettent aux acteurs de les affronter. Dans ce cas, le projet de recherche-action illustre et développe les conséquences de postulats sur le fonctionnement sociopolitique ou psychique des individus, traduisant le problème initial en une mission de « révélation » ou de « dévoilement » sur les conditions d'oppression que subissent les acteurs, permettant par là leur libération (Kœnig, 1997). Certes, les objets de recherche ici développés sont le fait d'une discussion et d'une construction avec les participants. Mais celle-ci s'inscrit dans le cadre des connaissances dont le chercheur détient, initialement au moins, le monopole.

C'est en partie contre cette logique de traduction et le modèle de participation qui la sous-tend que se sont développées les approches « coopératives ». L'objet de recherche procède alors d'un véritable processus de construction avec les acteurs de l'organisation étudiée, démarche que l'on retrouve dans les approches pragmatistes, coopératives, ingénieriques et de recherche-intervention. S'il s'agit, en effet, que la recherche soit utile aux acteurs, que les solutions élaborées leur permettent de résoudre le problème auquel ils sont confrontés, alors il doit avoir été défini avec eux.

Animées par des visées différentes (l'apprentissage mutuel et le changement pour les recherches pragmatistes et coopératives ; la production d'une connaissance actionnable pour les recherches ingénieriques et les recherches-intervention), les formes et chemins empruntés par cette construction varieront d'une approche à l'autre.

Dans les recherches-intervention et ingénieriques, le processus de construction vise à garantir que l'objet réponde à la fois aux problèmes pratiques des membres de l'organisation et aux préoccupations théoriques du chercheur. Ce processus de co-construction se traduira néanmoins toujours par le partage d'un même projet de connaissance, « à savoir, construire des représentations mentales opératoires au sujet du phénomène étudié (connaissance procédurale) pour aider les uns et les autres à raisonner et à répondre aux questions qu'ils se posent » (Claveau et Tannery, 2002 : 135). La dimension téléologique, intentionnelle de l'architecte constructiviste est ici très présente : « ce sont les chercheurs qui formulent la question de recherche – jugée pertinente par/pour les acteurs [stratèges] – et qui l'instruiront avec la contribution de ces derniers » (Claveau et Tannery, 2002 : 100). Dans cette perspective aussi, la construction de l'objet de recherche constitue une première étape nécessaire au processus de recherche-action, dimension qui différencie les démarches ingénieriques et de recherche-intervention des approches coopératives et pragmatistes.

Pour ces dernières, la construction relève d'un apprentissage mutuel qui prend place tout au long de la recherche. La mise en œuvre effective de la recherche, qui procède de cycles d'actions et de réflexions collectives, est en effet susceptible de modifier progressivement l'objet de recherche, voire d'amener sa redéfinition. Ce processus affronte dès lors de nombreuses difficultés : l'objet de recherche risque à tout moment de devenir le monopole de l'une ou l'autre des parties, soit qu'il résulte d'une acceptation aveugle de la définition des acteurs de terrain (*insider monopoly*), soit qu'il ne reflète que les préoccupations théoriques du chercheur (*model monopoly* ; Greenwood et Levin, 1998 : 121). Seul un dialogue en profondeur et une gestion attentive de cette tension dynamique à l'œuvre dans le processus peuvent, selon Greenwood et Levin (1998), enclencher une véritable construction collective, visée première des approches coopératives. À cette difficulté, s'ajoutent celles posées par la diversité et l'ambivalence des visions, enjeux et problématiques des acteurs eux-mêmes. Si ces difficultés peuvent se fondre au moins temporairement dans un objet particulier, elles ne manqueront pas, tôt ou tard, de s'exprimer comme l'illustre la recherche-action dépeinte dans l'encadré 3.1. ci-après.

encadré 3.1.

origines de l'intervention et processus de construction du problème à l'A.D.S.E (Association Départementale de la Sauvegarde de l'Enfance)

La recherche-action qui sert ici d'illustration a pour origine une demande de formation émanant du directeur général de l'Association Départementale de la Sauvegarde de l'Enfance (ADSE) d'Indre-et-Loire en poste depuis 3 ans. L'ADSE de Tours, créée en 1946, appartient au secteur de l'action sociale pour la jeunesse en difficulté. Sa mission se définit comme la protection, l'accueil, l'éducation, l'insertion sociale et professionnelle des jeunes en difficulté, en danger et délinquants.

Lors de la première prise de contact téléphonique, le directeur général nous fait part du problème qu'il rencontre et qu'il formule alors en ces termes : l'association souffre d'un manque de mobilisation des salariés. Il exprime le souhait d'une formation visant à aider les cadres à remobiliser le corps social. Cette demande s'avère assez différente de celle formulée par le cadre qui nous avait mis en contact avec lui et qui insistait plutôt sur les nécessités d'une prise de conscience des besoins de changement et d'une sensibilisation à ces problématiques. Le directeur général, pour sa part, oriente la demande vers l'acquisition d'outils opérationnels de management permettant la mobilisation de l'ensemble du corps social de l'Association.

Un rendez-vous est pris afin de clarifier la commande et apprécier nos capacités à y répondre. Cet entretien nous conduit à mettre en évidence le décalage entre les deux demandes et à interroger le directeur général sur la nature de la formation attendue. Celui-ci précise et reformule alors le problème : il diagnostique « *une panne de la fonction stratégique* » à laquelle il convient, selon lui, de remédier en conduisant les cadres de l'Association à s'approprier ce niveau. Son diagnostic souligne un glissement des fonctions et des positions : l'opérationnel est assuré par des cadres qui ne prennent pas en charge la fonction stratégique. Cette fonction est alors assurée par le bureau qui n'a pas « *naturellement* » cette fonction, et qui est conduit à adopter un positionnement ambigu vis-à-vis du personnel. Le problème de mobilisation des acteurs viendrait donc en partie du manque de légitimité et d'implication de la ligne hiérarchique dans la fonction stratégique. Cet entretien se conclut sur la nécessité d'une formation visant à résoudre ce problème et nous nous engageons à faire une proposition.

La demande reste cependant floue sur plusieurs aspects. La recherche de « *mobilisation* » est clairement énoncée mais qui concerne-t-elle ? Les cadres, le personnel ? À quoi est-elle censée s'appliquer ? Mobiliser sur quoi ? Mobiliser pour quoi ? L'entretien n'a pas permis de définir plus précisément les attentes du directeur général en la matière. La demande s'exprime comme un besoin de « *formation* », mais ce choix est largement conditionné par des contraintes budgétaires et administratives (12). Une formation est-elle réellement un outil adapté au problème ? Une formation sur la mobilisation des acteurs ne nous semble en fait pas pouvoir répondre au problème de « *panne de la fonction stratégique* » identifié par le directeur général. Nous proposons alors une démarche qui s'appuie sur la construction collective d'un diagnostic et d'un projet stratégique visant d'une part, à aider les cadres à s'approprier ce niveau, d'autre part, à leur donner un projet commun sur lequel se mobiliser.

Cette proposition a fait l'objet d'une négociation téléphonique longue et difficile avec le directeur général. Ce dernier reconnaît la nécessité d'ancrer la formation dans les particularités du contexte associatif et plus particulièrement du contexte de l'ADSE. Nous n'avons aucune difficulté à le convaincre de mettre en place un dispositif permettant de prendre en compte les problèmes du terrain tels que se les représentent les acteurs. Cependant, il souhaite également que la démarche traite des aspects opérationnels de la mobilisation et fournisse des aides concrètes aux cadres. Lorsque nous lui demandons ce qu'il propose à cette fin, il souligne qu'une formation « *boîte à outils* » sur la mobilisation ne lui semble pas adéquate. La conversation oscille constamment entre ces deux pôles : une démarche ancrée dans les problèmes spécifiques de l'Association/la transmission d'outils opérationnels. Chaque argument avancé pour défendre une proposition de notre part sert au directeur général à faire valoir un argument opposé. Ce « jeu » le conduit à démonter les hypothèses émises et les propositions faites, reprochant aux unes d'être « *trop émergentes et ancrées dans le diagnostic plutôt que l'opérationnel* », et aux autres « *trop boîte à outils de consultant déconnectée des spécificités du contexte associatif* ». Il reconnaît, avec une certaine satisfaction, qu'il nous met dans une situation de double contrainte, reflet selon lui de la problématique à laquelle lui-même et l'Association sont confrontés.

Cette oscillation n'est pas la seule en jeu. Sur la question de l'objet même de la mobilisation, nous proposons au cours de la conversation de faire travailler le groupe sur les projets d'établissements (structurant généralement l'activité d'une équipe dans une

(12) L'A.D.S.E peut bénéficier d'aides financières dans le cadre de programmes de formation et non pas dans le cadre d'opération de conseil.

association). Le directeur général s'y refuse, soulignant que ces projets existent déjà (13) et que le problème est plutôt de mobiliser les acteurs sur ces projets plutôt que de travailler sur leur contenu. Nous remarquons alors que le mode d'intervention proposé (groupe de cadres multi-établissements) rend difficile une approche qui consisterait à mobiliser chacune des équipes sur leurs projets d'établissement. L'autre argument fort contre cette proposition repose sur le fait qu'une réflexion sur ces projets conduirait à travailler au niveau des établissements, ce qui n'était pas, selon lui, le niveau pertinent : un travail plus global au niveau de l'Association est nécessaire.

Nous nous accordons, après négociation, sur un projet visant à aider les cadres à élaborer un projet stratégique pour l'Association. Cette idée n'a pas tout de suite rencontré les faveurs du directeur général qui nous a opposé des arguments déjà mobilisés pour rejeter certaines de nos propositions. Sa principale objection était que « *le projet stratégique n'est pas en question, la mission de l'association est clairement exposée dans le règlement de l'association et elle est imposée aux cadres* ». Pour nous, cet argument n'était pas recevable : un projet stratégique est autre chose qu'un règlement ; il doit mettre en évidence une vision, une orientation, des objectifs, des plans d'actions. Or, ces éléments, après discussion, ne semblent pas définis. En outre, il ne nous semble pas pertinent de considérer le projet stratégique comme n'appartenant pas à la prérogative des cadres si l'on souhaite qu'ils s'approprient cette fonction. Le directeur général oscille ainsi constamment entre la nécessité pour les cadres de s'approprier une « *fonction stratégique* » et le fait que « *la fonction stratégique s'impose à eux* ».

Le projet stratégique nous semble pouvoir répondre à plusieurs éléments de la problématique. Nous argumentons en ce sens et nous finissons par nous accorder. Cet accord a donné lieu à la rédaction d'un projet formalisé, validé par le directeur général et présenté aux cadres lors de la première journée d'intervention. Nous étions toutefois conscientes que le projet dans lequel nous nous engagions reposait sur la vision (pour le moins ambivalente) du directeur général et non sur un dialogue avec l'ensemble des participants. Il convenait d'identifier la façon dont eux-mêmes posaient les problèmes de l'Association, étape qui allait révéler des représentations différentes, voire contradictoires du problème de l'association (*cf.* encadré 3.2. ci-après).

---

(13) Projets dont le directeur général ne précise pas vraiment le contenu pendant cet entretien. Il apparaîtra, au cours de la formation, que tous les établissements et services ne disposent pas de projet et que certains sont en cours d'élaboration depuis plusieurs années.

L'ambivalence et la diversité des représentations des acteurs renvoient, à un niveau plus général, à la transformation progressive de l'objet au cours du processus de recherche-action. Les recherches-action coopératives se déroulent sur de longues périodes au cours desquelles les préoccupations des acteurs, sous l'influence des événements et du flux continu de leurs expériences d'une part, et du processus même de recherche d'autre part, vont se modifier. Pour Greenwood et Levin (1998 : 115), les modifications de l'objet qui en résultent sont un signe d'apprentissage. Mais que peut-on réellement conclure ? Que le problème initial a été résolu ? Qu'il a donné naissance à d'autres problèmes ? Qu'il n'a pas été clairement identifié ? Qu'il n'a pas fait l'objet d'un réel accord ou qu'il s'est effectivement transformé ? Les questions du temps et de l'utilité de la recherche-action se rencontrent ici : quel a été, est (sera) le problème à résoudre ? A-t-il, est-il résolu ? Ces difficultés ne sont sans doute pas le propre des recherches-actions coopératives, mais elles trouvent en leur revendication et leur quête d'une véritable construction collective, un terreau fertile. La troisième difficulté tient au positionnement au sein des débats théoriques et académiques, de l'objet de recherche ainsi élaboré et investi. Le problème étant le fait d'une construction avec les acteurs de terrain (et non d'une traduction d'un problème de terrain en termes théoriques), et s'exprimant souvent par des préoccupations ambivalentes et contradictoires, il ne trouvera pas nécessairement une place et une légitimité au sein des problématiques théoriques du moment. Cette difficulté touche d'ailleurs aussi la nature (contextuelle, narrative) des connaissances produites.

La conception et la mise en œuvre du *design* de recherche reflètent, à certains égards, ces mêmes problématiques et enjeux.

§ 2. - l'élaboration et l'évolution du *design* de la recherche

Parce que la recherche-action prend pour objet d'analyse les actions individuelles et sociales, son *design* articule des phases de compréhension, de conception et de mise en œuvre de ces actions, d'observation de leurs résultats et d'interprétations. Le statut accordé à ce dispositif et son mode de conception varient néanmoins fortement d'une approche à l'autre. D'un programme dont le respect sera garant des inférences produites, à un cadre susceptible d'accueillir les modifications et apprentissages qu'il engendre, le *design* reflète le statut accordé à l'objet de recherche et, plus généralement, la nature des connaissances visées par le chercheur.

A. - la recherche-action lewinienne et ses dérivées impliquent ainsi un enchaînement logique de phases visant à satisfaire les exigences d'une production scientifique de connaissances :

- la description du système avant l'intervention (la structure du groupe et de son contexte, la position relative des entités le composant et leurs dimensions structurantes, pour Lewin, 1947a et b), afin d'envisager ses propriétés et mouvement possibles ;
- l'intervention elle-même (action) consistant en l'introduction d'un nouveau mode management (un nouveau mode de *leadership* pour Lewin, 1947a et b ; une méthode de confrontation pour Argyris et ses collègues (1985) ; la conception et la mise en œuvre d'un nouvel outil de gestion pour la recherche-intervention, David, 2000) ;
- l'observation des modifications induites par celle-ci ;
- l'interprétation de ces résultats enfin.

Le respect de ces différentes phases vise à garantir que les dimensions critiques des solutions et leurs effets soient effectivement définis en relation avec l'état initial du système, palliant ainsi l'absence de groupe de contrôle (Kœnig, 1997). Cook et Campbell (1979) soulignent ici que sans groupe de contrôle, il est en effet difficile de concevoir les traitements pertinents et de mesurer leurs effets individuellement : les données processuelles sur des groupes sans traitement sont nécessaires pour vérifier les tendances « naturelles » à l'œuvre et les facteurs causaux non pertinents qui pourraient affecter les scores *post*-test. Dans le cas où ces données ne pourraient être collectées, les conditions avant les causes présumées doivent être décrites : « toute inférence est comparative et il est normalement optimal d'avoir des preuves comparables, des degrés comparables de détails et de précisions sur les conditions avant le traitement et les facteurs liés à l'occurrence du traitement » (Cook et Campbell, 1979 : 97). Pour Argyris et Schön (1991), la description du système organisationnel avant l'intervention et ses conséquences d'une part, la considération et la mise à l'épreuve d'explications alternatives du changement produit et de ses effets d'autre part (sont-ils effectifs ? Quels résultats sont effectivement attribuables à l'intervention du chercheur ?), sont donc nécessaires pour garantir la qualité des inférences produites.

B. - les *designs* de la recherche ingénierique et de la recherche-intervention disposent du même caractère programmatique. Il ne s'agit cependant pas de garantir la validité des connaissances produites mais plutôt d'assurer leur actionnabilité, c'est-à-dire leur utilité pratique d'une part et leur propriété générique d'autre part. Le *design* est ainsi toujours marqué, à chacune de ses étapes, par des allers et retours entre les expériences et représentations des acteurs et les connaissances théoriques du chercheur. Par-delà leurs différences, les *designs* de la recherche ingénierique (Chanal et *al.*, 1997) et de la recherche-intervention (Hatchuel et Molet, 1986) articulent les grandes phases suivantes :

- la première étape est celle de la construction de l'objet par la compréhension des représentations du problème de la part des acteurs et la confrontation des connaissances théoriques du chercheur avec le problème de terrain ;
- la deuxième étape est celle de la modélisation qui consiste à élaborer un modèle théorique devant permettre l'intervention. Cette modélisation se matérialisera ensuite sous la forme d'un outil (outil informatique, modèle de diagnostic, par exemple) ;
- la troisième phase correspond à la mise en application de l'outil sur le terrain. Cette étape peut être conçue comme un test de l'outil qui conduira, par les réactions des acteurs qu'elle va susciter, à une évaluation de l'outil d'une part et à des modifications (de l'outil et de l'organisation) d'autre part ;
- à cette étape, la recherche-intervention ajoute une étape supplémentaire visant à élaborer des connaissances sur les logiques à l'œuvre dans l'organisation, qui pourront être elles-mêmes modélisées (Hatchuel et Molet, 1986). *In fine*, la recherche-intervention, par la mise en œuvre de l'outil, vise à une transformation croisée de l'organisation et de l'outil et à l'élaboration de connaissances sur ces deux dimensions.

Dans ces processus, le chercheur doit être capable de construire à partir du monde empirique et du monde théorique – et pour ces deux mondes – ce qui ne va pas sans poser quelques difficultés. Il s'agit, en effet, pour lui, d'une part de maîtriser les connaissances théoriques lui permettant d'élaborer un modèle, mais également des compétences méthodologiques et techniques satisfaisant la nécessité d'ancrage et d'efficacité de l'outil dans un contexte particulier. Ce caractère programmatique du dispositif de recherche n'est pas le propre des recherches-action visant avant tout l'élaboration de connaissances « scientifiques ».

C. - les approches coopératives, les enquêtes coopératives (*Cooperative Inquiry*) et humaine (*Human Inquiry*), parce qu'elles cherchent à s'assurer de la participation des acteurs de terrain à la recherche et à leur transformation en « co-chercheurs », conçoivent des *designs* de recherche similaires. La recherche-action coopérative (Heron, 1996 ; Reason et Heron, 1986) procède ainsi de quatre phases distinctes :

- dans un premier temps, chercheurs et participants s'accordent sur un thème de recherche, identifient quelques propositions d'étude et les procédures qu'ils utiliseront pour observer et enregistrer leurs expériences ;
- ils mettent en œuvre, au cours d'une seconde phase, les propositions et idées émises dans leur vie de tous les jours, et observent leurs résultats ;
- la phase suivante consiste en l'immersion totale dans cette expérience : les acteurs oublient d'appliquer les procédures, font face à de nouvelles expériences et événements, et développent ainsi une ouverture et un sens critique vis-à-vis de leurs conceptions et interprétations antérieures ;
- le processus s'achève par une reconsidération, à la lumière de ces expériences, des propositions et hypothèses initiales, pouvant conduire à l'adoption de nouvelles hypothèses et phases de mise à l'épreuve.

Le respect de ces différentes phases vise ici à garantir la transformation des acteurs en chercheurs, c'est-à-dire le développement d'une réflexivité subjective et critique : les participants deviennent conscients que leurs compréhensions et connaissances sont le fait de perspectives et biais particuliers, et sont capables de les communiquer et de les articuler avec celles des autres (Reason, 1994a). Le dispositif de recherche est en quelque sorte le garant de la participation et d'un apprentissage collectif de niveau III (Bateson, 1972).

D. - les recherches-action psychosociologique, pragmatiste et militante visent le même objectif de participation des acteurs. Devant néanmoins conduire à l'autonomisation du groupe ou de l'organisation dans laquelle la recherche prend place, le *design* devient un cadre malléable conçu par les acteurs eux-mêmes. Le processus de recherche-action ne peut en effet satisfaire ses visées démocratique et émancipatrice s'il n'est dirigé, dans sa conception même, vers l'autonomisation et la prise de contrôle des acteurs sur le processus. Jaques (1947, 1951) insiste ainsi tout particulièrement sur l'engagement volontaire de tous dans le processus, et le renouvellement de celui-ci tout au long de la recherche. À toutes les étapes, l'initiative réside chez les acteurs et non chez l'analyste, « l'élucidation » des mécanismes inconscients à l'œuvre dans l'organisation ne pouvant se faire contre ou même sans leur volonté. Les mêmes objectifs animent les recherches-action pragmatiste et militante. Ainsi, « pour que les participants deviennent des acteurs dans le processus de changement, ils doivent exercer leur pouvoir » (Greenwood et Levin, 1998 : 119). Ces approches soulignent, en outre, le caractère politique des connaissances produites. L'objectif étant une véritable démocratisation, il s'agit de « casser les relations de pouvoir existantes. [La recherche-action] cherche ainsi à incorporer une plus grande diversité de connaissances pour la résolution des problèmes collectifs » (Greenwood et Levin, 1998 : 88).

Cet objectif oriente la recherche-action pragmatiste vers la conception de cadres permettant l'expression des membres, l'élaboration d'apprentissages collectifs et leur appropriation par ceux-ci. Après la phase de construction de l'objet initial de recherche, la recherche-action doit donc se doter de lieux permettant, en fonction du problème posé, de générer cet apprentissage. Si, au début, le chercheur va donner aux participants des éléments conceptuels et méthodologiques, ce processus doit s'accompagner de la transmission de connaissances locales des participants au chercheur. La confrontation de ces deux types de connaissances permettra un apprentissage et des décisions collectives dont la responsabilité et le suivi seront pris en charge par des groupes d'acteurs volontaires (Greenwood et Levin, 1998, Chapitre 9). De formateur, le chercheur devient accompagnateur/facilitateur et apprenant, au même titre que les autres membres de l'organisation. Son rôle se réduit alors pour, *in fine*, s'effacer.

Le même souci caractérise la recherche-action militante. L'action de mobilisation initiée par le chercheur invite les participants locaux à discuter et analyser leurs propres situations, analyse à l'issue de laquelle chercheurs et participants s'accordent sur un problème et un dispositif adapté de recherche. Cette phase s'accompagne souvent d'une formation aux méthodes de recherche, afin que les acteurs puissent eux-mêmes conduire l'enquête. Le chercheur passe ainsi d'un rôle d'instigateur à celui de formateur, puis manager du processus pour aboutir à celui de chroniqueur des événements (voir Reason, 1994a ; Greenwood et Levin, 1998).

Les tensions à l'œuvre dans ces dispositifs, entre connaissances et pouvoir des deux parties d'une part, et au sein de la communauté des participants d'autre part, sont ici cruciales tout comme dans l'élaboration de l'objet de recherche. En tant que cadre, le dispositif ne peut garantir une gestion réellement démocratique du processus, ce dernier étant toujours menacé de l'aveuglement du consensus, d'une prise de pouvoir ou de l'instrumentalisation (Jaques, 1951) de l'une ou l'autre des parties, voire d'un éclatement du groupe. C'est sans doute le prix à payer pour des projets pour le moins ambitieux. L'encadré 3.2. ci-après illustre certaines des potentialités qu'offrent de tels dispositifs tout en en soulignant les limites.

encadré 3.2.

le projet initial d'intervention à l'A.D.S.E et ses évolutions au cours du processus de recherche

Le dispositif prévu pour accompagner la démarche d'élaboration collective du projet stratégique à l'A.D.S.E s'articule en deux temps :

1. Construction d'un diagnostic stratégique de l'Association devant permettre d'ancrer la réflexion dans les représentations des acteurs, d'apprécier leur relative convergence/divergence et d'en dégager les principaux points d'accord et de désaccord. À cette fin, les représentations des participants des « problèmes » de l'Association en début de session, puis des orientations stratégiques à poursuivre, ont été collectées par le biais de questionnaires individuels semi-directifs.

2. Construction collective d'un projet stratégique pour l'A.D.S.E qui devait permettre au groupe de s'engager et de s'approprier le processus de réflexion stratégique et ses résultats, remédiant par là à la « panne de fonction stratégique » et au manque de mobilisation des acteurs identifiés par la direction générale.

Ces deux phases, se déroulant sur 6 journées d'intervention, s'appuient essentiellement sur des travaux et discussions de groupe visant d'une part, à synthétiser et clarifier les représentations des participants et leurs points éventuels de désaccord, d'autre part, à faire émerger des axes communs de réflexion. La proposition d'intervention, résumée ci-dessous, comprenait ainsi un calendrier et un contenu relativement ouvert.

Calendrier du projet de recherche-action à l'ADSE

Séance 1 (décembre 1998) :
Présentation du projet. Cadrage théorique et connaissance sur l'organisation

Séance 2 (janvier 1999) :
Émergence d'une grille de lecture stratégique. Cadrage théorique sur les notions clés de la vision stratégique

Séance 3 (mi-février) :
Diagnostic stratégique

Séance 4 (fin février) :
Identification des problèmes stratégiques et managériaux de l'association

Séance 5 (début mars) :
Réflexion et analyse des problèmes. Formalisation d'options stratégiques

Séance 6 (fin mars) :
Formalisation d'un plan stratégique. Objectifs. Plan de mise en œuvre.

Les 6 séances de travail avec le groupe de 18 cadres de l'Association se sont déroulées de janvier à juin 1999. Une seconde session de 6 séances de janvier à juin 2000 nous a permis de finaliser la réflexion en octobre 2000. Espacées d'un mois, les 6 séances de la première session se sont tenues aux dates programmées, mais le dispositif initial a connu, tant dans l'articulation que dans le contenu des différentes phases de réflexion, de nombreuses évolutions.

La première séance a été consacrée à une présentation générale de la démarche, un point théorique sur le changement puis à la collecte par le biais de questionnaires individuels des représentations des participants des problèmes de l'Association. Sur la base de ces matériaux, des cartes cognitives agrégeant les croyances quant aux relations d'influence entre problèmes et facteurs (causes, conséquences) évoqués par grands thèmes ont été établies à l'aide du logiciel COPE (voir encadré 3.3. et figure 3.1.).

Les cartes nous paraissant les plus significatives ont servi de base de discussion lors de la deuxième séance. Notre objectif était alors de clarifier les concepts et liens mentionnés, afin de dégager une représentation synthétique des principaux problèmes et d'en induire une représentation plus stratégique. Ce second aspect de la démarche n'a pu être satisfait : il aurait exigé beaucoup plus de temps que nous n'en disposions. La réflexion sur un des problèmes évoqués a en outre provoqué une forte opposition du directeur général, conduisant en fin de séance à un conflit ouvert avec les participants et nous-mêmes.

La troisième séance a eu pour objectif de « décadrer » la réflexion du groupe pour trouver de nouvelles bases de réflexion et renouer le dialogue alors rompu. Après un apport théorique sur la stratégie, les résultats d'un questionnaire complété par les participants en fin de séance 2 sur les missions et orientations stratégiques de l'ADSE ont été présentés aux participants. Cette restitution a permis d'engager une réflexion sur l'environnement et les métiers de l'ADSE, et ses missions en son sein. Cette réflexion, appuyée d'un certain nombre d'outils comme le modèle des cinq forces de Porter et la constitution de cartes stratégiques, a permis de renouer une dynamique d'échanges et de rompre avec la violence des débats et les blocages de la séance 2. Ces discussions et travaux, poursuivis lors de la séance 4, ont fait l'objet d'une présentation synthétique en début de séance 5.

La matinée de cette séance a été consacrée à une réflexion approfondie sur la mission de l'Association, révélant des divergences de vues importantes sur des points qui nous semblaient initialement « acquis » : à qui s'adresse la mission de l'Association ? Aux jeunes en danger, en difficulté, en très grande difficulté ? Cette mission s'adresse-t-elle prioritairement aux jeunes, à leurs familles ? Comment concevoir la commande des instances judiciaires et des institutions sociales dans cette articulation ? Quel est, dès lors, le niveau pertinent de réponse ? L'Association, les établissements ou les services ?

Le directeur général s'étant absenté l'après-midi de cette journée, un débat s'est engagé sur la pertinence de la démarche, mettant à jour des divergences importantes entre les participants sur cette question. Une minorité de cadres estimait ne pas devoir participer à un tel travail tant que leurs pouvoirs et délégations ne seraient pas clarifiés. Les autres opposaient leur volonté de participer à un tel processus, y voyant une occasion de s'arroger cette fonction stratégique et le pouvoir attenant.

Souhaitant amorcer une dynamique plus prospective et un effort de formalisation de la part des participants, la dernière séance a été consacrée à des travaux en groupe sur les grandes lignes d'un projet stratégique pour l'Association. Quatre groupes furent constitués ayant en charge, au cours de la matinée, de définir la mission de l'Association, les grands objectifs à poursuivre pour les cinq années à venir, et les orientations à mettre en œuvre pour les atteindre. Ce travail a révélé un relatif consensus quant à la mission de l'Association, et des orientations et objectifs compatibles, nous permettant d'aboutir à une première hiérarchisation des différents objectifs stratégiques et opérationnels à poursuivre. Ce travail s'est poursuivi au cours d'une seconde session de 6 séances au cours de laquelle travaux de groupes et synthèse sur ces objectifs, orientations stratégiques et plans d'actions à mettre en œuvre, ont été alternés pour nous permettre d'aboutir à la formalisation d'un projet global en octobre 2000.

Ces modifications et variations du *design* initial sont le résultat d'un souci constant d'adaptation du dispositif au processus de réflexion du groupe. À cet égard, trois aspects méritent d'être soulignés :

– si les participants n'étaient pas coutumiers du vocabulaire et du mode de réflexion stratégique, nous n'étions pas familières, de notre côté, du fonctionnement du milieu médico-social, de la multiplicité des intervenants et de leur rôle, impliquant un temps d'apprentissage mutuel largement sous-estimé au départ ;

– cet apprentissage particulièrement marqué au cours des séances 3, 4 et 5, a aussi été le fait des participants eux-mêmes. Ces derniers n'étant pas habitués à travailler ensemble d'une part, ni même toujours conscients des représentations différenciées dont pouvaient faire l'objet les termes usuels employés dans leurs pratiques quotidiennes (le « *jeune en difficulté* », « *la commande* » par exemple), les réunions de groupe ont été émaillées de nombreux désaccords, débats et argumentations. Ces temps d'apprentissage, nécessaires à la constitution de fondements (vocabulaires) communs aux membres du groupe et à la mise en évidence des points d'achoppement, ont impliqué de revoir, en conséquence, le rythme de travail et le contenu même des séances ;

– cette diversité des représentations, attitudes et enjeux sous-jacents s'est notamment manifestée par des conflits et des blocages nous conduisant à opérer des « décadrages » de la réflexion collective. La rupture totale de dialogue entre le directeur général et les participants lors de la deuxième séance, l'opposition marquée de certains cadres à la réflexion collective engagée lors de la séance 5, nous ont amenées, à deux reprises, à déplacer l'objet de la réflexion vers des terrains plus neutres et/ou à utiliser des méthodes différentes de travail (travail en sous-groupes), de sorte que les participants renouent sur d'autres bases le dialogue, voire reformulent en d'autres termes leurs points de désaccords.

De fait, le *design* est un cadre devant accompagner et accueillir la réflexion des participants et permettant le dialogue nécessaire à l'élaboration collective. Certes, les problèmes et conflits de fond apparus lors de cette première session n'ont pas tous fait l'objet d'un traitement immédiat. Par le dialogue qu'elle crée, la démarche permet des apprentissages non seulement sur les enjeux explicites de l'intervention (l'élaboration d'une « *fonction stratégique* »), mais aussi sur des dimensions plus problématiques. En même temps, elle reconnaît ses limites dans ce cadre : elle ne peut résoudre des problèmes d'acteurs, qui, au moins en partie, en sont les auteurs et qui ne souhaitent pas les affronter.

§ 3. – des méthodes variées d'étude et d'intervention

Marque du pragmatisme à l'œuvre dans la recherche-action, les différentes approches se rejoignent dans un recours à des méthodes très variées d'enquête et d'intervention, de sorte qu'aucune césure ne s'opère, à notre sens ici, entre les différents types de recherche-action. Néanmoins, leur utilisation et le degré de participation des acteurs à leur choix et leur mise en œuvre, reflètent, comme l'élaboration de l'objet et du *design* de recherche, la diversité des objectifs de la recherche-action.

A. – des méthodes pour comprendre

Nous l'avons déjà évoqué, une recherche-action débute souvent par une étude descriptive visant à appréhender le système social dans lequel la recherche prend place (en général le site ou le groupe d'intervention) et/ou son contexte plus général (pour les approches militantes en particulier). Cette étude a pour but d'identifier les leviers d'action sur ce système. Elle s'appuie sur des entretiens individuels ou de groupe, l'observation et des études documentaires qui feront l'objet de traitements qualitatifs et/ou quantitatifs, et pourront donner lieu à la rédaction d'une étude de cas préliminaire. En dehors de la recherche-action lewinienne, l'ensemble des approches considère, à la différence des approches de recherches traditionnelles, que cette étape de description ne peut se faire sans l'intervention du chercheur. La mise à jour des mécanismes sous-jacents à l'œuvre dans le système (qu'ils soient de nature cognitive pour la recherche ingénierique, psychosociologique pour l'*Action Science*, psychanalytique pour la socio-analyse ou sociopolitique pour l'approche militante) passe par une démarche délibérée du chercheur.

S'il n'existe pas de lien entre le type de recherche-action menée et le recours à l'une ou l'autre de ces méthodes (la recherche-action militante ayant parfois recours à des études quantitatives par questionnaire par exemple), l'utilisation de ces méthodes et leur place dans le dispositif de recherche varient d'une approche à l'autre. La description du système en amont de la démarche est, en effet, un pré-requis dans les approches scientifiques telles que l'*Action Science* (Argyris et Schön, 1991) et la recherche-action lewinienne (Lewin, 1946). Elle l'est aussi pour la recherche-intervention et pour la recherche ingénierique, non pour permettre une évaluation objective du fonctionnement initial du système, mais pour comprendre les représentations individuelles et collectives, et les logiques de raisonnement des membres de l'organisation (Claveau et Tannery, 2002). Elle l'est enfin dans les approches psychosociologique et militante pour permettre la « mobilisation » et la prise de conscience des acteurs des mécanismes psychiques ou sociopolitiques qui les emprisonnent (Jaques, 1951 ; Greenwood et Levin, 1998). Dans ces approches néanmoins, ainsi que dans les recherches-action « coopératives », une fois l'objet de la recherche défini par les chercheurs et les participants, l'enquête sera en général prise en charge par les participants eux-mêmes, impliquant souvent une formation aux méthodes scientifiques de recherche. Elle constitue de fait un premier moyen d'intervention, la formation puis la réalisation éventuelle de l'étude permettant d'amorcer l'apprentissage collectif visé dans les approches coopératives et/ou la « prise de conscience » des approches psychosociologiques et militantes.

L'encadré 3.3. ci-après décrit ce double rôle de « connaissances » et de changement souvent assigné à la méthode dans la recherche-action et illustre la diversité des outils sur lesquels elle peut s'appuyer.

encadré 3.3.

la cartographie cognitive comme outil de connaissance et de changement des représentations des acteurs

Afin d'appréhender les représentations des participants des « problèmes » que rencontrait l'Association, leur relative convergence/divergence et le niveau auquel ces « problèmes » étaient conçus, nous avons demandé aux 18 participants à la fin de la première séance de remplir individuellement la grille suivante :

Quels sont, d'après vous, les problèmes/difficultés majeurs auxquels est confrontée votre organisation ?	Pour chaque problème identifié : quelles en sont, d'après vous, les causes ?	Pour chaque problème identifié : quelles en sont, d'après vous, les conséquences ?

Afin de mieux connaître votre organisation et les problèmes qu'elle rencontre, nous vous prions de bien vouloir remplir la grille ci-jointe. Vous pouvez utiliser autant de grilles que nécessaires.

Ces réponses ont fait l'objet de représentations graphiques sous forme de cartes cognitives (représentation graphique des relations d'influence – cause à effet/moyen à fin – entre variables ou concepts contenus dans le discours) à l'aide du logiciel COPE. Des cartes cognitives agrégeant l'ensemble des concepts/variables et relations comprises dans les grilles individuelles sur la base de leurs éléments communs ont été établies par thème (voir la figure 3.1. ci-après). Les représentations les plus riches et traitant des thèmes les plus souvent abordés (les difficultés du changement, le détournement des règles et le non-respect des procédures, la charge de travail et le centralisme des décisions par la direction générale de l'Association) ont servi de base de travail lors de la séance 2. Après avoir présenté la méthode de traitement des données et passé en revue l'ensemble des thèmes que nous avions pu distinguer par cette analyse, les cartes cognitives choisies ont été présentées puis discutées avec les participants.

L'objectif était d'une part, de clarifier les concepts et liens présents dans les cartes (synonymes/redondants), et d'autre part, par ce biais, de parvenir à une représentation collective plus synthétique du problème. Les trois premiers thèmes abordés ont ainsi rapidement fait l'objet d'une synthèse. Le quatrième thème portant sur le centralisme de la direction générale a provoqué, et ce, malgré l'accord initial du directeur général d'aborder ce problème, un conflit ouvert entre les participants et ce dernier, dont l'attitude particulièrement agressive a bloqué la suite des échanges et de la réflexion. Si un tel blocage a nécessité de modifier les méthodes de travail et thèmes de réflexion lors de séances suivantes, il nous aura permis de mettre le doigt sur une des « causes » sous-jacentes du problème de la « *panne de la fonction stratégique* » et de « *l'absence de mobilisation des acteurs* » et de gagner, *in fine*, la confiance des participants. Pour eux en effet, quand bien même le problème était loin d'être résolu, « *les choses étaient dites* ».

figure 3.1.

carte cognitive agrégée des représentations des participants de la « *centralisation de la direction générale* »

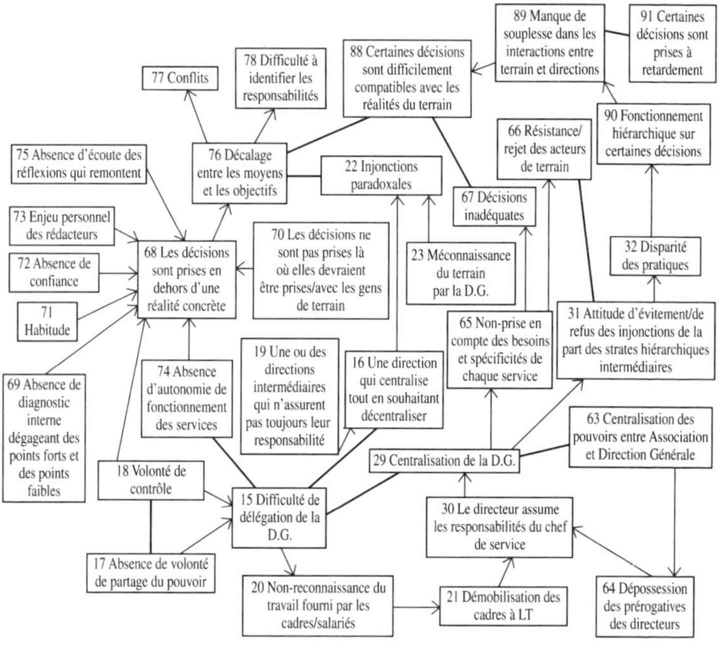

Légende :

Les numéros sont les numéros d'ordre de saisie des concepts sur le logiciel COPE

⟶ : a une influence sur, entraîne, a pour conséquence

—— : concepts nous paraissant initialement similaires, susceptibles d'être fusionnés

B. - des méthodes pour changer

Toutes les approches de la recherche-action s'appuient sur l'intervention/l'action comme moyen de produire des connaissances. Cette intervention prendra des formes variées : mise en œuvre d'une nouvelle forme de management (un mode de *leadership* particulier, des groupes de discussion, pour Lewin), procédures visant à modifier ou enclencher de nouvelles dynamiques de groupe (une discussion en profondeur avec les acteurs sur la base d'échelle d'inférence pour Argyris et *al.*, ou reposant sur l'analyse des transferts entre les acteurs et l'analyste pour

Jaques) ; construction d'un dispositif ou d'un outil de gestion (Chanal et *al.*, Kœnig, David).

Ces méthodes d'intervention, en dehors de l'approche lewinienne, s'appuient toutes sur la confrontation. Pour la recherche ingénierique, la confrontation du modèle aux représentations des membres de l'organisation permet une modification de celles-ci (Chanal et *al.*, 1997). Pour la recherche-intervention, la confrontation de l'outil aux comportements qu'il suscite conduit à une transformation croisée de l'outil et du système social dans lequel il prend place (David, 2000b). Dans la démarche socio-analytique, les transferts à l'œuvre dans la relation entre l'analyste et les participants permettent d'effectuer un travail de perlaboration qui vise la modification des fonctionnements psychiques autorisant ainsi le changement de l'organisation (Jaques, 1951). Les approches pragmatistes enfin, reposent sur la confrontation et le dialogue des connaissances des membres de l'organisation et du/des chercheur(s) dans le cadre de groupes de recherche. Le dialogue est ici le vecteur d'un apprentissage mutuel et d'élaboration de connaissances co-générées (Greenwood et Levin 1998).

Par-delà ce ressort commun, le degré de contrôle des acteurs sur le choix, la mise en œuvre effective et l'évaluation de ces méthodes d'intervention sont le reflet du type de connaissances visées par la recherche. Le choix de la méthode d'intervention et son appréciation sont ainsi plutôt le fait du chercheur dans les approches lewinienne et argyrisienne. Ce contrôle garantit l'évaluation de l'action mise en œuvre ainsi que celle de ses effets (Kœnig, 1997) : le dispositif réel est-il conforme au projet ? Fonctionne-t-il durablement et naturellement ? Est-il fonctionnel ? Ce contrôle est aussi le fait des recherches intervention et ingénierique afin de garantir la nature générique des connaissances élaborées.

Les approches participatives et militantes rejettent ce « monopole » méthodologique du chercheur. Si les premières phases de la démarche sont initiées par lui, les méthodes doivent être progressivement prises en charge par les acteurs : le chercheur s'efface pour devenir accompagnateur du processus. Les actions à mettre en œuvre, qu'elles aient trait au problème à résoudre ou au dispositif de recherche lui-même, deviennent le fait des participants qui les initient puis les évaluent. Dès lors, l'objectif n'est pas de garantir la validité des connaissances produites mais de permettre tout à la fois l'apprentissage et l'autonomisation progressive des participants (Reason, 1994a ; Greenwood et Levin, 1998). Ce double objectif, comme l'illustre l'encadré 3.4. ci-dessous, ne va pas sans poser problème.

encadré 3.4.

vers l'autonomisation des acteurs ?

Si notre rôle a toujours été très présent dans l'accompagnement de la réflexion du groupe stratégique, ce dernier a progressivement pris en charge l'élaboration du projet lors de la seconde session qui s'est déroulé de janvier à septembre 2000. À partir d'une trame générale préalablement élaborée, et sur la base des travaux effectués en séances sur les objectifs et orientations stratégiques de l'Association, les participants organisés en sous-groupes, ont rédigé des préprojets en mai 2000. Ces préprojets stratégiques ont fait l'objet d'une présentation en séance, puis d'une synthèse à partir de laquelle les participants sont parvenus à un accord sur les actions à mettre en place, leur hiérarchisation, et, pour les actions prioritaires, leurs modalités. Au cours de l'été 2000, les différents sous-groupes ont pris en charge chacun une partie de la rédaction du projet global, dont nous avons essentiellement retravaillé la forme et l'homogénéité. Le projet a été de nouveau modifié par les participants, puis présenté aux membres du Conseil d'Administration et du Bureau en novembre 2000, qui l'ont accueilli favorablement.

Si ce travail a conduit à un apprentissage des membres en leur permettant de travailler ensemble, et de mettre en place certaines actions collectivement décidées, l'élaboration collective était loin d'être achevée sur toutes les orientations et actions, et nous avions des doutes quant à la capacité du groupe à fonctionner sans nous. Néanmoins, en mai 2001, les participants décident de mettre fin à notre collaboration. La diversité des enjeux en présence nous posent cependant question quant à la capacité du groupe à poursuivre. D'abord parce que le processus a démontré une absence de *leadership* et de maîtrise des méthodes permettant de coordonner et de faire travailler un groupe de 18 personnes. Ensuite parce que le succès du projet auprès du Bureau a révélé pour certains, autorisé pour d'autres, la possibilité d'augmenter leur pouvoir individuel.

Les approches coopératives, en concevant les acteurs comme « autodéterminés », leur reconnaissent en même temps le droit de ne pas vouloir participer et construire (ou de construire autre chose) : une forme d'autonomisation qui, si elle ne va pas, selon nous, sans poser de problème et peut signer la fin de notre collaboration, constitue le cœur de l'approche choisie.

Conclusion

La spécificité de la recherche-action réside fondamentalement dans sa volonté de produire des connaissances et du changement social. Les approches de la recherche-action, nous l'avons souligné, articulent différemment cette double visée. La mise en œuvre des dispositifs de recherche préconisés révèle cependant des tensions au sein même de ces objectifs d'élaboration de connaissances et de changement.

Il apparaît ainsi difficile de chercher à produire des connaissances qui, tout à la fois, soient utiles aux acteurs et disposent d'une portée théorique. L'objet et le dispositif de recherche risquent en effet à tout moment de devenir le monopole de l'une ou l'autre des parties. La recherche-action implique de fait, dans sa définition même, une gestion attentive de cette tension dynamique « dedans/dehors », à l'œuvre tout au long du processus de recherche. La résolution de cette tension en faveur de l'une ou l'autre des parties (une recherche à visée essentiellement scientifique pour l'approche lewinienne, une recherche ayant pour objectif principal l'apprentissage mutuel et l'autonomisation des acteurs pour les approches coopératives et pragmatistes), posera toujours question quant à la légitimité des connaissances produites. Les connaissances scientifiques élaborées (la théorie du changement par les étapes de dégel-changement-regel, par exemple) résolvent-elles réellement le problème des acteurs de terrain ? Les connaissances narratives des recherches-action pragmatistes et coopératives peuvent-elles prétendre au statut de connaissances scientifiques ?

Le changement induit par la recherche-action apparaît en second lieu toujours osciller entre la production d'une action efficace essentiellement guidée par le chercheur, et la création d'une participation collective dont le chercheur n'est que le vecteur. Au premier terme s'attache le risque d'un changement de surface, essentiellement instrumental et technocratique ; au second celui de la remise en cause du projet même, voire de l'éclatement du groupe par le questionnement permanent qu'il exige de la participation. Cette tension (efficacité instrumentale *versus* utilité « sociale ») en jeu dans la recherche-action renvoie, plus généralement, à la question de la nature et de la légitimité du changement visé. Changer pour quoi ? Pour qui ? Au nom de quoi ? Si la recherche-action a porté nombre de ses efforts sur sa légitimation au sein des sciences sociales, les réflexions quant au second terme de son projet paraissent moins abouties. Elles appellent le chercheur au questionnement éthique que porte tout projet de recherche.

Références bibliographiques citées

ALLARD-POESI (F.), « Kurt Lewin. De la théorie du champ à une science du social », *in* CHARREIRE (S.) et HUAULT (I.) (Eds), *Les grands auteurs en management stratégique*, Caen : Ed. Management et Société, 2002, (379-399).

ALLARD-POESI (F.), MARÉCHAL (C.), « La construction de l'objet de recherche », *in* THIÉTART (R.A.) et coll., *Méthodes de recherche en management*, Paris : Dunod, 1999, (36-56).

ARGYRIS (C.) et SCHÖN (D.A.), « Participatory Action Research and Action Science Compared, A Commentary », *in* WHYTE (W.F.) (Ed.), *Participatory Action Research*, London : Sage, 1991, (85-95).

ARGYRIS (C.), PUTNAM (R.), MAC CLAIN SMITH (D.), *Action Science : Concepts, Methods, and Skills for Research and Intervention*, San Francisco : Jossey-Bass, 1985.

BATESON (G.), « The Logical Categories of Learning and Communication », *in* BATESON (G.), *Steps to an Ecology of Mind*, San Francisco : Chandler, 1972.

BARBIER (R.), *La Recherche Action*, Paris : Economica, coll. Anthropos, 1996.

BECKARD (R.), *Organization Development : Strategies and Models*, Reading, Massachusetts : Addison Wesley, 1969.

BENNIS (W.), *Organization Development : A Systems View*, Santa Monica, California : Goodyear, 1969.

CAMPBELL (D.T.), « Forward », *in* YIN (R.K.), *Case Study Research, Design and Methods*, London : Sage, 1990, (7-9).

CHANAL (V.), LESCA (H.), MARTINET (A.C.), « Vers une ingénierie de la recherche en sciences de gestion », *Revue Française de Gestion*, n° 116, 1997, (41-51).

CLAVEAU (N.) et TANNERY (F.), « La recherche à visée ingénierique en management stratégique ou la conception d'artefacts médiateurs », *in* MOURGUES (N.) et *al.* (Eds), *Questions de méthodes en sciences de gestion*, Caen : Ed. Management et Société, 2002, (121-150).

COOK (T.D.) et CAMPBELL (D.T.), *Quasi-Experimentation, Design & Analysis Issues for Field Settings*, Skokie : Rand McNally College Publishing, 1979.

DAVID (A.), « Outils de gestion et dynamique du changement », *Revue Française de Gestion*, n° 120, 1998, (44-59).

DAVID (A.), « Logique, épistémologie et méthodologie en sciences de gestion : trois hypothèses revisitées », *in* DAVID (A.), HATCHUEL (A.) et LAUFER (R.) (Eds), *Les nouvelles fondations des sciences de gestion*, Paris : Vuibert, 2000(a), (83-109).

DAVID (A.), « La recherche-intervention, cadre général pour la recherche en management », *in* DAVID (A.), HATCHUEL (A.) et LAUFER (R.) (Eds), *Les nouvelles fondations des sciences de gestion*, Paris : Vuibert, 2000(b), (193-213).

DAVID (A.), HATCHUEL (A.) et LAUFER (R.) (Eds), *Les nouvelles fondations des sciences de gestion*, Paris : Vuibert, 2000.

DEWEY (J.), *The Public and its Problem*, Athens : Ohio University Press, (1927, 1991).

DEWEY (J.), *Logique. La théorie de l'enquête*, Paris : PUF, 1967.

DUBOST (J.), Introduction sur la méthode socio-analytique d'Elliott Jaques, *in* JAQUES (E.), *Intervention et changement dans l'entreprise*, Paris : Dunod, 1972, (IX-XLI).

EMERY (F.) et THORSRUD (E.), *Democracy at Work*, Leiden : Martinus Nijhoff, 1976.

ENRIQUEZ (E.), *L'organisation en analyse*, Paris : PUF, 1992.

FALS-BORDA (O.) et RAHMAN (M.A.) (Eds.), *Action and Knowledge. Breaking the Monopoly with Participatory Action Research*, New York : Apex, 1991.

GLASER (B.) et STRAUSS (A.), *The Discovery of Grounded Theory. Strategies of Qualitative Research*, London : Wiedenfeld et Nicholson, 1967.

GREENWOOD (D.J.) et LEVIN (M.), *Introduction to Action Research, Social Research for Social Change*, London : Sage, 1998.

HALL (B.), GILLETTE (A.) et TANDON (R.) (Eds.), *Creating Knowledge : A Monopoly ? Participatory Research in Development*, New Delhi : Society for Participatory Research in Asia, 1982.

HATCHUEL (A.), « Les savoirs de l'intervention en entreprise », *Entreprise et Histoire*, n° 7, 1994, (59-75).

HATCHUEL (A.) et MOLET (H.), « Rational Modelling in Understanding Human Decision Making : About Two Case Studies », *European Journal of Operations Research*, n° 24, 1986, (178-186).

HERON (J.), *Experience and Method, An Inquiry into the Concept of Experiential Research*, Surrey : University of Surrey, Human Potential Research Project, 1971.

HERON (J.), *Co-operative Inquiry. Research into the Human Condition*, London : Sage, 1996.

HUGON (M.A.) et SEIBEL (C.), *Recherches impliquées, Recherches action. Le cas de l'éducation, Bruxelles*, De Bœck Université, 1988.

JAQUES (E.), « Some Principles of Organization of a Social Therapeutic Institution », *Journal of Social Issues*, vol. 3, n° 2, 1947, (4-10).

JAQUES (E.), « Interpretive Group Discussion as a Method of Facilitating Social Change », *Human Relations*, n° 1, 1948, (533-549). Traduction : « L'utilisation du groupe d'évolution comme méthode de facilitation du changement social », *Connexions*, n° 3, 1972.

JAQUES (E.), *The Changing Culture of a Factory*, London : Tavistock, 1951. Traduction française : *Intervention et changement dans l'entreprise*, Paris : Dunod, 1972.

KETS DE VRIES (M.) et MILLER (D.), *L'entreprise névrosée*, Paris : Mc Graw Hill, 1985. Traduction de : *The Neurotic Organization*, San Francisco : Jossey Bass, 1984.

KŒNIG (G.), « Production de la connaissance et constitution des pratiques organisationnelles », *Revue de Gestion des Ressources Humaines*, n° 9, novembre 1993, (4-17).

KŒNIG (G.), « Pour une conception infirmationniste de la recherche-action diagnostique », *Management International*, vol. 2, n° 1, 1997, (27-35).

LEWIN (K.), « Field Theory and Experiment in Social Psychology : Concepts and Methods », *American Journal of Sociology*, 44, 1939, (868-897). Réédité *in* LEWIN (K.), *Resolving Social Conflicts & Field Theory in Social Science*, Washington : American Psychological Association, 1997, (262-278).

LEWIN (K.), « Psychology and the Process of Group Living », *Journal of Social Psychology*, 17, 1943-44, (119-129), avec « Constructs in Psychology and Psychological Ecology », *University of Iowa Studies in Child Welfare*, 20, (23-27). Réédités *in* LEWIN (K.), *Resolving Social Conflicts & Field Theory in Social Science*, Washington : American Psychological Association, 1997, (279-288).

LEWIN (K.), « Action Research and Minority Problems », *Journal of Social Issues*, 2, 1946, (34-46). Réédité *in* LEWIN (K.), *Resolving Social Conflicts & Field Theory in Social Science*, Washington : American Psychological Association, 1997, (143-152).

LEWIN (K.), « Frontiers in Group Dynamics », *Human Relations*, I, 1, 1947(a), (2-38). Réédité *in* LEWIN (K.), *Resolving Social Conflicts & Field Theory in Social Science*, Washington : American Psychological Association, 1997, (301-336).

LEWIN (K.), « Group Decision and Social Change », *in* NEWCOMB (T.M.) et HARTLEY (E.L.) (Eds.), *Readings in Social Psychology*, New York, Holt Rinehart and Winston, 1947(b), (330-344). Réédité *in* GOLD (M.) (Ed.), *The Complete Social Scientist, A Kurt Lewin Reader*, Washington : American Psychological Association, 1999, (265-284).

LEWIN (K.), « Cassirer's Philosophy of Science and the Social Science », *in* SCHILPP (P.A.) (Ed.), *The Philosophy of Ernst Cassirer*, 1949, (269-288). Réédité *in* GOLD (M.) (Ed.), *The Complete Social Scientist, A Kurt Lewin Reader*, Washington : American Psychological Association, 1999, (23-36).

MARTINET (A.-C.), « Épistémologie de la connaissance praticable : exigences et vertus de l'indiscipline », *in* DAVID (A.), HATCHUEL (A.) et LAUFER (R.) (Eds), *Les nouvelles fondations des sciences de gestion*, Paris : Vuibert, 2000, (111-124).

MILGRAM (S.), *Obedience to Authority*, New York : Harper et Row, 1974.

MOISDON (J.-C.) (dir), *Du mode d'existence des outils de gestion*, Paris : Séli-Arslan, 1997.

MORGAN (G.), *Images de l'Organisation, Québec* : Les Presses de l'Université de Laval et les Editions Eska, 1989.

PAGÈS (M.), BONNETI (V.), DESCENDRE (D.), DE GAULEJAC (V.), *L'emprise de l'organisation*, Paris : PUF, 1979.

PERRET (V.), « Elliott Jaques : De l'organisation comme moyen de lutte contre l'anxiété à la « Requisite Organization », *in* CHARREIRE (S.) et HUAULT (I.) (Eds), *Les grands auteurs en management stratégique*, Caen : Ed. Management et Société, 2002, (348-361).

PETTIGREW (A.), *The Awakening Giant. Continuity and Change in ICI*, Oxford : Basil Blackwell, 1985.

REASON (P.), « Three Approaches to Participative Inquiry », *in* DENZIN (N.K.) et LINCOLN (Y.S.) (Eds.), *Handbook of Qualitative Research*, 1994(a), (324-339).

REASON (P.), *Participation in Human Inquiry*, London : Sage, 1994(b).

REASON (P.) et HERON (J.), « Research with People : The Paradigm of Co-operative Experiential Inquiry » *Person Centred Review*, 1, 1986, (456-475).

RORTY (R.), *Philosophy and the Mirror of Nature*, Princeton : Princeton University Press, 1980.

STEPHENSON (T.), « Organization Development : A Critique », *Journal of Management Studies*, 12, 1975, (249-265).

TANDON (R.), « A Critique of Monopolistic Research », *in* HALL (B.), GILLETTE (A.) et TANDON (R.) (Eds.), *Creating Knowledge. A Monopoly ? Participatory Research in Development*, New Delhi : Society for Participatory Research in Asia, 1982.

THORSRUD (E.), « A Strategy for Research and Social Change in Industry : A Report on the Industrial Democracy Project in Norway », *Social Sciences Information*, 9 : 5, 1970, (65-90).

WHYTE (W.F.), GREENWOOD (D.J.), LAZES (P.), « Participatory Action Research, Through Practive to Science in Social Research », *in* WHYTE (W.F.) (Ed.), *Participatory Action Research*, London : Sage, 1991, (19-55).

chapitre 4

la méthode biographique

Linda ROULEAU

Le recours aux « histoires » constitue un moyen de transmission d'information qui recèle une grande richesse. En effet, les histoires occupent une place centrale dans nos vies. Elles nous permettent de communiquer avec les autres, de trouver des significations aux événements et de se projeter dans l'avenir. En tant qu'acte quotidien de quête et de réflexion sur soi, le discours narratif s'avère un outil de collecte de données qualitatives aux multiples possibilités. Il n'en demeure pas moins cependant que son utilisation nécessite une grande prudence et suscite de nombreux questionnements. Comment fait-on raconter son expérience de vie, voire son expérience de travail à quelqu'un ? Comment une personne sélectionne-t-elle les événements qu'elle raconte ? À travers l'histoire de diverses tranches de vie au travail, comment en arrive-t-on à comprendre le fonctionnement d'une organisation ? Voilà autant de questions auxquelles ce texte suggère quelques réponses.

Les récits biographiques ont déjà fait couler beaucoup d'encre dans les sciences sociales. Dans le domaine de l'analyse des organisations et de leur gestion, ils suscitent un regain d'intérêt. Au-delà des modalités générales de collecte et d'analyse des données biographiques, je compte enraciner mes propos dans mon expérience personnelle de chercheur universitaire. Depuis quelques années, je m'intéresse aux réorganisations d'entreprise dans le but de comprendre comment s'effectuent les transformations institutionnelles de la modernité. Entre autres, je m'intéresse à la structuration des liens entre les modes de contrôle et l'identité des gestionnaires comme lieu central de ces transformations. Un des volets de ce chantier de recherche consiste à recueillir des récits de vie occupationnelle et met en évidence la conscience discursive de gestionnaires, particulièrement des gestionnaires intermédiaires. C'est le résultat de mes réflexions et de mes apprentissages autour de l'utilisation de la méthode biographique qui sont présentés dans ce texte.

Ce chapitre comporte quatre sections. Dans la première section, je fais état de quelques constats concernant l'utilisation de la méthode biographique dans les sciences sociales et dans les sciences des organisations et de gestion. Dans la deuxième section, je présente les différentes formes qu'elle peut prendre en même temps que je rapporte quelques-uns des principaux enjeux qui sont sous-jacents à cette méthode. Cet exercice me permet de situer le contexte de la recherche dans lequel j'utilise la méthode biographique. Dans la troisième section, je fais part des principales dimensions dont il est nécessaire de tenir compte lors de la collecte des données. Dans la quatrième section, je discute de l'analyse des récits biographiques.

section I
des sciences sociales aux sciences de gestion

Quoi de mieux pour parler des histoires que de commencer par en raconter une ? Le sens de celle-ci est d'ordre didactique. Le constat premier que l'on peut faire lorsqu'on s'intéresse à la biographie comme méthode et outil de collecte des données c'est que son développement se situe à la remorque des sciences sociales et rejoint des conditions socio-historiques de production spécifiques. La méthode biographique qui a traversé bien sagement les bouleversements du vingtième siècle a connu, selon moi, deux périodes de gloire : au début du siècle avec l'effervescence des travaux empiriques de l'École de Chicago et, à partir des années 1970, avec le renouvellement de la tradition orale dans les sciences sociales françaises.

Dans les années 1920, la sociologie américaine est largement dominée par la recherche empirique. Chercheurs et praticiens s'entendent pour faire la collecte de grands ensembles de données dont l'accumulation servira, du moins l'espère-t-on, à la résolution des problèmes pratiques que suscite le développement de la grande industrie dans les années d'après-guerre. Dans ce contexte, l'Université de Chicago est un lieu d'expérimentations et d'innovations sans pareil. Sous l'influence de William Thomas et de Robert Park, le département de sociologie oriente à la fois la pédagogie et la recherche autour de l'enquête intensive de terrain auprès des milieux immigrants et des milieux populaires. L'utilisation systématique de l'observation participante devient le pivot de la démarche intellectuelle des gens qui gravitent autour de l'École de Chicago. La collecte de biographies constitue alors une des méthodes utilisées pour saisir l'interprétation et le sens que donnent les individus aux événements qui caractérisent les processus sociaux auxquels ils sont quotidiennement confrontés.

S'il est vrai que les travaux de l'École de Chicago sont surtout connus pour les monographies auxquelles ils ont donné lieu, il n'en demeure pas moins que quelques autobiographies de gangsters, de délinquants et de prostituées ont aussi contribué à la rendre célèbre (Landesco, 1929 ; Reitman, 1937). Il s'agit de travaux qui montrent des individus défavorisés, déracinés mais non pas dans un sens misérabiliste. Plutôt, les biographies tentent de faire connaître la vie sociale de ces groupes à partir d'un point de vue nouveau venant contrebalancer les idées dominantes et répressives sur ces marginaux. Toutefois, l'utilisation du document biographique est toujours associée à d'autres types de matériaux. De manière concrète, on retrouve les traces de la méthode biographique dans les travaux de l'École de Chicago principalement par l'utilisation de la citation biographique (une à deux pages illustrant ce que l'ont veut démontrer) et par les résumés de carrière, d'itinéraire et d'étapes de la vie personnelle (1).

Dans les années 1950-1960, l'idéal de formalisation porté en sciences sociales par le structuro-fonctionnalisme parsonien fait en sorte que les enquêtes de terrain, reprises par les représentants du courant interactionniste, sont reléguées aux oubliettes. Pendant cette période, les études biographiques suscitent peu d'intérêt. Il faut attendre les années 1970 qui, petit à petit, donnent un second souffle à la méthode biographique. Dans le contexte de contestation des années 1960, la critique faite aux approches dites déterministes prend de l'ampleur. Avec ce qu'on appellera plus tard « le retour du sujet », on assiste en sciences sociales à une redécouverte de la méthode biographique.

Dans les décennies qui suivent, les innovations dans le genre seront principalement portées par la sociologie française. Vers le milieu des années 1970, on assiste à l'apparition soudaine de débats, d'écrits et de colloques portant sur la méthode biographique. C'est autour des travaux de Daniel Bertaux portant sur la mobilité sociale que la méthode biographique prend son envol (2). C'est d'ailleurs à cet auteur que l'on doit la notion de récit de vie. La méthode biographique constitue alors un moyen de concrétiser les critiques adressées aux grandes enquêtes statistiques caractérisant le positivisme dominant dans la sociologie de

---

(1) Jean Peneff (1990) fait une remarquable analyse de cette période. De plus, il présente une vision critique des succès et des échecs de la méthode biographique au vingtième siècle.

(2) Les principaux écrits de D. Bertaux à cette époque sont : Bertaux (D.), « Histoire de vie – ou récits de pratiques ? », *Méthodologie de l'approche biographique en sociologie*, Rapport au CORDES, 1976 ; Bertaux (D.) et Bertaux-Wiame (I.), *Une enquête sur la boulangerie artisanale*, Rapport au CORDES, 1980 ; Bertaux (D.), « L'approche biographique, sa validité méthodologique et ses potentialités », *Cahiers Internationaux de Sociologie*, LXIX, 2, 1980 (198-225).

l'époque. C'est d'ailleurs à cette enseigne que, dans la décennie suivante, elle prend de l'ampleur dans les disciplines connexes des sciences sociales.

encadré 4.1.

la conception réaliste des récits de vie de Daniel Bertaux

Dans les années 1970, la question de la mobilité sociale est largement étudiée à partir d'études statistiques qui rendent compte des changements professionnels mais ne permettent pas véritablement de comprendre la dynamique des trajectoires qui est sous-jacente. Daniel Bertaux entame alors une vaste réflexion sur la valeur heuristique de ces études. Il propose plutôt de recourir à des méthodologies qualitatives. Avec Isabelle Bertaux-Wiame, il travaille sur l'évolution du métier de boulanger en tentant de comprendre comment on devient boulanger en France.

Pour Daniel Bertaux, il y a récit de vie à partir du moment où une personne raconte à une autre son expérience de vie en faisant la narration de celle-ci. Autrement dit, le récit de vie est un discours narratif dans lequel une histoire « réelle » est improvisée au cours d'une relation dialogique. Le travail du chercheur consiste à faire l'analyse objective des significations qui sont pertinentes pour son objet. C'est la sommation des récurrences dans les différents parcours de vie qui fonde la cohérence des hypothèses ou des modèles qui s'en dégagent.

À lire : Daniel Bertaux, *Les récits de vie*, Nathan, 1997.

Ainsi, l'histoire fait appel à la méthode biographique pour renouveler son objet. Plutôt que de recourir aux histoires de vie *postmortem*, la méthode biographique permet à cette discipline de partir du présent en recueillant, par le biais de la tradition orale, des témoignages sur le passé dans un contexte de changement rapide. En anthropologie, les histoires de vie ont aussi permis de jeter un regard différent sur les transformations du milieu rural. Entre autres, le croisement d'histoires de vie de paysans ou d'instituteurs ont mis à jour la dimension sociosymbolique des transformations qui marquent la vie de leur communauté locale. En psychologie, l'approche biographique vient renouveler certaines pratiques cliniques et sera particulièrement utilisée dans le contexte de la thérapie familiale et dans la formation des adultes. Dans le domaine de la littérature et de la linguistique, la méthode biographique initie des réflexions en profondeur sur les fondements de l'acte narratif.

Dans les sciences des organisations et de gestion, la méthode biographique occupe un statut particulier. On peut même dire qu'en sciences de gestion, la méthode biographique est intemporelle puisqu'une grande partie de la connaissance réside sur la reconstruction de l'histoire de la vie de dirigeants ou d'entrepreneurs qui ont réussi (Robichaud, 1995 ; Richer et Harel-Giasson, 1997 ; Forget et *al.*, 1995). Généralement, ces histoires de vie sont à mi-chemin entre le réel et le normatif. Elles sont généralement publiées et diffusées avec le moins possible d'arrangement ou d'analyse de la part de l'*interviewer* dans le but de sauvegarder l'essence du récit. La richesse de ces récits réside dans le témoignage d'un acteur de pouvoir dans l'évolution d'une organisation, voire d'une industrie. Toutefois, lorsqu'un dirigeant ou un entrepreneur qui a réussi se raconte, une part de son récit est d'ordre public et contribue à entretenir des intérêts spécifiques en regard de la pérennité de son organisation.

Depuis la fin des années 1980, le renouvellement de la méthode biographique en gestion passe par l'introduction de différents discours disciplinaires en théories des organisations. Ainsi, on continue de s'intéresser principalement aux dirigeants ou aux entrepreneurs mais l'usage de la méthode biographique diffère. Les narrations obtenues sont analysées en fonction d'une problématique spécifique. Par exemple, certains tentent de comprendre les racines psychanalytiques du *leadership* à partir d'entretiens en profondeur dans lesquels des dirigeants se racontent (Fortier, 1999 ; Ollivier, 1995 ; Lapierre, 1992). D'autres utilisent la méthode biographique pour comprendre comment s'effectue le changement dans les organisations (Czarniawska, 1997 ; Kimberly et Bouchiki, 1995 ; Amiot, 1991). De plus, le renouvellement de la méthode biographique en gestion a pour conséquence de faire parler ceux qui, dans et autour de l'entreprise, ont moins la voie au chapitre (ex. les femmes occupant des postes de direction, les entrepreneurs, les gestionnaires de bas niveau).

Bref, l'approche biographique s'est développée à l'instar de conditions socio-historiques particulières. En effet, c'est dans des périodes historiques de grands bouleversements, de transformations majeures sur le plan socio-économique, que la méthode biographique suscite de l'intérêt et prend de l'ampleur. Les conséquences sur le plan de la connaissance sont doubles. D'une part, elle ouvre des chantiers nouveaux et, d'autre part, elle vient donner la parole à ceux qui n'en ont pas. En gestion, la méthode biographique gagne en importance depuis la fin des années 1980 ; sa percée s'inscrit dans le contexte du renouvellement paradigmatique des connaissances dans un domaine d'études en partie fondé sur les sciences sociales.

section II
définitions et enjeux

Comme le laisse entrevoir la section précédente, la méthode biographique est polysémique, elle peut prendre différentes formes. C'est ainsi qu'autour de cette méthode, on retrouve les histoires de vie, les récits de vie, les récits de pratiques, l'histoire orale, l'histoire de sa vie, l'autobiographie, la notice biographique, etc. Selon Houle (1997), c'est l'angle disciplinaire et la fluidité de l'objet qui structurent la méthode biographique. Selon que l'usager de la méthode appartient à la psychanalyse, à l'histoire ou à la littérature, le type de récits diffère. De même, selon que l'on s'intéresse au développement du soi, au vécu, à l'identité ou à la tradition orale, la méthode biographique prend diverses formes. Dans l'ensemble des écrits autour de la méthode biographique, se dégagent trois représentations de cette approche.

- D'abord, on retrouve les **autoportraits** qui consistent principalement à faire raconter à une personne l'ensemble de sa vie, de la naissance au temps présent. On parle alors d'histoire de vie, d'histoire orale ou d'autobiographie qui ont comme point commun de renvoyer à l'idée que quelqu'un « se » raconte. Principalement utilisé en histoire et en littérature, ce genre est largement associé à l'importance que l'on accorde au vécu d'une personne comme source d'information. Sous la vision purement humaniste des histoires de vie, on retrouve l'ensemble des écrits prenant la forme de propos et confidences d'une personne, qu'il s'agisse d'un personnage public ou d'un individu anonyme dont on juge la petite histoire caractéristique de bien d'autres. La plupart du temps, l'histoire est publiée presque telle quelle avec, au mieux, une note introductive, c'est la méthode biographique *in vivo*.
- Ensuite, la méthode biographique est utilisée comme moyen de repérer et de **comprendre des trajectoires sociales**. Dans ce cas, la méthode biographique fait appel à la production discursive du

sujet autour des principaux événements qui ont marqué l'ensemble de sa vie. Le sujet met en scène ces événements, non seulement les décrit-il mais il les analyse et porte un jugement sur ce qu'il dit. Lorsque la méthode biographique met l'accent sur la narration de la personne qui raconte « sa vie », c'est alors qu'on parle de « récit » de vie. Utilisée surtout dans les sciences sociales, la notion de récit de vie permet de distinguer l'histoire réelle du récit qui en est faite. Et cela importe peu puisque dans ce genre, on fait appel à plusieurs personnes pour dégager les éléments communs qui peuvent rendre compte de l'évolution, des trajectoires de vie communes de différentes catégories sociales.

– Enfin, forme particulière du récit de vie, **le récit de pratiques** constitue une autre représentation de la méthode biographique. Plusieurs enquêtes biographiques ont pour but de faire ressortir l'opinion du narrateur sur une partie de sa vie. Il s'agit généralement d'opinions sur la vie de travail, la vie sociale ou la vie politique. Ce genre de récit permet de saisir une dimension du vécu correspondant à un type de pratiques spécifiques. On parle alors de récit de « pratiques » dans lequel la personne raconte sa propre « théorie » des événements survenus, dévoile son interprétation et met en scène sa vision par rapport à l'avenir, etc. Dans les travaux de recherche que je mène, j'utilise la méthode biographique comme moyen de comprendre les trajectoires identitaires des gestionnaires ayant vécu une restructuration d'entreprise. Je fais donc principalement des récits de pratiques, voire des récits de vie occupationnelle. Ces récits permettent à la personne qui se raconte de « mettre en intrigue », comme dirait Ricœur, quelques-uns des multiples répertoires identitaires à partir desquels elle agit et se définit comme gestionnaire.

encadré 4.2.

type d'écrits à partir de la méthode biographique

– La *notice biographique* : généralement construite à partir de banques de données, on la retrouve dans divers usages quasi administratifs, constitution de dossiers, de cas…

– Le *récit de pratiques* : le chercheur s'intéresse à une partie du vécu d'un certain nombre de personnes correspondant à une pratique sociale.

- *L'entretien biographique* : il repose sur la sollicitation de larges éléments biographiques portant sur diverses phases du vécu (enfance, adolescence, âge adulte, vie à la retraite, etc.).
- *L'histoire de vie* : le récit s'inscrit dans une série de rencontres dans lesquelles des liens en profondeur s'établissent entre le narrataire et le narrateur. En cours de route, le narrataire devient un partenaire analytique et critique du récit.
- L'*autobiographie* : c'est l'écriture d'une partie ou de la totalité de la biographie d'une personne par elle-même.
- L'*histoire de vie de groupe* : groupe où les différentes personnes effectuent leur récit de vie en présence des autres qui écoutent. Le récit peut donner lieu à des écrits individuels ou collectifs.

Source : Pineau (G.) et Le Grand (J.L.), *Les histoires de vie*, PUF, Que sais-je ?, 1996 : 112.

Chacune de ces représentations soulève un ensemble d'enjeux qui font couler beaucoup d'encre et qui, malgré les nombreux articles parus, sont loin d'être résolus. Tout chercheur intéressé par la méthode biographique doit donc se poser un certain nombre de questions fondamentales et prendre position en fonction de son objet et de l'angle à partir duquel il entend y recourir. Les enjeux sont nombreux et complexes. Dans les prochaines lignes, loin de moi la prétention d'en faire une liste exhaustive : il s'agit plutôt de faire état des principaux enjeux que soulève la méthode biographique et qui en font à la fois l'immense richesse et la profonde fragilité.

Sur le plan épistémologique, il convient de s'interroger sur ce que l'on apprend vraiment de la méthode biographique. En effet, elle fait du sujet qui se raconte un expert. À la limite, cela a pour effet de remettre en question le savoir résultant des travaux effectués par le chercheur qui utilise la méthode biographique. Celle-ci met le chercheur devant le défi lié à la transformation de données construites subjectivement en savoir disciplinaire objectif. Ce passage obligé que prennent les connaissances issues de la méthode biographique reste souvent obscur. Comme savoir disciplinaire, les données biographiques doivent être resituées dans l'espace théorique et pratique du chercheur.

D'un point de vue théorique, la méthode biographique soulève la question de comprendre comment à partir du discours d'un individu on peut accéder à une réalité qui, à la fois, le constitue et le dépasse, par exemple, la société dans laquelle il vit ou l'organisation dans laquelle il travaille. La méthode biographique fournit un accès privilégié à la conscience discursive de l'individu. Dans les multiples « écritures du moi », comme dirait Gusdorf (1990), le sujet dévoile ses représentations intimes. Toutefois, le discours biographique est limité quant à l'agir et au contexte de l'action. Le chercheur doit, par conséquent, trouver des moyens tant conceptuels que concrets de construire des liens entre les deux univers (ex. ancrage théorique, croisement de récits, utilisation connexe d'autres méthodologies, etc.).

Sur le plan ontologique, l'essence de la méthode biographique repose sur la reconnaissance de la capacité d'action des individus dans leur milieu. En outre, elle permet de donner une voix aux individus qui en sont socio-historiquement dépourvus. Dans les faits, il s'agit d'une méthode qui valorise le sujet en lui permettant de raconter sa propre histoire. Toutefois, l'histoire du sujet est toujours soumise à des réinterprétations chaque fois qu'il la raconte : elle se situe entre la réalité et la fiction. Le chercheur qui utilise la méthode biographique est aux prises avec cette spécificité et doit réfléchir sur la conception qu'il véhicule de l'une et de l'autre.

Au niveau pratique, la méthode biographique correspond à un acte d'examen de soi qui change le soi et change la vie aussi. La construction du réel se fait aussi dans le sens que l'on donne, dans le sens que l'on évoque en prenant la parole. De plus, au fur et à mesure que l'autre se révèle, c'est aussi une partie de soi qui est mise à jour. Autant pour la personne qui s'y prête que pour le chercheur qui s'y adonne, la méthode biographique est porteuse d'enjeux politiques (changement des personnes qui y participent) et d'enjeux éthiques (droit d'enregistrement, type de diffusion, etc.). S'intéresser à la méthode biographique, c'est accepter de connaître le réel à partir de relations établies avec d'autres. Contrairement à ce que l'on pourrait penser au départ, la méthode biographique ne peut être utilisée n'importe comment, ni par n'importe qui.

En ce qui concerne les différents enjeux que soulève la méthode biographique, mes positions à leur égard sont ancrées dans la mouvance du projet structurationniste de Giddens (1984, *1987*) (3). En effet, je

---

(3) Par convention, et lorsque cela est possible, la première date mentionnée correspond à celle de l'édition originale : la seconde, en italiques, à la réédition consultée.

m'intéresse à la signification des transformations institutionnelles qui sont en cours dans les réorganisations d'entreprise. Tout comme Giddens, je pars du principe qu'on ne peut pas comprendre les transformations du monde socio-historique en dehors de l'individu. Je considère que, pour comprendre comment s'effectue la modernisation des entreprises, comment se modifient les modes de contrôle dans l'organisation, je dois aussi, sinon d'abord et avant tout, comprendre la dynamique des restructurations en mettant à jour les transformations identitaires que vivent les gestionnaires impliqués. Identité et contrôle sont deux dimensions qui se composent et se renouvellent réciproquement dans l'action des gestionnaires en même temps qu'elles permettent de comprendre le changement institutionnel. Chaque récit de pratiques est donc un espace d'identification et de construction identitaires qui est, à la fois constitutif et constitué de structures plus larges, qu'elles soient organisationnelles ou sociales. Au-delà de cet ancrage, mes positions à l'égard des enjeux qui sont intrinsèques à la méthode biographique se concrétisent dans la démarche de collecte et d'analyse des données.

section III
la démarche de collecte des données

Une fois les objectifs de la recherche définis et les intentions au sujet de la méthode éclaircies, la démarche suivante consiste à mettre en œuvre la méthode biographique. Au premier abord, se mettre dans la posture de celui ou de celle qui écoute quelqu'un d'autre se raconter semble assez simple. Toutefois, l'essence de la méthode biographique réside dans la relation que l'on peut établir avec l'autre. L'outil principal de collecte de données, c'est donc le narrateur lui-même et ses capacités d'être en relation avec les autres. Comme le rappelle Atkinson (1998), la méthode biographique est un « art ». Néanmoins, il convient d'aborder la démarche de collecte des données en ayant en tête quelques éléments utiles concernant le choix des individus, la préparation des rencontres, la relation narrataire/narrateur, le déroulement ainsi que la gestion du matériel et la validité des données.

§ 1. - le choix des individus

À qui fera-t-on raconter son histoire ? Une des étapes fondamentales dans l'utilisation de la méthode biographique concerne le choix des personnes que l'on invite à se raconter. D'une part, il faut trouver des personnes qui possèdent les caractéristiques de base que l'on recherche. Comme il arrive souvent que la méthode biographique serve à donner la parole aux « sans-voix », ces personnes peuvent être difficilement repérables. D'autre part, il faut trouver des gens qui sont des « gisements d'informations » (Mucchielli, 1996 : 200). Bien que tout le monde ait une histoire intéressante à raconter, tout le monde n'a cependant pas la même capacité de faire le récit de soi, de prendre du recul face à des événements marquants. Entre autres, il faut éviter les personnes qui alignent une anecdote après l'autre et qui, d'une façon ou d'une autre, se servent de cette expérience comme une tribune qu'ils n'auraient pas autrement.

Ne pas prendre de précautions quant aux choix des participants, c'est risquer de faire la collecte de récits plus ou moins utiles ou de devoir interrompre en cours de route. Il importe donc de faire du repérage avant de commencer la collecte d'informations. Le repérage peut être plus ou moins long en fonction des objectifs de la recherche et de ses conditions de réalisation. Les techniques d'échantillonnage non probabiliste peuvent, à l'occasion, être fort utiles pour favoriser la variété des témoignages. Cela dit, les qualités du narrateur et la richesse de son expérience sont sans aucun doute les critères de choix les plus déterminants.

Lorsque l'on se sert de la méthode biographique à l'intérieur d'une enquête plus vaste portant sur un cas particulier dont les sujets peuvent être localisés (une entreprise, une industrie, etc.) la démarche ethnographique est sans aucun doute la plus adéquate. Il s'agit alors de chercher à connaître plus en profondeur les pratiques du milieu. À partir de la connaissance des personnes sur le terrain, il devient possible de repérer les sujets qui manifestent des qualités de narrateur. De plus, cela permet d'établir des liens de confiance entre le chercheur et le sujet qui sont nécessaires dans la relation à venir. Par ailleurs, lorsque la méthode biographique est utilisée pour toucher des gens qui sont difficilement repérables, il est préférable, de passer par les « contacts ». Qu'il s'agisse de contacts officiels ou de son réseau de contacts personnels, le fait de pouvoir mentionner l'organisme ou la personne qui permet au chercheur d'entrer en relation avec un sujet potentiel est un atout considérable.

Dans le cadre de mes travaux, il s'agit de trouver des gestionnaires, particulièrement des gestionnaires intermédiaires, qui ont vécu une réorganisation. Les médias informent sur les restructurations en cours mais le problème de trouver les gestionnaires intéressants et intéressés à participer à cette expérience ne se trouve pas résolu pour autant. J'ai commencé par mettre des annonces dans la presse des affaires et les journaux (« gestionnaires recherchés »). L'expérience s'est avérée décevante. Cela coûte très cher et peu de personnes se sont montrées intéressées. Parmi celles-ci, une sur deux présentait un profil qui ne convenait pas aux objectifs de la recherche. Parallèlement, j'ai pris des contacts du côté des associations de cadres (secteur de la santé et secteur de l'éducation) afin de procéder par « jugements d'experts ». Malgré la bonne volonté des personnes en place, les enjeux politiques autour de la demande rendaient difficile sa concrétisation.

Le repérage de gestionnaires a vraiment débuté à partir du moment où j'ai compris l'importance de procéder à partir de « contacts ». Les noms des premiers répondants qui ont participé à la recherche m'ont été fournis par un collègue enseignant au MBA (*Master of Business Administration*). Par la suite, le repérage de gestionnaires s'est toujours effectué en faisant appel à des « contacts », que ce soit pour procéder par « jugement d'experts » ou pour solliciter directement une personne. Il s'agit de « contacts » personnels ou de « contacts » liés aux membres de l'équipe de recherche. L'existence de ce lien personnel facilite grandement le repérage. Dès le départ, il crée une relation entre le chercheur et le sujet et facilite l'engagement l'un envers l'autre.

Par ailleurs, l'échantillonnage s'est aussi fait par « boule de neige ». Chaque participant est sollicité pour suggérer deux ou trois noms de personnes qui ont vécu la même réorganisation. Autant que possible, on demande de fournir des noms de personnes pour qui la réorganisation a eu des conséquences différentes. Cela permet de faire ce que Bertaux appelle des « grappes » de récits de pratiques. Ces micro-regroupements permettent de mieux situer l'univers du récit à l'intérieur du cadre dans lequel l'action s'est déroulée. Les recoupements d'événements et la manière différente de les raconter sont révélateurs du sens que chaque acteur y donne.

§ 2. – la préparation des rencontres

Contrairement à ce que l'on peut penser, la collecte des données à partir de la méthode biographique ne se fait pas sans préparation. En effet, en présence de quelqu'un qui raconte son histoire, on peut bien penser qu'une écoute attentive suffit. Bien sûr, cette attitude est fondamentale. Cela dit, la qualité de cette écoute dépend aussi du suivi que l'on peut faire autour des propos du narrateur. La préparation du chercheur est nécessaire tout au long du processus. Dans les premiers entretiens, il faut parvenir à une certaine « maîtrise » personnelle et intellectuelle de la méthode.

Lorsque l'on entre en relation pour la première fois avec une personne qui est pressentie pour faire un entretien biographique, il faut savoir quoi dire. Il convient à la fois de se préparer mentalement et techniquement. Le chercheur se retrouve dans une situation de sollicitation dans laquelle il doit convaincre tout en faisant preuve de tact et de respect de l'autre. Cette première conversation est cruciale. Il faut être en mesure de répondre aux diverses questions susceptibles d'être posées à propos de la recherche et d'expliquer brièvement à son interlocuteur l'ensemble de la démarche (ex. modalités, enregistrement, confidentialité). Il convient d'écrire ce protocole, de s'assurer de bien le connaître avant de l'utiliser et d'y revenir avant chaque nouvelle demande. Il peut être utile d'avoir un document écrit qui présente brièvement la démarche de recherche. Ce document peut être utilisé pour convaincre la personne d'accepter et pour s'assurer qu'elle comprenne bien quelle sera la démarche. Dès que la personne accepte de participer, il faut planifier le rendez-vous qui suivra et s'assurer que la personne puisse vous joindre au besoin. Ce rendez-vous doit avoir lieu à l'endroit et selon la convenance du sujet. Une journée avant la date prévue, il est sage de confirmer le rendez-vous.

encadré 4.3.

premiers contacts téléphoniques

Présentation	Bonjour, mon nom est .... Je travaille au service de l'enseignement du Management à l'École des HEC en collaboration avec Madame L. Rouleau qui est professeur ici. Nous effectuons une recherche sur la transformation des pratiques de gestion dans le contexte des restructurations d'entreprise.
Références	J'ai obtenu votre nom par le biais de M/Mme X qui m'a dit que vous aviez..., etc.

Vérification	Faire parler la personne pour savoir s'il s'agit bel et bien d'une réorganisation.
Objet	Nous cherchons à comprendre les défis et les difficultés auxquels les gestionnaires font face dans le contexte des restructurations d'entreprise… Comme ce sont les gestionnaires qui sont au centre de ces restructurations, nous partons de leurs témoignages pour comprendre la dynamique organisationnelle qu'elles impliquent et les conséquences pour le métier de gestionnaire…
Parties de l'entretien	Nous recueillons des témoignages en profondeur sur cette question. Nous aimerions avoir la chance d'obtenir le vôtre… Nous abordons trois points : votre expérience de gestionnaire (passé), la restructuration que vous avez vécue (présent) et finalement l'avenir du métier (avenir).
Modalités	Pour éviter que l'on vous prenne trop de votre temps précieux, nous vous proposons de vous rencontrer 3 fois à raison d'environ une heure… Bien sûr, cela au moment et à l'endroit qui vous conviendront…
Confidentialité	Votre nom ne sera identifié nulle part… Les données seront traitées à partir des caractéristiques générales des répondants (fonction, âge, sexe, etc.).
Envoi de document	S'il y a lieu : je vous envoie un document qui résume le projet de recherche et qui contient une formule de consentement que vous devrez signer (voir les encadrés suivants).
Rendez-vous	Où et quand pouvons-nous nous rencontrer ?
Remerciement	Je vous remercie beaucoup et au plaisir de vous rencontrer…

Tout au long de la démarche de recherche, les gestionnaires contactés se sont généralement montrés désireux de participer à la démarche. Pour les convaincre plus facilement, une pochette documentaire portant la marque de l'institution était disponible. Elle comportait quatre documents : le résumé du projet (*cf.* encadré 4.4.), le formulaire de confidentialité (*cf.* encadré 4.5.), le *curriculum vitae* du chercheur principal et le *curriculum vitae* du chercheur-étudiant. Ce document était généralement présenté lors de la première rencontre. Malgré la bonne volonté des gestionnaires sollicités, il faut dire que la gestion des rendez-vous a parfois suscité des inconvénients. On le sait, les gestionnaires sont très occupés et manquent de temps. Il est donc arrivé fréquemment qu'ils remettent leur rendez-vous à plus tard. Dans ce cas, la compréhension et le tact des étudiants-chercheurs se sont avérés des attitudes fondamentales pour que les rencontres suivantes soient encore plus intéressantes. Par ailleurs, lorsque le gestionnaire remet son rendez-vous, il importe dans la mesure du possible, de prendre un nouveau rendez-vous tout de suite. Dans le cas contraire, commence une chaîne de messages par répondeurs interposés qu'il faut éviter. Il faut noter également que quelques récits n'ont pu être complétés pour diverses raisons. Même dans le cas où cela semble inévitable, il est, selon moi, indispensable de respecter la liberté de l'engagement dans la démarche de recherche.

encadré 4.4.

présentation du projet

Restructurations d'entreprise et transformation des pratiques de gestion

Les restructurations reposent à la fois sur des mesures qui visent la rationalisation et la flexibilisation des entreprises. D'une part, les mesures visant la rationalisation supposent que les gestionnaires impliqués dans des restructurations soient appelés à prendre des décisions draconiennes qui nécessitent le contrôle de la situation. D'autre part, rendre l'entreprise plus flexible demande que les gestionnaires favorisent l'autonomie des individus.

Autrement dit, ils sont, d'un côté, à la recherche de solutions pratiques alors que, de l'autre côté, ils sont attirés par de nouveaux modèles de gestion. Inquiets face à leur avenir, les gestionnaires qui vivent une restructuration d'entreprise se trouvent au centre de tensions contradictoires qui les amènent à se questionner sur l'efficacité et le bien-fondé de leurs pratiques. Ce projet met principalement l'accent sur les gestionnaires intermédiaires et, plutôt que de prendre part au débat sur leur possible disparition, il vise à comprendre comment leurs pratiques de gestion se transforment.

Jusqu'à maintenant, peu de travaux se sont intéressés aux restructurations d'entreprise en effectuant une réflexion en profondeur pour rendre compte des tensions qui caractérisent ces bouleversements. En général, les travaux qui portent sur les restructurations sont de deux types. Les uns ont pour objet de préciser quelle est la manière la plus efficace d'effectuer les changements nécessaires au maintien et à la survie de l'organisation. Les autres tentent de dégager quels sont les impacts des restructurations sur les « survivants ». Dans un cas comme dans l'autre, ces études cautionnent la vision traditionnelle du gestionnaire définie à partir de sa fonction de contrôle hiérarchique et envisagée comme une ressource de l'entreprise. Or, la complexité des situations exige que l'on s'adonne à des réflexions fondamentales sur ce que sont devenues les pratiques de gestion afin de fournir des points de repère quant aux fins de l'intervention des gestionnaires et quant à la transformation de leurs pratiques.

Dans cette optique, la démarche proposée a pour objet de répondre à la question suivante. « *En contexte de restructuration, comment se transforment les pratiques de gestion ?* » Entre autres, cette recherche a pour but de mieux comprendre comment les pratiques de gestion sont maintenues et transformées à travers des restructurations et de pouvoir comparer ces transformations selon le type d'entreprise (privée, publique et associative).

La collecte des données s'effectue à partir de récits de pratiques auprès de gestionnaires ayant vécu des restructurations d'entreprise. Le récit de vie occupationnelle prend forme par le biais d'entretiens semi-structurés où, à partir d'une restructuration d'entreprise, le gestionnaire est amené à se raconter pour se faire le témoin de sa réalité ainsi que celle de ses pairs. Le projet est d'une durée de trois ans. Au total, 75 de ces récits seront effectués auprès de gestionnaires œuvrant dans différents types d'entreprises – privée (25), publique (25) et associative (25). Les données recueillies seront compilées à l'aide d'un logiciel d'analyse qualitative (*NUD*IST*).

En ce qui a trait à la diffusion des résultats, un rapport global rassemblant les principaux résultats de l'étude du contenu des entretiens sera diffusé. L'organisme subventionnaire (FCAR) recevra une copie de ce rapport. Il est à noter que l'équipe de recherche s'assurera de la confidentialité.

encadré 4.5.

formulaire de consentement

Entente quant à la participation à une recherche sur la transformation des pratiques de gestion dans les entreprises en restructuration

Je soussigné(e) ________________ consens librement à participer à la recherche intitulée : *Restructurations d'entreprise et transformation des pratiques de gestion.*

Les principaux éléments de la démarche de recherche sont les suivants :

1. La recherche a pour objet de mettre en lumière les processus qui contribuent à la transformation des pratiques de gestion dans les entreprises en restructuration.
2. La collecte des données est réalisée sous forme de récits de pratiques nécessitant 2 à 3 rencontres d'une durée d'environ 60 minutes.
3. Les entretiens se déroulent en fonction des disponibilités de la personne sollicitée et ont lieu à l'endroit de son choix.
4. Les entretiens portent respectivement sur les thèmes suivants :
   a) cheminement comme gestionnaire ;
   b) période de restructuration : c) réflexions autour de l'avenir du travail de gestionnaire.
5. Chaque personne sollicitée peut remettre en question sa participation en tout temps, sans avoir à fournir de raison.
6. La participation à cette recherche fournira l'occasion de réfléchir, de façon individuelle et en toute discrétion, au rôle joué dans la restructuration de l'entreprise et aux conséquences de ces changements sur le travail de gestionnaire.
7. Il n'y a aucun risque lié à la participation à la recherche d'autant plus que la confidentialité du témoignage est assurée.
8. En ce qui concerne l'anonymat des participants(tes) et le caractère confidentiel des témoignages fournis, les mesures suivantes sont prévues :
   a) les noms des participants(tes) ne paraîtront sur aucun rapport ;
   b) un nom fictif sera utilisé dans les divers documents de travail liés à la recherche. Seule la personne recueillant les

entretiens ainsi que la personne responsable du projet auront accès à la liste des noms fictifs et des noms des personnes qui auront accordé un entretien ;

c) en aucun cas, des informations relatives au témoignage individuel des participants(tes) ne seront communiquées à qui que ce soit.

9. En ce qui a trait à la diffusion des résultats, un rapport global rassemblant les principaux résultats de l'étude du contenu des récits de pratique réalisés sera rédigé en vue d'être remis à l'organisme subventionnaire. Les personnes désireuses de consulter ce rapport pourront s'adresser à la personne responsable de la recherche. Une part du matériel de recherche contenu dans ce rapport servira à la rédaction d'articles dans des revues scientifiques.

10. Cette recherche est supervisée par Madame Linda Rouleau, Professeur de Stratégie à l'École des Hautes Études Commerciale (HEC) à qui toute plainte ou critique pourra être adressée au (514) 340-5669.

Lue et signée le ________ e jour du mois de ________ en l'année ________.

Plus important encore, il faut prévoir le type d'entretiens et la manière dont ils se dérouleront (Demers, Chapitre 5). L'entretien biographique est, par essence, semi-structuré dans la mesure où il repose sur les étapes clés de l'histoire de la personne. Outre quelques indications de départ à partir desquelles le chercheur demande de raconter une tranche de son histoire, il est préférable de laisser la personne libre d'organiser son discours comme elle l'entend. Cependant, il faut prévoir différents sous-thèmes pertinents pour relancer son interlocuteur si besoin est. En général, il est d'usage de rencontrer le narrateur à plusieurs reprises. D'une part, cela permet d'établir une relation plus profonde avec l'autre ce dont dépend la richesse des données que l'on ramasse. D'autre part, la personne qui se raconte a la possibilité de réfléchir et de se préparer pour un prochain entretien. Quant au chercheur, cela lui donne la possibilité de revenir sur certains points restés obscurs. En général, les rencontres ont une durée qui varie d'une heure trente à deux heures. Plus que cela, le sujet s'épuise ou finit par avoir l'impression qu'il n'a plus rien à dire. Or, il faut plutôt nourrir le besoin de tout être humain de se dire à l'autre.

Les récits de vie occupationnelle qui sont effectués dans le cadre de cette recherche prennent la forme d'entretiens individuels semi-directifs où, à partir d'une trame événementielle particulière, en l'occurrence la réorganisation de son entreprise, le gestionnaire est amené à se raconter pour se faire le témoin de cette transformation. Les récits de pratiques comportent trois moments privilégiés dans lesquels se raconte le gestionnaire qui accepte de participer à la recherche. Dès le départ, le gestionnaire sait quel sera l'objet de chacune des rencontres, ce qui lui permet d'organiser ses propos tout en se laissant porter, au moment opportun, par les thématiques de l'entretien.

Dans la première rencontre, le gestionnaire fait le récit de son parcours d'emploi. Cette rencontre permet de rappeler le passé tout en fournissant un ensemble d'éléments d'interprétation de la réalité. La deuxième rencontre est entièrement consacrée au récit de la réorganisation comme telle. Quant à la troisième rencontre, elle porte principalement sur la projection de fin de carrière, soit sur son avenir et celui de ses pairs. L'encadré 4.6. ci-après présente le canevas d'entretien ayant servi à la réalisation des récits de pratiques effectués. Il faut bien comprendre qu'outre les grands thèmes autour desquels est organisé chaque rencontre, on retrouve des sous-thèmes qui sont des points de repère destinés à relancer le gestionnaire qui se raconte.

encadré 4.6.

grille d'entretien

1re rencontre : (Le Passé)	**2e rencontre : Restructuration (Le présent)**	**3e rencontre : Les pratiques de gestion (L'avenir)**
Rappel du projet But de la rencontre	Rappel du projet But de la rencontre	Rappel du projet But de la rencontre
1er axe : premier poste de gestion	*1er axe : antécédents de la restructuration*	*1er axe : le métier de gestionnaire*
COMMENT AVEZ-VOUS DÉBUTÉ VOTRE CARRIÈRE DE GESTIONNAIRE ?	COMMENT AVEZ-VOUS APPRIS QU'IL Y AURAIT UNE RESTRUCTURATION ?	QU'EST-CE QUE C'EST QU'ÊTRE GESTIONNAIRE ?
Antécédents familiaux Antécédents sociaux Choix professionnel relié ou non Pourquoi être devenu gestionnaire ? Premières années d'expérience	Diffusion de l'information Discussion avec d'autres Actions et gestes posés	Sens donné à l'acte de gestion Plus difficile ? Plus valorisant ? Principes de gestion

2ᵉ axe : les autres postes de gestion	*2ᵉ axe : participation à la restructuration*	*2ᵉ axe : changements vécus en carrière*
ET PUIS APRÈS ?	QUELS RÔLES AVEZ-VOUS JOUÉ DANS CETTE RESTRUCTURATION ?	À PARTIR DE VOTRE EXPÉRIENCE EN GESTION, QU'EST-CE QUI A LE PLUS CHANGÉ DANS LE RÔLE DE GESTIONNAIRE ?
Description de chacun des postes de gestion occupé Contexte des changements Motivations, Personnes-clés, etc.	Planification et/ou mise en œuvre Faits marquants Défis et limites Réactions Un succès/un échec Et si c'était à refaire…	Défis et limites Support et outils À faire autrement
3ᵉ axe : le poste occupé actuellement	*3ᵉ axe : conséquences*	*3ᵉ axe : le gestionnaire de demain*
COMMENT EN ÊTES-VOUS VENU À OCCUPER CE POSTE ?	QUELLES SONT LES CONSÉQUENCES DE CETTE RESTRUCTURATION ?	QUELLES CARACTÉRISTIQUES DEVRAIT AVOIR LE GESTIONNAIRE DE DEMAIN ?
Description (une journée type) Défis et limites Un succès/un échec	Pour l'entreprise Pour vos collègues immédiats Pour vous	Pour l'entreprise Pour lui-même Défis et limites Conseils pour un nouveau
BREF, QUEL TYPE DE GESTIONNAIRE ÊTES-VOUS ?	**BREF, QUELLE ÉVALUATION FAITES-VOUS DE LA RESTRUCTURATION ?**	**BREF, COMMENT SE TRANSFORMENT LES PRATIQUES DE GESTION ?**
Appréciation de l'entretien Remerciement Objet de la 2ᵉ rencontre Prochain rendez-vous	Appréciation de l'entretien Remerciement Objet de la 3ᵉ rencontre Prochain rendez-vous	Appréciation de l'entretien Retour sur l'expérience Remerciement Suites du projet

Par ailleurs, le chercheur doit être dans les meilleures conditions possibles pour effectuer la conduite d'un entretien. Celui-ci devrait se dérouler comme une conversation. La personne qui se raconte doit très vite se passionner par ce qu'elle dit et finir par oublier qu'elle est enregistrée. L'attitude corporelle et verbale du chercheur est fondamentale. Il doit interagir avec son interlocuteur à partir de mots simples et savoir le relancer au moment opportun. Peu importe le degré d'expérience que l'on a dans la conduite d'entrevues, il est bon de se rafraîchir la mémoire sur les trucs et les techniques qui en facilitent la conduite. En général, plus on en fait, plus on devient habile. Les entretiens ne se déroulent pas nécessairement comme prévu, c'est la responsabilité du chercheur de faire en sorte que l'inattendu ne vienne pas perturber la relation de confiance qui est en train de s'établir.

§ 3. - la relation narrataire/narrateur

La question des liens entre le chercheur et la personne qui se raconte dans les entretiens biographiques est un problème grandement débattu dans les écrits portant sur cette méthode. Dans la collecte des données, le chercheur doit être attentif à la manière dont il noue des liens avec les personnes qui se racontent. Il doit constamment être à l'affût de la façon dont l'intention de connaissance du chercheur oriente le témoignage de son interlocuteur. Si cette préoccupation méthodologique est reconnue par plusieurs, elle demeure néanmoins difficile à mettre en pratique. Pourtant, c'est le statut épistémologique du sujet et théorique des connaissances produites à partir de la méthode biographique qui est en jeu dans la mise en œuvre des liens entre le narrataire et le narrateur.

En général, cette relation varie en fonction des étapes de la recherche. Lorsque le travail d'enquête débute, il est plus facile pour le chercheur de laisser, plus ou moins consciemment, une grande place à son interlocuteur. Il est dans une phase d'exploration et, par conséquent, tout ce que l'autre peut dire l'intéresse. À partir du moment, où se dégagent des pistes de réflexion, celui-ci cherche à « tester » auprès de son interlocuteur ses intuitions analytiques. Il est dans une étape où la collecte de données s'entremêle parfois à l'analyse. Enfin, lorsque le chercheur atteint un certain niveau de saturation d'information lors de la réalisation des récits, il a tendance à orienter davantage le déroulement de l'entrevue en fonction de la vision qu'il est en train de construire.

Dans l'enquête que je mène à partir des récits de pratiques, je considère que ceux-ci sont le résultat d'une co-construction entre le narrataire et le narrateur (4). Je reconnais bien sûr que l'apport de chacun est différent. Toutefois, l'articulation narrative ne peut avoir lieu sans la participation de l'un et de l'autre. « Faire dire » et « dire » sont deux actes qui s'enchevêtrent dans la production narrative. Bien que l'un puisse, au

(4) Cela à la suite de Pineau (G.) et Le Grand (J.L.) (1999 : 116).

premier abord, s'avérer plus facile que l'autre, il n'en demeure pas moins que l'écoute et la structuration volontaire du discours de l'autre constitue une prise de parole qui est loin d'être simple. Je suis, par ailleurs, convaincue que c'est dans la « chimie » qui se crée lors de la rencontre des deux personnes que réside la profondeur et l'intérêt du récit narratif qu'ils composent.

Dans mes travaux de recherche, la relation narrataire/narrateur se trouve complexifiée par la variation des narrataires. Une large part des récits est effectuée par des assistants de recherche qui sont en formation de deuxième cycle (Maîtrise (5)). Le choix de ces assistants constitue un des actes « de recherche » les plus importants de la démarche. Pour chacun des secteurs, privé, public et communautaire, j'ai choisi des assistants dont les caractéristiques et les intérêts sont susceptibles de correspondre aux caractéristiques et aux intérêts que l'on retrouve chez les personnes à rencontrer. Dans le secteur privé, les entrevues ont été réalisées par un étudiant ayant une expérience professionnelle de gestion. Dans le secteur public, les entretiens ont été principalement menés par un étudiant dont l'expérience des organisations se situe principalement dans des entreprises publiques. Dans le secteur communautaire, les entretiens sont menés par une étudiante dont le mémoire porte sur des entreprises de ce secteur et qui est elle-même impliquée dans le milieu.

Par ailleurs, les interactions entre le narrataire et le narrateur sont marquées des usages de codes sociaux et conversationnels. Sur le plan des codes sociaux, le type de rapport qui s'établit dès la première rencontre entre le chercheur et le sujet sont fondamentaux dans l'ensemble de la démarche. La relation affective qui se construit entre les deux personnes est au cœur même de la méthode biographique. Certaines personnes se confient plus facilement lorsqu'elles retrouvent chez l'autre des affinités de statut, de genre, d'autorité, etc. Sur le plan conversationnel, le narrateur est au préalable fortement désireux de répondre aux attentes du narrataire qu'il décode au fil des rencontres. En même temps que cette désirabilité doit être contrôlée par le narrataire au moyen des techniques d'entretien, elle doit être encouragée par la reconnaissance commune du langage de l'autre. Autrement dit, le narrataire doit sentir que ce qu'il dit « parle » vraiment à son interlocuteur. Sinon, l'interaction risque de devenir instrumentale.

---

(5) La Maîtrise au Québec correspond à un DEA en France.

Malgré son importance fondamentale, la relation narrataire/narrateur demeure difficilement contrôlable. Dans ce contexte, le cahier de notes d'observation est fondamental (*cf.* encadré 4.7.). Dès le premier appel téléphonique et jusqu'à la dernière rencontre, il est utile de pouvoir consigner sur papier toutes les informations qui peuvent s'avérer pertinentes dans la poursuite de la démarche. Ce procédé comporte de multiples avantages : il permet une compilation rigoureuse des événements entourant les rencontres, il offre des moments privilégiés pour débuter l'analyse des données et il invite le chercheur à se raconter lui-même. En fait, le cahier de notes permet de se rendre compte des liens entre la qualité des entretiens et celle de la relation établie.

encadré 4.7.

notes d'observation

Dans un cahier, inscrire les notes suivantes lors de chaque entretien...

Accueil
Réactions à l'introduction (avant l'enregistrement)
Réactions à la sortie (après l'enregistrement)

Description du climat général de la rencontre
Description des émotions de la personne qui se raconte
Description de vos sentiments lors de la rencontre

Commentaires généraux sur l'entretien
Réflexions et constats par rapport au projet de recherche
Questions ou éléments à vérifier lors de la prochaine rencontre

Afin de pallier le fait que les chercheurs-étudiants veulent se montrer le plus performant possible, une fois que je me suis assurée de la manière dont ils font leur cahier de notes, je leur demande de me le remettre seulement à la fin de la démarche. Il arrive aussi que j'enregistre les rencontres de mise à jour de l'activité des assistants dans le but de mettre en perspective, ultérieurement, leurs propos et ceux tenus au même moment dans leur cahier. Malgré le fait que les trois assistants aient reçu la même formation et utilisent les mêmes outils et le même protocole, je peux voir des différences entre les types d'entretiens réalisés. L'un a mis plus l'accent sur l'écoute et la dimension psychologique du répondant ressort avec plus d'acuité pendant que l'autre a fait davantage ressortir la dimension « pratiques de gestion ». Quant aux entretiens réalisés par l'étudiante, ils sont axés sur le changement, l'avenir et ils dénotent le ton de la confidence et de la complicité.

§ 4. - les aspects techniques de la collecte des données

Procéder à une enquête de terrain à partir de la méthode biographique exige beaucoup de rigueur dans la gestion du processus et des données recueillies. En effet, non seulement faut-il assurer la gestion de l'agenda des rencontres mais il faut aussi se donner des consignes pour gérer le grand nombre de données qui s'accumulent rapidement. La gestion des aspects techniques de la collecte des données comporte trois dimensions : la gestion des équipements, la gestion des données et la gestion des documents.

Quoique non indispensable, le magnétophone constitue l'outil principal du chercheur qui a recours à la méthode biographique. Le choix de recourir ou non à l'appareil dépend des objectifs de la recherche et de la population visée. Parmi les caractéristiques importantes, la fiabilité du magnétophone vient au premier rang. Dans la recherche que je mène auprès de gestionnaires ayant vécu des réorganisations, les magnétophones utilisés sont d'une puissance normale et sont simples de fonctionnement (SONY, modèle BM23). Pour limiter l'effet de la présence du magnétophone, j'ai choisi des cassettes qui offrent une possibilité d'enregistrement de 90 minutes. Bien que la plupart des appareils possèdent un microphone intégré, il est préférable de se procurer un microphone d'appoint qui augmente généralement la qualité des enregistrements. Les entretiens peuvent parfois se dérouler dans des endroits bruyants (ex. restaurant), il faut s'assurer que les capacités audio des équipements conviennent au contexte dans lequel se déroulent les entretiens. En règle générale, je préfère un équipement simple qui ne me cause aucun problème lors d'une rencontre qu'un équipement plus sophistiqué dont l'utilisation est complexe. Avant chaque rencontre, la consigne est de vérifier le matériel (magnétophone, piles, nombre suffisant de cassettes). De plus, il faut gérer l'utilisation du magnétophone pendant l'entretien (si l'interlocuteur demande de l'arrêter ou ne parvient pas à l'oublier, etc.).

Le téléphone et le dictaphone constituent des équipements périphériques qui facilitent la démarche biographique. Il est nécessaire de pouvoir facilement être joint par les personnes sollicitées qui peuvent annuler un rendez-vous peu de temps avant qu'il ait lieu. Même s'il est toujours préférable d'être joint de vive voix, un service de boîte vocale est de mise lorsque ce n'est pas possible. Dans ce cas, il faut aussi s'assurer que l'on puisse vérifier régulièrement ses appels. Quant au dictaphone, il facilite grandement la retranscription des données (j'utilise le modèle BM77T). Quoique non indispensable, l'utilisation de cet appareil permet d'éviter les manipulations fastidieuses qui, empêchent parfois de saisir fidèlement toutes les syllabes des mots et, à long terme, détériorent le magnétophone.

La gestion des données d'entretien demande aussi de la rigueur pour faciliter le bon déroulement de la recherche. D'abord, il faut être en mesure de retrouver facilement le matériel sur lequel on désire travailler. Pour ce faire, je recommande de tenir à jour un registre d'entretiens réalisés. Pour faciliter le suivi de la recherche, une fiche signalétique du narrateur est remplie lorsque les trois rencontres sont effectuées (*cf.* encadré 4.8.). Ensuite, il faut s'assurer de mettre en application les consignes de confidentialité que l'on fournit aux informateurs. Par exemple, sur chaque cassette enregistrée, un code est indiqué : secteur – n° du répondant – n° de la cassette (ex. PR-01-A : privé, premier gestionnaire rencontré, cassette de la première rencontre). Finalement, on ne peut pas se permettre de perdre une part de l'information recueillie. Lorsque des informations sont effacées ou perdues, il est souvent impossible de les récupérer. Autant que faire se peut, il convient de faire une copie des enregistrements et de les déposer à des endroits différents. Lorsque l'on effectue les récits de pratiques, il arrive que l'exercice donne lieu à l'accumulation de différents documents qui permettent d'enrichir les informations autour du narrateur. Il peut s'agir de documents qu'il fournit lui-même ou d'articles de journaux pertinents qui, au hasard, nous tombent sous la main. Ces données secondaires peuvent être d'une grande utilité lors de l'analyse des récits. Il convient de s'assurer que chaque répondant possède un dossier. Une chemise portant le code du répondant (ex. PR-01) est ouverte dès la première rencontre. Elle contient le formulaire de confidentialité, la fiche du répondant et différents éléments qui informent sur le gestionnaire en question (ex. dossier d'entreprise, plan de communication lors de la réorganisation, articles de journaux, etc.).

encadré 4.8.

fiche signalétique du narrateur (PR-1,2, 3...)

N° de la cassette	N° du *verbatim* :	Nom du narrataire :
IDENTIFICATION		
Nom fictif du narrateur :	Nom de l'entreprise :	Référé par :
	Secteur d'activité :	Fonction(s) occupée(s) avant d'être gestionnaire :
Fonction :	Nombre d'années d'expérience en gestion :	
Numéro de téléphone :	Numéro de fax :	Adresse E-Mail :
Type de restructuration :		
DONNÉES BIOGRAPHIQUES		
Sexe :	Âge :	Origine ethnique :
Type de formation et niveau de scolarité :		
RÉSUMÉ DES ENTRETIENS		
Date des entretiens : Entretien n° 1 : Entretien n° 2 : Entretien n° 3 :		
Entretien n° 1 : À propos de la trajectoire professionnelle		
Entretien n° 2 : À propos de la restructuration		
Entretien n° 3 : À propos du métier de gestionnaire et de l'avenir		
COMMENTAIRES		
Évaluation personnelle des entretiens :		
Les principaux éléments à retenir :		

§ 5. – la validité des données

La question qui se pose lorsqu'on parle de validité des données recueillies à partir de la méthode biographique consiste à s'interroger sur la valeur que l'on peut accorder au témoignage d'une personne qui se raconte. Tous les gens n'ont pas forcément la même aptitude à se faire l'analyste d'événements caractérisant les sociétés contemporaines. Tous les gens n'ont pas non plus une connaissance profonde d'eux-mêmes. En demandant à quelqu'un de se raconter, on risque de donner rapidement à ses propos un statut de connaissance. La conception de l'autre comme acteur plus ou moins compétent est fondamentale pour réfléchir à la question de la validité des données biographiques. En effet, si l'on accorde au récit de quelqu'un une valeur heuristique en elle-même ou si on considère que la connaissance vraie ne peut que venir du regard de l'analyste qui commente un récit, le problème de la validité doit être abordé différemment. Dans le premier cas, la réflexion du chercheur est brève alors que dans le second cas, elle doit faire l'objet d'un travail rigoureux.

Ce travail rigoureux peut être réalisé à diverses étapes de la collecte des données. Le chercheur peut décider d'être extrêmement sélectif dans le choix des individus à rencontrer pour limiter les distorsions narratives dans le récit de ses interlocuteurs. Lors de la collecte des récits, il peut augmenter la validité des données de deux manières en fonction des objectifs de la recherche : par le biais de la variété des sujets ou par la possibilité de croiser les discours. La question de la variété permet d'offrir une vaste gamme de possibilités et évite d'avoir des points de repère uniques. Par ailleurs, en essayant d'avoir des individus qui ont des liens entre eux, cela permet de recueillir l'ensemble des informations sur un même événement (ex. les membres d'une même famille). Dans le même ordre d'idées, on peut aussi songer à compléter l'information issue du récit de vie par d'autres types de données (ex. articles de journaux, journal d'entreprise, etc.).

En ce qui concerne l'analyse des données, le chercheur doit se donner les moyens de réfléchir sur ce qui, dans le discours de son interlocuteur, semble rationalisé ou non, sur ce qui est perceptible et aussi sur ce qui l'est moins, sur ce qui est communicable ou non dans un entretien. Autrement dit, il s'agit de se poser des questions sur le discours de l'autre pour tenter de comprendre pourquoi il évite tel sujet et met l'accent sur tel autre. En plus de contribuer à augmenter la validité des données, les hypothèses que le chercheur fait à cet égard sont également susceptibles d'être théoriquement porteuses. S'il a la possibilité de vérifier ces propositions avec le principal intéressé, c'est encore mieux. Toutefois, il faut bien comprendre que la recherche de validité dans la méthode biographique n'a aucunement pour but d'augmenter le pouvoir de généralisation des résultats de la démarche. Elle vise plutôt ce que l'on appelle la validité interne en renforçant la consistance des données recueillies et analysées.

Dans mes travaux de recherche, la question de la validité prend son importance dans le fait que je cherche à saisir un mouvement général qui, par le biais des restructurations, s'insinue et se dégage dans le quotidien des gestionnaires que je considère comme étant des acteurs socialement compétents. Bien que je n'aie aucunement la prétention de contrôler entièrement la validité des données recueillies, plusieurs mesures sont mises en place en ce sens. Par exemple, la variation des positions est à la base de la démarche exploratoire que j'effectue : les gestionnaires proviennent de trois secteurs d'activités et appartiennent à différents univers de travail. Afin d'avoir une vision contextuelle des récits, ceux-ci sont effectués par grappes autour d'une même restructuration. De plus, je consulte et ramasse les documents pertinents qui sont liés aux récits. Dans la mesure du possible, une part des résultats est retournée et, le cas échéant, discutés avec les participants (ex. documents écrits en cours de route, rapports partiels pour ceux qui en font la demande). Ces communications ultérieures permettent de nuancer les propos des participants et l'interprétation qui en est faite. Les journaux de bord réalisés lors de la collecte des récits permettent également de prendre du recul vis-à-vis de leur réalisation et, particulièrement, vis-à-vis de la dimension subjective qu'ils impliquent chez la personne qui se raconte.

section IV
l'analyse des récits de pratiques

Tous les auteurs en conviennent, la méthode biographique a fait couler beaucoup d'encre. Cependant, si on a produit un grand nombre de discours autour des fonctions et de la démarche de collecte des données, les écrits portant sur l'analyse des données biographiques sont moins nombreux (Demazière et Dubar, 1997 ; Poirier et *al.*, 1983 : Lieblich et *al.*, 1998). Cela est encore plus vrai en sciences de gestion. Pourtant, la richesse de ce matériau vient du travail d'interprétation que l'on peut en faire. Malgré les multiples possibilités, l'analyse des données biographiques comporte quatre dimensions essentielles : la retranscription, le découpage des niveaux de signification, la mise en commun des récits et leur mise en forme.

§ 1. - la retranscription

La première étape d'analyse consiste à se familiariser et à s'approprier les données en mettant sur papier le *verbatim* des rencontres. Dans le meilleur des cas, la retranscription peut se faire en même temps que se déroulent les rencontres. Cela permet d'apprivoiser les données et d'être en mesure de repérer l'information manquante qui peut alors être récupérée lors de la prochaine rencontre. De plus, l'exercice permet de se rendre compte des erreurs que l'on fait dans le cours d'un entretien. Si c'est possible, il est préférable de faire cet exercice soi-même. S'il faut confier cette tâche à quelqu'un d'autre, on doit établir des consignes claires concernant les règles de saisie du texte. Dans ce cas, il semble souhaitable de recourir aux services de la même personne et, en cours de route, de vérifier le travail fait. De plus, lorsqu'un *verbatim* est complété, il faut généralement écouter la cassette en lisant le texte pour voir si les deux versions correspondent. Lorsque le travail n'est pas effectué par la personne qui a réalisé l'entretien, des distorsions dans le sens se produisent régulièrement.

La décision cruciale à prendre lors de cette étape concerne le degré de précision que doit avoir la retranscription. Doit-on tout retranscrire au mot près ? Doit-on signaler les silences, les répétitions, les soupirs, les rires, les hésitations ? Doit-on tenir compte du langage non verbal (haussement d'épaules, clins d'œil, gestes de familiarité, etc.) ? Doit-on transformer le langage parlé en langage écrit pour faciliter la compréhension du texte ? Doit-on retranscrire uniquement les sections d'entretien qui nous semblent pertinentes pour la recherche ? La réponse à l'ensemble de ces questions dépend, en premier lieu, des objectifs de la recherche. En général, plus on conserve l'authenticité du langage parlé lors de l'enregistrement du récit, plus la lecture en est complexe. Pour favoriser le passage de l'oralité à l'écriture, il convient d'établir clairement les règles que l'on se donne et les étapes de traduction que l'on effectue sur le matériel parlé lors de la retranscription pour pouvoir utiliser un récit compréhensible au plus près possible des intentions de l'auteur. Il importe d'identifier clairement ces règles car elles participent à la structuration des récits. En aucun cas, elles ne doivent être laissées au hasard ou à la discrétion d'une autre personne.

encadré 4.9.

quelques règles de retranscription

- Un fichier par entretien [A (1er entretien) ; B (2e entretien) ; C (3e entretien)].
- Indiquez le n° de la cassette [PR-01 (A, B ou C)] dans l'en-tête de chaque page.
- Séparez les questions des réponses.
- Laissez une marge d'environ 4 centimètres.
- Indiquez les silences, les hésitations, les reprises ou autres comme suit [...].
- Lorsque vous ne comprenez pas, utilisez les ? ? ? ?.
- Respectez l'ordre des mots du narrateur.
- Retranscrivez en fonction des règles d'écriture et non des sons.

Jusqu'à maintenant, soixante récits de pratiques ont été effectués auprès de gestionnaires ayant vécu des restructurations d'entreprise. Chaque gestionnaire a été rencontré au moins trois fois. Les entretiens ont une durée variant d'une heure à deux heures trente. Au total, cela fait près de 300 heures d'entretiens. Inutile de signaler l'ampleur de la tâche et les coûts afférents à la retranscription (selon mon expérience, une heure d'entretien nécessite environ six heures de travail de retranscription et donne de 25 à 30 pages de *verbatim* à double interligne). J'ai donc décidé de procéder de deux manières pour la retranscription des *verbatim*.

D'une part, je favorise la retranscription intégrale des *verbatim* résultant des meilleurs entretiens (une quinzaine). Il s'agit de rester le plus près possible des propos du narrateur. Lors de l'écoute finale, les derniers ajustements sont faits pour favoriser la lecture continue du texte. Ce dernier conserve la forme de l'entretien. D'autre part, je procède à l'écriture de cas d'une dizaine de pages pour chaque gestionnaire rencontré. Ces cas ont pour but de faire la synthèse de la narration de l'auteur autour des trois thèmes abordés tout en mettant en évidence les propos clés de chaque gestionnaire. Je demande aux assistants qui ont effectué les entretiens de résumer le discours de leur interlocuteur et d'intégrer les citations du narrateur qui sont fondamentales pour comprendre les transformations du contrôle et de l'identité que les gestionnaires vivent en contexte de restructuration. Je revois, par la suite, chacun des cas en écoutant les cassettes. Cela permet d'ajouter ou d'enlever du matériel et d'uniformiser les cas.

§ 2. - l'analyse des données

La méthode biographique fournit des informations qui relèvent de différents niveaux de réalité. Chaque récit comporte une trame événementielle spécifique ayant une réalité objective (ex. les différents postes occupés en cours de carrière, changements de direction, conjoncture économique, etc.). Toutefois, la majeure partie des récits met en évidence des informations de nature subjective relevant de l'expérience réinterprétée de la personne qui se raconte. De plus, le récit constitue aussi une réalité discursive qui prend forme dans l'entretien et fait en sorte que le narrateur face au narrataire choisit de raconter ou de ne pas raconter tel événement plutôt que tel autre. Les récits constituent des mises en forme spontanées dans lesquelles ces différents niveaux de réalité s'entremêlent. Leur repérage et la manière dont le récit en est constitué peuvent s'avérer une voie privilégiée d'analyse de données biographiques.

Toutefois, retracer des parcours biographiques, mettre en mots le vécu d'individu, repérer des zones grises dans le discours construit n'est pas toujours suffisant. Pour aller plus loin dans l'analyse des données biographiques sans en dénaturer le sens, les différents moyens que propose l'analyse de contenu peuvent être d'une grande utilité. L'analyse de contenu peut prendre différentes formes. Elle peut faire appel à une réflexion de nature qualitative et/ou engager le chercheur dans des opérations de calcul et d'inventaires (pourcentage, moyenne, corrélation). De plus, elle offre différents chemins (biogrammes, analyse thématique, matrices d'événements, élaboration de profils, constitution de mots-clés, analyse structurale, etc.). L'analyse de contenu permet facilement de dégager les noyaux de sens et les catégories d'action autour desquelles sont structurés les récits. Pour faciliter le traitement des données biographiques, il peut être pertinent de consulter des ouvrages généraux sur l'analyse de contenu afin d'être à la fois créatif et rigoureux dans le traitement des données (Miles et Huberman, 1984/*1991*).

L'analyse des récits de pratiques de gestionnaires ayant vécu une restructuration comporte deux moments privilégiés.

D'un côté, il s'agit de faire une analyse systématique de chaque récit. Cette étape comporte les opérations suivantes :

1. D'abord, un regard objectif est posé sur chaque récit en identifiant les variables structurelles du récit (autour du gestionnaire, du type de réorganisation et des conséquences).

2. Il s'agit ensuite d'examiner de plus près la nature des transformations qui ont été mises en place en repérant leur impact sur la manière dont le gestionnaire se représente et exerce le contrôle.

3. Puis, une autre lecture du récit consiste à identifier les sections du récit qui renvoient à la dimension identitaire (identité individuelle, professionnelle et collective).

4. Également, on effectue le repérage des contradictions discursives qui témoignent du positionnement et de l'expression identitaires du narrateur par rapport au narrataire en cours d'entretien.

5. Enfin, une dernière lecture consiste à s'interroger sur le non-dit de l'entretien.

De l'autre côté, le résultat de ces analyses est confronté à d'autres regards. Dans un premier temps, il y a triangulation des informations avec les documents accumulés autour des récits et les récits appartenant à la même grappe. Dans un deuxième temps, le résultat des lectures systématiques est confronté et discuté avec d'autres personnes (chercheur principal, narrataire, chercheur externe). Ces multiples lectures sont réalisées tant à partir des *verbatim* que des récits mis en forme de cas. De plus, ces multiples lectures sont l'occasion de classer et de codifier les données. Cette opération se fait à l'aide du logiciel d'analyse qualitative *N'Vivo 1.1*© (6).

Lors de l'analyse des données biographiques, ce qu'il ne faut surtout pas perdre de vue, c'est que chaque récit comporte sa propre histoire, sa propre vision du monde et doit être analysé en lui-même. La richesse d'un récit n'est pas nécessairement apparente au premier abord. Elle nécessite une réflexion en profondeur, le développement d'un regard particulier qui se construit au fil des multiples lectures que l'on fait du récit de l'autre. L'analyse des données biographiques, c'est l'étape

(6) Il s'agit de la nouvelle version de NU*DIST.

ultime de la rencontre entre le narrataire et le narrateur, c'est l'étape ultime de la co-construction du récit. Celle-ci nécessite à la fois de l'ouverture et de la rigueur, de l'imagination et de l'analyse. Le succès et la richesse de cette étape dépendent de la capacité du chercheur à faire cohabiter ces attitudes dans le but ultime de comprendre l'autre. Évidemment, cette compréhension est largement tributaire de ce qu'il est, de ce qu'il cherche. Cela dit, le chercheur peut se donner plusieurs moyens (subjectifs, manuels ou techniques) pour favoriser l'éclosion de ces attitudes dans les différentes lectures qu'il fait des récits recueillis.

§ 3. - la mise en commun des récits

Lorsque l'utilisation de la méthode biographique comporte plusieurs récits, une fois l'analyse de chaque récit complétée, une analyse transversale, voire comparative, s'avère nécessaire. Celle-ci permet de mettre en perspective chacun des récits par rapport aux autres. Le récit perd son autonomie pour s'inscrire dans un discours global dont il convient alors de repérer les récurrences. Cette mise en commun peut prendre deux formes selon que l'on désire faire le « croisement » ou la « sommation » des récits. Lorsque les récits sont réalisés au sein d'un groupe de personnes qui ont vécu les mêmes événements (ex. un village, une entreprise, une association, etc.), il peut être pertinent de « croiser » l'information issue de chacun des récits. Dans ce cas, la mise en commun des récits vise à voir en quoi l'information se recoupe. Il s'agit donc de comparer et de confronter le discours de chacun aux différents thèmes retenus. Lorsque les récits sont recueillis auprès d'une population hétérogène, on peut procéder au cumul des informations pour tenter d'en dégager la consistance. Dans ce cas, on procède à l'agrégation des données dans le but de dégager un noyau central d'interprétation autour des différents thèmes.

Pour le chercheur, cette étape de mise en commun est un des moments privilégiés de la recherche parce qu'elle permet de dégager des interprétations, de faire naître des modèles d'analyse, de vérifier des intuitions de départ, etc. Bien que les réflexions du chercheur se construisent au fur et à mesure que se déroulent les entretiens biographiques, la mise en commun des récits permet de dégager un fil conducteur pouvant rendre compte de l'ensemble des données biographiques recueillies. La réflexion doit se faire en n'oubliant pas de confronter les constats qui se dégagent des cas d'exception. Il faut être en mesure de faire ressortir les éléments communs des récits tout en ne sacrifiant pas les variations individuelles. Cette démarche permet de faire le va-et-vient continuel entre le caractère collectif de l'analyse tout en préservant la spécificité de chaque récit. Cet aller et retour entre le commun et le spécifique des récits peut s'avérer porteur de nouvelles idées. Cette étape de l'analyse demande au chercheur une grande ouverture et de la patience vis-à-vis des cas-problèmes. L'idéal étant de pouvoir retravailler plusieurs fois le matériel pour arriver à reproduire, comprendre et faire comprendre le sens profond des récits présentés.

L'utilisation d'un logiciel de traitement de données qualitatives peut faciliter la mise en commun de l'ensemble des récits. D'une part, il permet de regrouper facilement l'information qui ressort autour d'une donnée, d'un thème spécifique. Par exemple, une fois codée, faire sortir l'ensemble des citations portant sur l'identité individuelle est une opération très simple. À la lumière des interrogations du chercheur, toutes les opérations de tri et de classement sont permises, ce qui rend le processus de mise en commun des récits beaucoup plus rigoureux tout en sauvant du temps. D'autre part, le logiciel facilite les réflexions du chercheur autour de la modélisation qui se dégage des récits. Les capacités de traitement de données permettent facilement de confronter les cas problèmes aux hypothèses générales qui se dégagent, à première vue, du traitement des données. Dans toutes ces opérations, le logiciel doit demeurer, autant que faire se peut, un outil facilitant l'analyse plutôt qu'un outil structurant les données biographiques.

■ § 4. - la mise en forme

La méthode biographique résulte d'un double moment, celui de la parole et celui de l'écrit. Amorcée dès les premières notes prises dans le journal de terrain, l'écriture nécessite que l'on s'interroge sur la logique de présentation des données recueillies par le biais de la méthode biographique. Deux logiques fondamentales s'offrent au chercheur : la logique narrative ou la logique argumentative. Dans un cas, il s'agit de présenter le récit le plus complet possible alors que dans l'autre, on se sert d'extraits, d'exemples ou de descriptions qui font figure d'illustrations. Évidemment, les variantes sont nombreuses. Le choix dépend à la fois des objectifs et des possibilités de diffusion du matériel biographique.

La présentation des données provenant de ma démarche de recherche se situe entre les deux logiques et dépend tant de l'objet traité que de l'auditoire visé. Par exemple, une discussion sur l'identité se prête plus volontiers à la présentation de quelques « répertoires identitaires ». Cette mise en scène de portraits de gestionnaires prend le canevas d'un récit écrit par le narrataire et met en vedette à plusieurs reprises le narrateur (Rouleau, 1999a). Au contraire, pour discourir sur les transformations qui affectent l'entreprise en cette fin de siècle, il s'avère préférable d'exploiter la logique argumentative. Dans cet ordre d'idées, les modèles et hypothèses qui se dégagent de la sommation des récits sont mis en perspective en fonction de différentes caractéristiques (sexe, type de réorganisation, fonction du gestionnaire, conséquence de la réorganisation, etc.). Dans le cas où je m'adresse à des praticiens, la forme de la présentation prend davantage un regard descriptif faisant état des constats que l'on peut faire autour des conséquences des réorganisations sur le métier de gestionnaire (Rouleau, 1999b).

Par ailleurs, la question du style prend une grande importance dans la présentation des données. Le texte qui en résulte doit être cohérent, organisé et clair comme c'est le cas dans les écrits académiques mais en plus, il doit rendre compte du vécu subjectif des personnes qui ont accepté de se raconter. Ici, l'acte d'écriture devient le témoignage du discours de l'autre et, ce faisant, renvoie, une fois de plus, au comportement éthique du chercheur. Celui-ci prend toute son importance dans la manière dont s'effectue le report des paroles du narrataire. Lors de l'écriture, c'est souvent le chercheur qui devient le narrateur d'une histoire vécue par procuration. Dans le mémoire, la thèse ou le rapport de recherche proprement dit, on attend généralement du chercheur qu'il livre à la fois ses résultats mais aussi son cheminement. Cela est particulièrement important dans le cas de la méthode biographique puisque les histoires et les récits qui en découlent sont co-construits par le narrataire et le narrateur. Autrement dit, la forme de l'écrit doit, surtout dans ce type de travaux, contenir les choix et les interrogations du chercheur en cours de terrain. Cela est d'autant plus pertinent que de telles informations facilitent la mise en perspective des résultats de la démarche. Pour que le travail du chercheur ait lui aussi le statut de récit, il est, de mon point de vue, préférable d'exposer, comme dirait Bertaux, le cheminement de la découverte plutôt que de procéder suivant un modèle d'exposé préétabli.

Conclusion

La méthode biographique a largement été utilisée en sciences sociales dans les périodes de grand bouleversement pour donner la parole aux acteurs, particulièrement à ceux qui en étaient plus ou moins dépourvus socialement. Au tournant du siècle, elle offre de nouvelles possibilités pour renouveler les connaissances dans les sciences de la gestion et de l'organisation. Pour comprendre les changements qui caractérisent les organisations, il convient d'explorer de nouvelles perspectives méthodologiques. La méthode biographique offre de nombreuses possibilités pour porter un regard différent sur ce que font les gestionnaires, ce que vivent les gens au travail, comment les organisations et les stratégies d'entreprise se structurent au quotidien. Il n'en demeure pas moins cependant que le recours à la méthode biographique constitue une aventure avec plus ou moins d'imprévus dont les conséquences ne sont jamais neutres. La méthode biographique est extrêmement riche mais elle engendre aussi de nombreuses difficultés.

Jusqu'à maintenant, j'ai surtout parlé de l'usage des récits de vie en me plaçant du point de vue du chercheur, donc du point de vue de l'information que l'on peut recueillir par cette méthode. Les histoires et récits de vie, quel qu'en soit le type, constituent aussi un moyen, pour la personne qui se raconte, de gouverner cette vie. Au-delà de l'information qu'elle fournit, elle met en sens du vécu et ce faisant, elle agit sur elle-même. Dans le domaine de la formation des adultes, l'histoire de vie s'est avérée un moyen pédagogique visant la transformation des personnes (Desmarais et Pilon, 1996 ; Lainé, 1998 ; Pineau, 1998). En gestion, je pense que la méthode biographique peut aussi être à la croisée d'activités de formation, de recherche et d'intervention. J'en veux pour preuve le fait que plusieurs gestionnaires rencontrés se sont servis de la métaphore thérapeutique pour illustrer la signification de leur expérience. Certains ont même rappelé pour signaler que l'exercice avait facilité la prise de décision relative à un changement de trajectoire professionnelle. Pour qu'une organisation change, les personnes doivent aussi changer… Dans ce contexte, je fais le pari que la méthode biographique, pour quiconque sait en apprivoiser les usages et les possibilités, peut s'avérer un lieu de formation et de transformation des pratiques de gestion !

Cela dit, il est maintenant temps de faire votre propre expérience de la méthode biographique. Si vous avez le goût d'être créatif, d'inventer de nouvelles manières de faire de la recherche et surtout de comprendre en profondeur la manière dont les gens vivent dans les organisations, vous avez suffisamment d'informations pour réaliser vos premiers entretiens biographiques. Apprivoisez la méthode en faisant un premier exercice de quelques rencontres avec quelqu'un qui vous est référé par une connaissance ! Si l'expérience s'avère stimulante, la bibliographie qui suit vous aidera à aller plus loin.

Références bibliographiques citées

AMIOT (M.), *Les misères du patronat... Le monde des petites et moyennes entreprises industrielles et de leurs patrons*, Paris : L'Harmattan, 1991.

ATKINSON (R.), *The Life Story Interview*, London : Sage, Qualitative Research Methods Series, 44, 1998.

BERTAUX (D.), *Les récits de vie*, Paris : Nathan, 1997.

CZARNIAWSKA (B.), *Narrating the Organization*, London : Sage, 1997.

DEMAZIÈRE (D.) et DUBAR (C.), *Analyser les entretiens biographiques*, Paris : Nathan, 1997.

DESMARAIS (D.) et PILON (J.M.), *Pratiques des histoires de vie. Au carrefour de la formation, de la recherche et de l'intervention*, Paris : L'Harmattan, 1996.

FORGET (N.) et *al.*, *Justine Lacoste-Beaubien et l'Hôpital Saint Justine*, Sainte-Foy : PUQ, 1995.

FORTIER (I.), *Femmes ingénieures et gestionnaires : les liens entre l'identité féminine et le passage du domaine technique à la gestion*, Thèse de Doctorat, HEC Montréal, 1999.

GIDDENS (A.), *La constitution de la société*, (1984), Paris : PUF, 1987.

GUSDORF (G.), *Lignes de vie*, 1 : *Les écritures du moi*, Paris : Odile Jacob, 1990.

HOULE (R.), « La sociologie comme science du vivant : l'approche biographique », *La recherche qualitative*. Enjeux épistémologiques et méthodologiques, Montréal : Gaétan Morin, 1997, (273-289).

KIMBERLY (J.R.), et BOUCHIKI (H.), « The Dynamics of Organizational Development and Change : How the Past Shapes the Present and Constrains the Future », *Organization Science*, 1995, (9-18).

LANDESCO (J.), *Organized Crime in Chicago*, Chicago : University of Chicago Press, 1929.

LAINÉ (A.), *Faire de sa vie une histoire. Théories et pratiques de l'histoire de vie en formation*, Paris : Desclée de Brouwer, 1998.

LAPIERRE (L.), *L'imaginaire et le leadership*, Montréal : Ed. Québec/ Amérique et Presses des HEC, 1992.

LIEBLICH (A.), TUVAL-MASHIACH (R.) et ZILBER (T.), *Narrative Research. Reading, Analysis and Interpretation*, London : Sage, Applied Social Research Methods Series, vol. 47, 1998.

MUCHIELLI (A.), « Récits de vie », *Dictionnaire des méthodes qualitatives en sciences humaines et sociales*, Paris : Armand Colin, 1996.

OLLIVIER (B.), *L'acteur et le sujet*, Paris : Desclée de Brouwer, 1995.

PENEFF, (J.), *La méthode biographique*, Paris : Armand Colin, 1990.

PINEAU (G.), *Accompagnements et histoire de vie*, Paris : L'Harmattan, 1998.

PINEAU (G.) et LE GRAND (J.L.), *Les histoires de vie*, Paris : PUF, Que-Sais-Je, 1999.

POIRIER (J.), CLAPIER-VALLADON (S.) et RAYBAUT (P.), *Les récits de vie. Théorie et pratique*, Paris : PUF, 1983.

REITMAN (B.L.), *Sister of the Road : The Autobiography of Boxcar Bertha*, New York : The Macaulay Comp., 1937.

RICHER (F.) et HAREL-GIASSON (F.), *Solange Chaput-Rolland : La soif de liberté*, Montréal : Ed. Transcontinental, 1997.

ROBICHAUD (A.), *Paul Daoûst, Un dirigeant d'action et de réflexion*, Montréal : HEC, Collection Témoignages, 1995.

ROULEAU (L.), *Le management intermédiaire en contexte de réorganisation : des répertoires identitaires en dé/structuration*, Conférence présentée au 23e ENANPAD, Brésil, 19 au 22 sept. 1999(a). Traduit en portugais et à paraître dans : DE OLIVEIRA (C.M.) et DAVEL (E.) (sous la direction de), *Homo Administrativus*, Maison Atlas, Brésil.

ROULEAU (L.), « Le malaise du management intermédiaire en contexte de réorganisation », *Gestion*, vol. 24, n° 3, 1999(b), (96-10).

SHAW (C.), *The Jack-Roller : A Delinquent Boy's Own Story*, Chicago : University of Chicago Press.

SMITH (L.M.), « Biographical Method », *Handbook of Qualitative Research*, DENZIN (N.K.) et LINCOLN (Y.S.) (Eds.), London : Sage, 1994, (286-305).

chapitre 5

l'entretien

Christiane DEMERS

Je me souviens encore très bien d'un des premiers entretiens auxquels j'ai participé. J'étais assise dans le bureau du Président de Sidbec, une société d'État québécoise du secteur de la sidérurgie, avec un professeur dont j'étais l'assistante de recherche. Nous voulions qu'il nous raconte comment s'était faite la fermeture de Normines, la filiale de Sidbec œuvrant dans l'extraction de minerai de fer, fermeture qui avait entraîné le rasage du village de Gagnon dans le Nord du Québec. Cette opération, qui s'était étalée sur une longue période, avait suscité beaucoup d'émoi au Québec.

Au départ j'étais nerveuse et je m'attendais à ce qu'il soit difficile d'aborder ce dirigeant, mais je me suis vite sentie à l'aise. Tout d'abord, j'ai été frappée par la facilité avec laquelle s'est établie la relation de confiance et par l'ouverture qu'il a manifestée envers nous (comme je l'ai appris par la suite, c'est loin d'être toujours le cas !). Mais, j'ai surtout été fascinée par la richesse des propos que nous avons recueillis. L'entretien m'est alors apparu comme une méthode qui me convenait bien parce qu'elle permet d'entrer dans l'intimité d'une organisation, de rencontrer les personnes qui la font vivre et de se sensibiliser aux nuances du contexte.

Un peu plus tard, lorsque j'ai fait ma thèse sur la diffusion d'un changement radical à Hydro-Québec, j'ai pu confirmer et approfondir cette première impression, en réalisant plus d'une centaine d'entretiens auprès d'un échantillon très varié de dirigeants, de cadres hiérarchiques et d'employés de cette société d'État. Depuis, j'ai souvent utilisé cette méthode, adaptée aux chercheurs qui, comme moi, cherchent surtout à comprendre la réalité organisationnelle du point de vue des acteurs qui la vivent.

Dans les pages qui suivent, en me basant sur mon expérience personnelle de l'entretien et sur celle que j'ai acquise en encadrant les travaux d'étudiants de Maîtrise et de Doctorat, j'aborderai les questions suivantes : pourquoi l'entretien ? Qu'est-ce que l'entretien ? Comment conduire un entretien ? Comment analyser les données d'un entretien et rédiger le compte rendu de recherche ?

La première question me conduira à discuter, dans la prochaine section, des différents types de recherche utilisant l'entretien et des raisons qui justifient ce choix de méthode. Il s'agit en fin de compte de discuter de la relation entre problématique, position épistémologique et théorique et méthodologie. La seconde section sur la nature de l'entretien va traiter des différents types d'entretiens et, en particulier, des caractéristiques de l'entretien semi-structuré comme outil de collecte de données ainsi que de la préparation qu'il exige. Dans la troisième section sur la conduite de l'entretien, seront abordées les questions liées à la relation entre chercheur et répondants. Enfin, la dernière section s'intéressera aux défis que pose l'utilisation des données recueillies par entretien au niveau de l'analyse et à la contribution de ce type de méthode à l'élaboration des connaissances en gestion. Tout au long de ce chapitre, je tenterai, simultanément, de donner un aperçu des contributions de différents types de recherche utilisant l'entretien comme méthode.

section I
pourquoi l'entretien ?

En fonction de la problématique et de la position épistémologique que l'on adopte (Giordano, Chapitre 1), il y a différentes raisons qui poussent à utiliser l'entretien, ce qui s'accompagne de défis variés à relever. L'entretien est l'un des outils privilégiés pour la recherche qualitative (Denzin et Lincoln, 1998), mais il est également utilisé dans les études quantitatives en sciences sociales, particulièrement sous la forme de questionnaires administrés lors de sondages. En recherche qualitative, l'entretien peut être la méthode principale de collecte de données ou être utilisé conjointement avec d'autres approches comme l'observation (Groleau, Chapitre 6) et l'analyse documentaire. Cette méthode, qui a ses origines dans les sciences sociales, notamment en sociologie et en anthropologie (Fontana et Frey, 1998), a été utilisée par de nombreux chercheurs en sciences de gestion (Burgelman, 1991 ; Eisenhardt, 1989a ; Calori et *al.*, 1992-1993). Parmi ces derniers, ceux qui utilisent l'entretien se situent principalement dans la perspective fonctionnaliste ou dans la perspective interprétative.

Dans la perspective fonctionnaliste, le chercheur adhère à une ontologie réaliste et une épistémologie positiviste. Dans cette perspective, l'organisation est conçue comme une réalité objective extérieure à l'individu. Le chercheur vise à identifier les éléments constitutifs de l'organisation et les relations qui les unissent afin d'expliquer la cohérence (intégration) du système organisationnel et sa capacité à se maintenir et à s'adapter. Dans la posture de l'observateur externe, il aspire à la rigueur scientifique selon les critères, empruntés aux sciences exactes, de validité interne (dans quelle mesure nos données rendent-elles compte de la réalité objective ?) et externe (les résultats sont-ils généralisables au-delà de l'échantillon à l'étude ?).

L'objectif des chercheurs adoptant cette perspective en gestion est d'expliquer et de prévoir les comportements organisationnels. Un exemple récent de ce type de recherche est l'étude de Brown et Eisenhardt (1997). Les auteurs, à partir d'entretiens faits auprès d'employés de six entreprises œuvrant dans le domaine des hautes technologies, expliquent le succès de certaines entreprises dans le développement de nouveaux produits (et donc leur adaptation à un environnement dynamique) par leur capacité à élaborer divers mécanismes et pratiques de gestion qui accélèrent le processus de développement tout en réduisant les risques d'échecs commerciaux.

À l'opposé, **les chercheurs se situant dans une perspective interprétative** adoptent une ontologie relativiste et une épistémologie antipositiviste. Ainsi, ces chercheurs conçoivent l'organisation comme une réalité construite socialement. Ils tentent d'accéder aux représentations des acteurs, de découvrir les différentes significations de l'univers organisationnel qui sont construites localement et collectivement. Ici, l'objectif est la compréhension approfondie de phénomènes organisationnels contextualisés.

Comme le spécifie également Carole Groleau (Chapitre 6, Section V), les critères de validité de la recherche se définissent principalement en termes de crédibilité et de transférabilité (Savoie-Zajc 2000). Parce qu'il n'y a pas « une » réalité objective à découvrir, la crédibilité repose sur une validation intersubjective : le caractère plausible de l'interprétation construite par le chercheur en interaction avec les participants. Pour ce qui est de la transférabilité (1), il s'agit de voir si la connaissance produite dans ce contexte spécifique est utile pour comprendre d'autres contextes. Un exemple de cette perspective interprétative est l'étude d'Isabella (1990) qui s'est intéressée à la façon dont évoluaient les interprétations des cadres lors de changements organisationnels importants.

---

(1) Kvale (1996) préfère le terme de généralisabilité analytique, il parle également de le généralisabilité pragmatique qui réfère à la pertinence de la recherche pour le lecteur qui la confronte à sa propre expérience.

Elle a identifié différentes phases du processus d'interprétation qui correspondent à différentes étapes du changement.

Ceci me ramène à la question de départ, pourquoi des entretiens ? Dans une perspective fonctionnaliste, on justifie parfois l'utilisation des entretiens par le fait qu'il s'agit d'une étude exploratoire sur une problématique mal connue. Dans un tel cas, le chercheur argumente qu'il n'y a pas suffisamment de connaissances sur le sujet pour pouvoir utiliser des méthodes plus « dures » comme le questionnaire, par exemple, lesquelles permettent l'analyse quantitative. En effet, la construction d'un questionnaire nécessite que l'on sache quelles sont les variables pertinentes à considérer. L'entretien n'est alors conçu que comme une étape préliminaire devant être complétée par le recours à d'autres méthodes plus balisées. L'entretien sert alors à dégager les variables les plus importantes pour décrire et analyser le phénomène.

Toutefois, cette justification de l'utilisation de l'entretien est réductrice. De nombreux chercheurs en gestion utilisent comme stratégie principale de recherche la rédaction d'études de cas bâties, en grande partie, à partir d'entretiens. Ils argumentent que seules ces études basées sur les données qualitatives recueillies par entretien et/ou observation permettent d'appréhender la richesse de la réalité organisationnelle et de comprendre sa dynamique (Eisenhardt, 1989b). Le chapitre de Nicole Giroux dans cet ouvrage en est une illustration.

Toutefois, c'est lorsque l'on adopte une perspective interprétative que l'entretien, utilisé comme méthode principale ou conjointement à l'observation, est particulièrement approprié comme méthode de recueil de données. L'objectif est de comprendre la réalité organisationnelle telle que se la représentent les acteurs en leur demandant ce qu'ils en pensent. D'un point de vue pratique, comparé à l'observation participante ou non participante, l'entretien est une méthode moins coûteuse en termes de temps ; il facilite également l'accès aux entreprises car moins invasif. De plus, si l'on veut faire une étude rétrospective (ce qui est le cas de nombreux doctorants qui ne peuvent prendre le risque d'étudier un phénomène dont la durée est indéfinie), l'entretien est la seule façon de documenter de façon approfondie ce qui s'est passé.

Toutefois, comme nous le verrons dans les exemples qui suivent, l'entretien comme méthode de collecte de données comporte certaines faiblesses. Deux études que nous avons construites illustrent les défis que pose l'utilisation de l'entretien, tant dans l'approche fonctionnaliste que dans la perspective interprétative.

§ 1. – l'entretien dans la perspective fonctionnaliste : à la recherche de la réalité

Comme je l'ai mentionné en introduction, j'ai participé à mes premiers entretiens alors que j'étais étudiante en Doctorat et que je travaillais au sein d'une équipe de recherche. Le projet sur lequel nous travaillions portait sur le désinvestissement dans le secteur public (Hafsi et Demers, 1990). À cette époque, le désengagement de l'État étant très en vogue, nous cherchions à décrire le processus de désinvestissement et à en découvrir les facteurs de succès et d'échec.

Nous avions donc identifié un certain nombre de sociétés d'État ayant vécu des désinvestissements (privatisation totale ou partielle, cession d'activités, etc.) et avions entrepris de documenter la démarche adoptée et les résultats de l'opération. La question de recherche était la suivante : « *quels facteurs – contextuels, organisationnels, processuels – contribuent au succès des désinvestissements dans le secteur public ?* ».

Travaillant à l'intérieur du paradigme fonctionnaliste, nous cherchions d'abord à décrire le processus de désinvestissement de la façon la plus objective possible. Comme il s'agissait d'études rétrospectives, les désinvestissements ayant déjà eu lieu, notre principal problème était d'arriver à reconstruire le plus fidèlement possible ce qui s'était passé et, sans les entretiens, cela aurait été impossible. Les documents d'archives n'étant pas suffisants pour nous permettre de décrire le processus de façon détaillée, nous devions interroger les dirigeants et les cadres, tant du Gouvernement que des entreprises concernées, qui avaient joué un rôle important dans cette démarche. Les entretiens nous permettaient de rendre compte de la séquence des événements, d'identifier les acteurs et leur rôle, de décrire les interactions entre eux. Les données ainsi recueillies nous ont permis de décrire dans leur complexité et leur richesse les diverses étapes du processus de désinvestissement.

Cependant, nous étions préoccupés par la validité des données. Par exemple, des biais pouvaient être introduits par nos répondants, entre autres, à cause des problèmes de mémoire, de rationalisation après coup et de variation dans la perception des acteurs de ce qui s'était passé. Pour pallier ces faiblesses de l'entretien, il était important de procéder à une triangulation des données, d'une part en confrontant les données des entretiens à celles recueillies grâce aux documents écrits, d'autre part en comparant entre elles les versions des faits recueillies auprès des divers informateurs.

Dans ce cas, comme il s'agissait d'une société d'État, il existait de nombreux documents publics que nous avons pu étudier. Dans d'autres circonstances, de telles traces ne sont pas nécessairement disponibles : on ne peut comparer que les propos des informateurs entre eux pour arriver à reconstituer une représentation aussi valide que possible du phénomène. Comme l'a déjà indiqué Nicole Giroux dans le Chapitre 2, il est souhaitable de présenter cette reconstitution aux acteurs pour qu'ils indiquent au chercheur les erreurs de faits, les omissions, etc. (2) Cette étape permet de s'assurer de la représentativité de la description faite par le chercheur et augmente la validité interne du compte rendu.

Dans le cadre du projet sur le désinvestissement, une autre question qui se posait était de savoir si les résultats obtenus s'appliquaient au-delà de l'échantillon retenu, par exemple à la population entière des entreprises du secteur public. La validité externe ou généralisabilité, définie en des termes empruntés aux sciences naturelles (3), pose problème dans les études qualitatives, qu'elles soient fonctionnalistes ou interprétatives. Toutefois, les auteurs fonctionnalistes adhèrent à une conception de la généralisabilité plus proche de celle adoptée dans les recherches quantitatives. C'est pourquoi ils concluent souvent leur travail en invoquant comme une des principales limites de leur recherche sa faible généralisabilité. Comme nous allons le voir dans les paragraphes qui suivent, les questions de validité prennent un sens différent lorsque l'on adopte une perspective interprétative.

(2) Il est évident que cette étape de la recherche est délicate. La validation n'implique pas nécessairement que les répondants soient d'accord avec tout ce qui est présenté dans la version du chercheur, puisque différents groupes d'acteurs peuvent avoir une perception différente et même opposée, d'une situation. Ce que vise le chercheur c'est plutôt de s'assurer que la version qu'il présente est la plus complète possible et la plus juste possible.

(3) Comme le souligne Kvale, le critère de généralisabilité, conçu dans les études quantitatives comme la probabilité que l'analyse faite à partir d'un échantillon de sujets choisis de façon aléatoire donnerait les mêmes résultats si elle était généralisé à la population entière (Kvale, 1996 : 232) n'est pas applicable pour les études qualitatives. Premièrement, cette définition de la généralisabilité repose sur l'idée qu'il y a un très grand nombre de répondants, deuxièmement que l'échantillon est constitué de manière aléatoire. Or, ni l'une ni l'autre de ces conditions n'est respectée dans les études à base d'entretiens en profondeur.

§ 2. - l'entretien dans la perspective interprétative : à la recherche du sens

Un peu plus tard, dans le cadre de ma thèse (Demers, 1990), j'ai également utilisé l'entretien comme méthode de recherche privilégiée, mais cette fois dans une perspective interprétative. Comme je l'ai mentionné plus haut, je voulais comprendre le processus de diffusion du changement qui accompagnait une transformation stratégique. Je concevais la diffusion d'un changement planifié non pas uniquement comme un processus de transmission d'information mais également comme un processus de création de sens duquel émergeait une redéfinition du changement et de l'organisation (Demers, 1993). Dans le cadre de ce projet, ce qui m'intéressait, au-delà des « faits », c'était l'interprétation qu'en faisaient les acteurs selon leur position hiérarchique et leur lieu d'appartenance dans l'organisation. Dans une perspective interprétative, les « biais » des répondants, c'est-à-dire leur point de vue particulier sur le phénomène étudié, ne sont plus un problème de validité à résoudre, ils sont l'objet même de la recherche. Le chercheur part de la prémisse qu'il n'y a pas une réalité objective, mais plusieurs réalités construites socialement et c'est l'ensemble de ces réalités qu'il cherche à découvrir.

Par ailleurs, les questions de validité interne restent présentes : il est toujours possible que les répondants, parce qu'ils cherchent à plaire au chercheur notamment, ne disent pas réellement ce qu'ils pensent ou tentent de lui cacher des choses. De plus, comme le mentionne depuis longtemps Argyris (1994), il peut y avoir une différence importante entre la théorie véhiculée dans le discours (*espoused theory*) et celle mise en action (*theory in use*). Il est clair que la familiarité du chercheur avec l'organisation, acquise entre autres par l'étude de documents internes et externes ou par un stage d'observation, peuvent compenser en partie ces faiblesses.

Par exemple, lors de l'étude chez Hydro-Québec, j'avais fait un stage de trois mois au siège social avant d'entreprendre les entretiens et j'avais étudié de nombreux documents internes sur la période de changement. Durant ce laps de temps, j'avais eu plusieurs discussions informelles avec des membres de l'entreprise qui m'avaient sensibilisée aux enjeux, aux conflits et aux sujets potentiellement délicats. Cette préparation me permettait de mieux comprendre les interventions des répondants et de poser de meilleures questions. Mon objectif étant de comprendre le processus de changement du point de vue des acteurs concernés, la validité interne du compte rendu que je faisais reposait avant tout sur sa crédibilité tant pour les participants que pour les lecteurs. Pour évaluer la validité de mon travail, j'ai présenté à des membres de chacun des principaux groupes de l'organisation une version préliminaire du compte rendu pour savoir si elle rendait bien compte de leurs points de vue respectifs.

Pour ce qui est de la validité externe, il est évident que les résultats d'une analyse faite à partir d'un seul cas de changement, celui d'Hydro-Québec, ne sont pas facilement généralisables. Mais, comme nous l'avons mentionné plus haut, la validité externe n'a pas le même sens dans cette démarche où l'importance du contexte et de ses particularités est essentielle. On parle plutôt ici de généralisabilité analytique ou de transférabilité. Par exemple, on peut se demander : dans quelle mesure la modélisation du processus de diffusion qui émerge de cette étude pourrait aider à comprendre la diffusion d'un autre changement radical ? Quels aspects du processus décrits sont représentatifs de ce qui se passe dans une société d'État ? Dans une entreprise professionnelle (*i.e.* hôpital, cabinet d'avocats ou de comptables, bureau d'ingénieurs), etc. ? Comme le souligne Savoie-Zajc (2000), la valeur du savoir produit dépend alors de ses possibilités d'adaptation d'un contexte à un autre. Il est important que le chercheur fournisse le plus de renseignements contextuels possible permettant au lecteur d'évaluer cette transférabilité.

Ce qui ressort de ces deux illustrations, malgré leurs différences respectives, c'est que l'un des avantages de la recherche qualitative basée sur l'entretien est de fournir des données très riches sur le phénomène à l'étude. Dans les paragraphes qui suivent, je traiterai des différents types d'entretiens et, en particulier, de l'entretien semi-structuré.

section II
qu'est-ce que l'entretien ?

Comme je l'ai déjà souligné dans les pages précédentes, l'entretien dont il est question en recherche qualitative est très différent de l'entretien structuré ou standardisé qui est en fait un questionnaire administré oralement. Le questionnaire comporte généralement une majorité de questions fermées dont les réponses (de type « vrai » ou « faux », choix multiples, position sur une échelle de Likert, etc.) peuvent être traitées statistiquement (4). L'administration du questionnaire est contrôlée le plus étroitement possible par le chercheur qui s'assure que chaque entretien se déroule dans des conditions identiques (par exemple, exactement les mêmes questions posées dans le même ordre). À l'opposé, l'entretien, qu'il soit semi-structuré ou non structuré, est conçu comme un type particulier de conversation (Kvale, 1996 ; Rubin et Rubin, 1995). Je n'aborderai pas dans ce chapitre les questions liées à l'entretien non structuré (c'est-à-dire où le chercheur ne fait que suggérer un thème et ne dirige pas la conversation) (Fontana et Frey, 1998). Je traiterai de l'entretien semi-structuré, le plus fréquemment utilisé en gestion.

L'entretien semi-structuré (également appelé semi-dirigé) se distingue du questionnaire par ses questions ouvertes (ou questions à développement) et le fait qu'il est caractérisé par l'interaction entre chercheur et répondant. En effet, comme l'entretien se fait sur le mode de la conversation, le chercheur va adapter l'ordre et la teneur des questions aux réponses de son interlocuteur. Ainsi, les réponses du répondant peuvent amener le chercheur à aborder des sujets qu'il n'avait pas prévus.

§ 1. - de la problématique à l'entretien

L'entretien est donc une démarche de découverte, de nature plus ou moins directive, selon le caractère plus ou moins inductif de la démarche. Certains chercheurs, à partir de la recension de la littérature, élaborent un modèle d'analyse qu'ils cherchent à spécifier et valider par le biais d'entretiens. Dans le cas où la démarche est plus déductive, le guide d'entretien est plus élaboré et l'entretien plus directif. Par exemple, une étudiante de Maîtrise qui s'intéressait à l'impact sur la créativité de l'agence de publicité des pratiques organisationnelles liées au rôle du publicitaire-conseil (Ledoux, 1999), suite à une revue exhaustive de la littérature, a développé un modèle d'analyse assez élaboré (encadré 5.1). Ce dernier comporte des propositions (Pi), issues de la littérature, sur l'effet d'un certain nombre de variables individuelles, groupales et organisationnelles associées à cette problématique.

(4) Les questions de méthode liées au questionnaire et au sondage dépassent le cadre de ce chapitre traitant de l'entretien en recherche qualitative.

encadré 5.1.

modèle d'analyse de départ

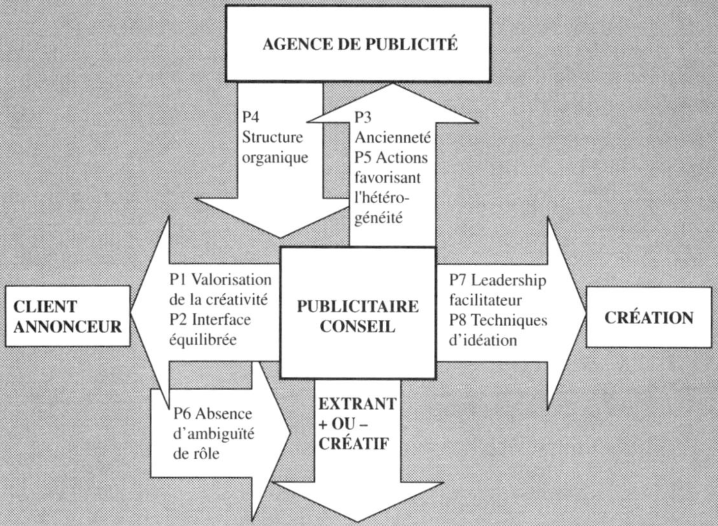

Son guide d'entretien était donc assez directif, chacune des quatre questions générales (sur le fonctionnement de l'agence, le groupe de travail, les pratiques liées à la créativité et le projet) étant suivie de plusieurs sous-questions spécifiques lui permettant d'explorer la portée explicative de certaines variables (encadré 5.2.).

encadré 5.2.

extrait du guide d'entretien utilisé

Présentation : scolarité, expérience, ancienneté au sein de l'agence

Parlez-moi de l'agence où vous travaillez et de son fonctionnement

- ❑ Comment décririez-vous sa structure (comparativement à celle des autres agences) ?
- ❑ Comment décririez-vous le flux des communications internes (comparativement aux autres agences) ?
- ❑ Comment décririez-vous le degré de latitude laissé aux publicitaires conseils (comparativement à ce que vous savez des autres agences de publicité) ?
- ❑ …

Parlez-moi de votre groupe de travail

- ❑ Est-il toujours le même ou change-t-il très souvent ?
- ❑ Les individus qui le composent sont-ils d'expérience équivalente ?
- ❑ De scolarité équivalente ? De la même génération ?
- ❑ …

Quelle est l'importance accordée à la créativité au sein de votre agence ?

- ❑ Décrivez, s'il y a lieu, les activités entreprises par l'agence dans ce but…
- ❑ L'agence de publicité où vous œuvrez entreprend-elle des activités de valorisation de la créativité auprès de ses clients annonceurs ? Si oui, décrivez-les.
- ❑ Est-il déjà arrivé à votre firme de refuser de travailler pour certains clients annonceurs ? Pourquoi ?
- ❑ …

Parlez-moi du projet X

- ❑ L'agence de publicité où vous travaillez possédait-elle une grande expérience avec ce type de clientèle ?

- ❑ Du mieux que vous le pouvez, décrivez-moi la chronologie du projet publicitaire (mentionner le titre de la campagne).

Pour les questions suivantes, relancer pour chacune des étapes du projet publicitaire

- ❑ Avez-vous rencontré des obstacles à cette étape du projet ?
- ❑ Si non, à quoi attribuez-vous le succès de cette étape ?
- ❑ Si oui, lesquels ? Comment avez-vous pu les surmonter ?
- ❑ Décrivez les contacts avec les créatifs, avec les clients.
- ❑ Quel rôle y avez-vous joué ?
- ❑ Avez-vous eu recours à des techniques d'idéation ou de créativité précises ? Lesquelles ?
- ❑ …

Source : adapté de Ledoux (1999).

Ainsi, pour chacune des propositions, on retrouve une ou des questions qui permettent d'évaluer l'impact des variables pertinentes. Il est intéressant, toutefois, de souligner que, malgré le caractère plutôt directif de ses entretiens et à cause de la nature ouverte des questions générales, l'analyse a révélé l'importance d'autres variables qui ont significativement modifié la conception que le chercheur avait du sujet. Ainsi, elle a découvert que la stratégie de l'entreprise avait une influence substantielle sur le rôle joué par le publicitaire-conseil et son impact sur la créativité de l'agence. Dans le cas d'une stratégie de différenciation, le publicitaire-conseil était très encadré et son influence plus restreinte, alors que chez les agences ayant une stratégie de volume, le rôle du publicitaire-conseil et son impact sur la créativité des produits de l'agence étaient plus importants.

Dans les cas où le chercheur adopte une démarche inductive, il cherche plutôt à bâtir un modèle théorique basé sur les données d'entretien, dans l'esprit de la *grounded theory* de Glaser et Strauss (1967). Ainsi, lorsque j'ai fait ma thèse sur le thème de la diffusion stratégique dans le contexte d'un changement radical, j'ai démarré avec un cadre qui était plus une problématique qu'un véritable modèle conceptuel. Je voulais comprendre un processus qui, à l'époque, avait très rarement été étudié, surtout dans une perspective interprétative. À partir de cette question, j'ai donc élaboré le *design* de recherche présenté ci-dessous (encadré 5.3). J'ai réalisé trois cas dans la même organisation, ce qui me permettait de comparer la diffusion dans trois unités très différentes mais qui partageaient le même contexte corporatif et organisationnel. Une telle démarche offrait les avantages d'une étude de cas multisites (Yin, 1994 ; Giroux, Chapitre 2).

encadré 5.3.

Hydro-Québec : le *design* de recherche

Question de recherche

Comment la stratégie se diffuse-t-elle dans un contexte de changement radical ?

Problématique

La diffusion d'une nouvelle stratégie dans une organisation étant à la fois un processus de transmission d'information structuré et un processus interactif de création de sens, comment s'articulent ces processus ?

Stratégie de recherche

Étude de la société d'État québécoise Hydro-Québec

Une entreprise complexe en pleine transformation

Trois cas à l'intérieur de la même organisation

Le groupe Équipement, le groupe Exploitation, le groupe TAI (Technologie, Affaires Internationales et Institut de recherche en électricité du Québec)

Méthodes de recueil des données

Étape 1

Observation (3 mois) / Documents/Entretiens (33 Directions Générales)

Étape 2

Entretiens (69 dans les groupes au siège social et en région)

Source : adapté de Demers (1990)

Pour décrire la diffusion en tant que processus de création de sens, il fallait comprendre le changement du point de vue des acteurs. Je ne présumais pas savoir à l'avance ce qui était pertinent pour eux. Ma démarche était donc très inductive et mon guide d'entretien très général. J'avais uniquement identifié une série de thèmes que je voulais couvrir (*cf.* encadré 5.4.). Je demandais, en fait, à chaque répondant de me raconter le changement (« *J'aimerais que vous me racontiez le changement tel que vous l'avez vécu* »). Mes autres questions découlaient de leur réponse, généralement très longue et élaborée, à cette première question.

encadré 5.4.

guide d'entretien

- *sur le contenu du changement :* demander au répondant son interprétation du changement, des intentions des dirigeants, des objectifs poursuivis, etc. ;
- *sur le processus de changement :* lui demander de décrire le déroulement du changement tel qu'il l'a vécu (identifier les étapes, points de retournement, etc.) ;
- *sur la réalisation du changement :* demander le point de vue du répondant sur ce qui a été réalisé, modifié en cours de route par rapport aux objectifs de départ ; l'interroger sur les effets concrets du changement, par exemple sur le travail, les pratiques, etc., insister pour avoir des exemples ;
- *sur le réseau de diffusion du changement :* l'interroger sur les personnes dans son groupe et dans l'organisation en général qui, selon lui, se sont le plus associées au changement ; lui demander de décrire leurs activités ; l'interroger sur ses liens avec ces personnes et sa propre implication dans ce réseau ;
- *sur les effets indirects du changement :* interroger le participant sur les effets indirects ou non-anticipés du changement sur son groupe et sur le reste de l'organisation, sur son niveau hiérarchique par rapport aux autres niveaux hiérarchiques.

Source : adapté de Demers (1990)

Cette approche inductive m'a ensuite permis de développer un modèle du processus de diffusion stratégique qui émergeait de l'analyse de mes données (5).

§ 2. - la préparation du guide d'entretien

Au-delà des questions du lien entre problématique et entretien, la conception du guide comporte d'autres défis. Il va sans dire que le choix et la formulation des questions sont importants, mais l'ordre dans lequel on pose les questions est aussi crucial. Il ne s'agit pas de s'assurer que l'entretien se déroule de la même façon dans tous les cas, comme pour l'administration d'un questionnaire, mais plutôt de favoriser l'expression du point de vue de l'interlocuteur et de faciliter l'établissement d'une bonne relation avec lui.

- **Les premières questions visent à mieux connaître le répondant** (sa formation, son expérience, son cheminement dans l'entreprise, etc.). Parce qu'il est généralement facile d'y répondre pour l'interlocuteur, ce type de questions est un bon moyen d'établir le contact. Ces questions sont essentielles afin de recueillir des données contextuelles qui seront précieuses pour l'analyse des données. Selon la problématique abordée, cette partie du guide peut être plus ou moins élaborée. Ainsi, pour la recherche sur Hydro-Québec, parce qu'elle visait à décrire et comprendre un processus organisationnel (la diffusion d'un changement), les données contextuelles de niveau individuel, tout en étant pertinentes, étaient moins centrales. En revanche, dans une thèse portant sur le rôle des cadres intermédiaires dans la création de connaissances organisationnelles (*cf.* encadré 5.5.), elles étaient au cœur de la problématique. Le chercheur avait sélectionné des cadres de formation, d'expérience de travail et de fonctions variées afin d'examiner l'impact de ces variables sur le rôle du cadre dans la création de connaissances. Enfin, dans certains types d'entretiens, comme les récits de vie (Rouleau, Chapitre 4), elles constituent l'essentiel de l'entretien.

(5) Nous traiterons dans la quatrième section du passage des données d'entretien au modèle théorique.

– **Il est souhaitable d'entrer dans le vif du sujet en commençant par des questions très larges et descriptives**, du genre « *racontez-moi comment s'est passé le changement que vous avez vécu récemment* » ou « *dites-moi comment fonctionne une boîte de consultants en gestion* ». En effet, une des forces de l'entretien est qu'il permet au chercheur d'apprendre de ses répondants et cela est possible dans la mesure où ces derniers peuvent lui raconter ce qu'ils savent sans trop d'interférence de sa part. La meilleure façon d'y parvenir est de commencer par des questions très générales qui incitent l'informant à aller en profondeur, à parler du phénomène dans ses propres termes et à aborder les sujets qui lui semblent les plus pertinents dans l'ordre qui lui convient. Ainsi, la réponse à une question générale couvre souvent plusieurs questions plus spécifiques. Ensuite, le chercheur n'a qu'à compléter par des questions de relance visant à préciser les propos de l'interlocuteur.

Une question descriptive comme celle présentée en exemple dans l'encadré 5.5 ci-dessous est une source beaucoup plus riche de données que ne l'aurait été une question directe sur le rôle du répondant dans l'intégration des connaissances organisationnelles. Une telle question plus abstraite (« *qu'entend-on par création et intégration des connaissances ?* ») aurait sans doute suscité une réponse reflétant davantage la dernière lecture ou la dernière formation que les pratiques réelles. Dans le champ de la gestion, les gens connaissent le jargon à la mode et l'utilisent ; les histoires qu'ils racontent sur ce qu'ils font et la façon dont ils le font, sont, en général, plus riches.

encadré 5.5.

commencer par des questions générales et descriptives
un exemple de recherche doctorale

Question de recherche

Quel est le rôle des cadres intermédiaires dans la création et l'intégration des connaissances organisationnelles ?

Question de départ

Racontez-moi deux ou trois réalisations récentes dont vous êtes particulièrement fier(ère).

Questions de relance

Pour chaque narration, demander détails et exemples concrets qui enrichissent la description.

Résultats

- Descriptions riches de pratiques concrètes et de faits importants pour le répondant.
- Possibilité de comparer entre elles les réalisations de chaque cadre tant du point de vue du contenu que de celui de la démarche adoptée.
- Possibilité de comparer les types de réalisations et les comportements des cadres.

Source : adapté de Janczak (1999).

- **Un des principaux éléments à surveiller dans la construction du guide d'entretien est le niveau de langage employé par le chercheur**. Une des erreurs les plus fréquentes est d'utiliser un langage trop abstrait, par exemple les catégories du modèle analytique, pour formuler les questions. On demande alors au répondant de faire le travail du chercheur, d'analyser à sa place avec sa terminologie ce qui s'est passé. Le danger de cette approche est, d'une part, de fausser les données et, d'autre part, de ne rien apprendre parce que le chercheur force le répondant à utiliser ses propres catégories.

encadré 5.6.

éviter de trop orienter l'entretien

Exemples de questions à éviter :

« *Comment le changement a-t-il été planifié ?* »

« *Comment gérez-vous les connaissances ?* »

Ces questions supposent que le répondant pense en ces termes et peuvent l'amener à rationaliser après coup pour ne pas décevoir le chercheur. En revanche, si le chercheur demande au répondant de décrire le changement ou le fonctionnement de l'entreprise, il devrait ensuite être en mesure de savoir si le changement a été planifié et comment, et si l'on gère les connaissances et comment.

– **Il faut se rappeler que le guide d'entretien n'est qu'un point de départ** et cela est d'autant plus vrai que l'approche est plus inductive. Le guide d'entretien n'est qu'un préparatif à la conduite de l'entretien. Il permet au chercheur d'éviter des erreurs en prévoyant à l'avance les grandes orientations qu'il veut donner à l'entretien. Toutefois, le guide doit être revu et adapté à chaque interlocuteur. Il s'agit également d'un outil dynamique qui évolue durant la recherche au fil des découvertes que fait le chercheur au cours des entretiens.

En conclusion, comme un des avantages de l'entretien est de permettre d'aller en profondeur, une des compétences que doit acquérir le chercheur dans la conduite de l'entretien est la facilité à utiliser les réflexions des répondants pour soulever de nouvelles questions. Comme je le dis souvent aux étudiants, le guide d'entretien est un outil de préparation qui nous aide à opérationaliser notre question de recherche. Ensuite, il devient un aide-mémoire qui permet de vérifier qu'aucun thème important n'a été négligé. En effet, le travail de l'intervieweur est, avant tout, de bien utiliser les questions de relance pour explorer les points intéressants qui émergent de l'entretien. Une des choses que l'on remarque souvent chez les débutants est qu'ils restent trop prisonniers du guide et ne poursuivent pas les pistes potentiellement intéressantes qui sont ouvertes par les propos des répondants. Dans ce cas, le guide devient une camisole de force plutôt qu'une aide.

§ 3. - le choix de l'échantillon

Parallèlement à l'élaboration du guide, le chercheur doit construire un échantillon de départ. Bien sûr, la question de recherche influence grandement le choix des répondants, comme le suggèrent les exemples présentés jusqu'à maintenant. Contrairement aux études quantitatives où les sujets sont choisis de façon aléatoire dans une population donnée, le but visé n'est pas d'avoir le plus grand échantillon possible afin de s'assurer qu'il est représentatif.

Dans les recherches qualitatives, la sélection des répondants n'est pas aléatoire, le chercheur vise plutôt à avoir accès, à l'intérieur d'un échantillon modeste de répondants, à la diversité des points de vue sur le sujet à l'étude. Par exemple, dans l'étude sur Hydro-Québec, je cherchais à avoir des répondants qui étaient en faveur du changement et d'autres qui étaient contre, afin de voir leur impact sur le processus de diffusion et, ainsi, en avoir une compréhension plus riche.

- **Il est intéressant de concevoir le *design* de recherche de façon à introduire de la variété dans l'échantillon**, ce qui donne dès le départ une base de comparaison des données qui peut faciliter l'analyse. Ainsi, dans l'étude sur le désinvestissement dans le secteur public, nous avons comparé la démarche adoptée dans plusieurs entreprises sélectionnées, entre autres, pour avoir des cas de succès et d'échec. Dans l'étude sur le processus de diffusion stratégique, comme il s'agissait de comprendre comment le changement initié par la haute direction avait été communiqué et interprété dans l'organisation, l'échantillon devait couvrir l'ensemble des rangs hiérarchiques et les unités de l'organisation les plus touchées. Or, les unités étudiées (*cf.* encadré 5.3.) comprenaient une bureaucratie professionnelle (groupe Équipement), une bureaucratie mécaniste (groupe Exploitation) et une adhocracie (groupe TAI), ce qui donnait une source potentielle de variance dans l'interprétation des résultats. Enfin, comme nous l'avons déjà mentionné, dans l'étude sur les cadres intermédiaires et l'intégration des connaissances organisationnelles, l'échantillon était composé de cadres venant de fonctions différentes dans divers types d'organisations. Le chercheur pouvait ainsi étudier l'impact de différents éléments des contextes individuel et organisationnel sur le rôle des cadres et la démarche qu'ils avaient adoptée.
- **L'accès aux répondants est un parcours semé d'embûches**. Dans certains cas, comme les études sur les cadres intermédiaires et les publicitaires-conseil mentionnées plus tôt, il est possible de solliciter directement les individus et de constituer un échantillon en leur demandant de nous indiquer d'autres informants potentiels. La familiarité du chercheur avec le milieu et son réseau de contacts sont alors des atouts importants. Toutefois, dans le cas où le sujet de l'étude exige l'accès, non pas à un groupe particulier d'employés venant d'entreprises différentes, mais aux employés d'une même organisation, il faut obtenir l'autorisation de la direction, ce qui demande parfois beaucoup de persévérance.

Or, il est important de s'assurer de la qualité de l'accès pour ne pas devoir recommencer en cours de route. Il va sans dire qu'une bonne connaissance de l'organisation acquise par l'étude de documents publics peut faciliter l'accès dans les cas où l'on réussit à avoir une rencontre avec un responsable pour discuter de la recherche. Les acteurs sont toujours plus réceptifs s'ils voient que le chercheur s'est bien préparé. D'une part, ils font l'hypothèse que l'étude donnera des résultats intéressants, d'autre part que le chercheur ne leur fera pas perdre de temps en leur demandant de l'information facilement accessible par le biais de documents.

– **Une fois l'autorisation obtenue, ce qui est le plus délicat, c'est le choix des personnes pour s'assurer d'avoir un échantillon non biaisé**. Pour commencer, il faut généralement faire affaire avec la direction qui désigne ensuite, si l'on souhaite couvrir les différents rangs hiérarchiques et un certain nombre d'unités, une personne responsable de nous mettre en contact avec les différentes unités ainsi qu'avec les syndicats. Par voie officielle, on constitue un échantillon de départ qui, comme nous le verrons dans la partie suivante, pourra être complété en cours de route par voie informelle. De toute façon, dans une démarche inductive, quelle que soit la méthode choisie pour constituer l'échantillon, il est impossible de savoir *a priori*, de façon précise, combien de personnes rencontrer et qui seront les répondants les plus pertinents. En effet, sur le terrain, le chercheur fait des découvertes qui l'amènent à vouloir rencontrer d'autres informants que ceux prévus au départ. C'est pourquoi je suggère de commencer de façon modeste en prévenant la direction que d'autres entretiens pourraient s'ajouter en cours de route. Dans mon expérience, une fois la relation de confiance établie, l'ajout d'entretiens supplémentaires ne pose pas de difficultés. En effet, dans tous les cas, la réussite de la recherche repose sur la qualité de la relation que le chercheur réussit à établir avec ses interlocuteurs dans l'organisation et donc, ultimement, sur la conduite de l'entretien.

section III
comment conduire un entretien ?

La réussite de l'entretien repose sur la capacité du chercheur à s'adapter à son interlocuteur et à le mettre en confiance. Comme je l'ai déjà mentionné, bien que l'entretien puisse être considéré comme une conversation, cela ne veut pas dire que tout le monde peut l'utiliser avec bonheur en tant que méthode de collecte de données. Il s'agit d'un art qui s'apprend et pour lequel chacun est plus ou moins doué. Il est souhaitable de faire ses premiers entretiens accompagné d'un chercheur expérimenté sinon de faire écouter les enregistrements par quelqu'un qui a de l'expérience en la matière pour avoir du *feedback* sur ce que l'on fait.

Lorsqu'on débute un entretien, il est essentiel d'expliquer au répondant le but de la recherche. À mon avis, la meilleure stratégie est de décrire la recherche dans les termes les plus généraux et les moins théoriques possibles, en mettant l'accent sur la pertinence de la question. Cela permet d'éviter de biaiser la recherche en orientant les répondants. Par exemple, dans l'étude sur les cadres intermédiaires (*cf.* encadré 5.5.), le projet était présenté comme une recherche sur le rôle des cadres intermédiaires dans les organisations d'aujourd'hui qui ont à évoluer constamment pour survivre. Une fois le projet expliqué au répondant, il faut également l'informer de la confidentialité des données recueillies et l'assurer que l'anonymat sera préservé. De plus, il faut s'assurer qu'il accepte sans contrainte de participer à la recherche et de répondre aux questions qu'il pourrait avoir.

C'est également à ce moment que l'on demande la possibilité d'enregistrer l'entretien (6). Naturellement, l'endroit où a lieu l'entretien a un impact considérable. Il est très difficile pour les gens d'être détendus et ouverts s'ils sont interviewés dans un bureau à aire ouverte où tout le monde peut entendre ce qui se dit. Le chercheur doit donc demander l'accès à un local fermé pour faire ses entretiens.

– **Pour briser la glace**, il est approprié de commencer par des questions plus factuelles sur l'expérience professionnelle, la formation, la tâche du répondant, etc. Ces questions nous permettent de recueillir des données contextuelles qui, en plus d'être utiles lors de l'analyse des données, nous aident à mieux cibler les questions suivantes, ainsi qu'à mieux comprendre les réponses de notre interlocuteur. L'intérêt que l'intervieweur porte aux réponses de son interlocuteur, c'est-à-dire la curiosité qu'il manifeste en demande

(6) Il est toujours préférable d'enregistrer pour avoir le *verbatim*. Toutefois, le temps de transcription des enregistrements est énorme et il peut être difficile de le faire durant la période consacrée aux entretiens qui est souvent intensive. Je préfère prendre des notes exhaustives durant l'entretien parce que je peux les consulter immédiatement. En effet, il est important de bien s'imprégner de ses données dès le départ. Cela permet d'ajuster ses questions aux découvertes faites en cours de route pour tester certaines intuitions.

des précisions, des explications, font beaucoup pour détendre l'atmosphère durant les premiers moments de l'entretien.

- **Le chercheur doit ajuster ses questions en fonction du répondant**, en utilisant l'information qu'il vient de recueillir. En effet, une des façons de s'assurer que le répondant a quelque chose d'intéressant à nous dire, c'est de le faire parler de son expérience particulière et de sa compréhension personnelle des choses. Cela semble évident, mais il n'est pas rare de voir, dans les transcriptions d'entretiens, des énoncés du type : « *dans notre groupe, on a un bon esprit d'équipe. Tout le monde participe...* », qui ne sont pas suivis d'une question du chercheur visant à expliciter ce point en demandant des précisions, des exemples ou des explications (« *Quand vous dites que les gens participent, comment ça se manifeste ? Avez-vous des exemples en tête ? Qu'est-ce que ça veut dire pour vous ?* »). Les termes « *bon esprit d'équipe* » et « *participation* » ne veulent pas nécessairement dire la même chose pour tout le monde. La volubilité et la clarté des propos variant beaucoup d'un répondant à l'autre, c'est la responsabilité de l'intervieweur de pousser plus loin pour s'assurer qu'il comprend bien son interlocuteur.
- **Il ne faut surtout pas trahir la confiance**. Pour être crédible auprès des répondants, il faut qu'ils soient assurés que l'on respecte la garantie d'anonymat. Certains testent d'ailleurs le chercheur sur ce point, lui demandant qui il a rencontré et ce qu'ils ont dit. Les gestionnaires qui ont donné l'accès sont aussi curieux (et parfois impatients) de savoir ce que l'on apprend. La façon de répondre à ces questions est critique. Il faut y répondre de façon générale, sans donner de renseignements qui permettraient d'identifier qui que ce soit. Il faut éviter le piège de donner des exemples qui, sans citer de noms, permettent parfois d'identifier les personnes.

encadré 5.7.

exemple d'une situation délicate

Voici un bref échange auquel j'ai participé lorsque je faisais l'étude sur Hydro-Québec. Il se déroule à la cafétéria où je déjeunais avec quelques répondants et d'autres membres de leur unité. Les gens se connaissaient tous et savaient qui j'avais rencontré et qui je devais voir.

– Premier employé de bureau : « *qu'est-ce que les gens vous ont dit jusqu'à présent ?* »

– Moi : « *on m'a surtout dit qu'on était, dans l'ensemble, d'accord avec les objectifs du changement, mais certains m'ont parlé de difficultés d'implantation au niveau des nouveaux programmes de rabais tarifaire* ».

– Deuxième employé de bureau, en riant : « *ça, ça doit être UNTEL* (il nomme la personne) *qui a dit ça. Il se plaint toujours* ».

– Moi : « *plusieurs personnes différentes ont mentionné ce problème. Je ne me souviens plus qui et, même si je m'en souvenais, je ne le dirai pas* ».

Or, le premier employé était précisément l'une des personnes que je devais rencontrer dans l'après-midi. Il a été très ouvert avec moi lors de l'entretien.

– **La réticence peut aussi être une source d'information.** Naturellement, certains répondants restent plus méfiants et répondent de façon plus superficielle aux questions. Dans mon expérience, ils sont assez rares et même leur réticence peut être une source d'information intéressante si on sait l'interpréter. Il m'est arrivé de rencontrer ce genre de réponse à Hydro-Québec et, fait intéressant, ces quelques répondants appartenaient tous à la même unité. En comparant leurs entrevues avec les entretiens faits avec d'autres membres de cette unité, j'ai pu en tirer des observations intéressantes. Mais, dans l'ensemble, c'est plutôt le contraire qui se produit, les gens sont généralement surpris à la fin de l'entretien de constater qu'ils nous en ont tant dit. Le chercheur doit d'ailleurs rester très prudent, comme nous le verrons plus tard dans la discussion sur le compte rendu de la recherche, pour ne pas trahir leur confiance.
– **Quand faut-il arrêter les entretiens ?** Une fois la relation de confiance établie, les répondants nous suggèrent spontanément les noms d'autres informateurs qu'il faudrait rencontrer et, dans certains cas, nous mettent directement en contact avec eux. Cette façon de compléter l'échantillon de façon informelle constitue, selon moi, une autre manière de s'assurer de la représentativité de notre échantillon, puisque dans ce cas le chercheur ne dépend pas de la structure formelle de l'organisation. Cependant, cette façon d'enrichir notre groupe de répondants engendre un agrandissement constant de notre

échantillon. Quand doit-on s'arrêter ? Au bout d'un certain temps, les mêmes noms reviennent et les personnes rencontrées racontent des choses que l'on a déjà entendues. De plus, le chercheur réalise qu'il n'apprend plus grand-chose de nouveau de ses entretiens, ils ne font que confirmer ce qu'il savait déjà. Le chercheur constate qu'il a développé une bonne connaissance et une bonne compréhension du phénomène. Bref, il a atteint le point de « saturation » (Glaser et Strauss, 1967) ou ce que Rubin et Rubin (1995) appellent le « principe d'achèvement » (*completeness*). C'est à ce moment que l'on peut arrêter les entretiens et passer à l'étape suivante. Il faut alors compléter l'analyse des données que l'on a pris soin de commencer durant le recueil.

section IV
comment analyser les données et rédiger le compte rendu ?

L'étape qui est sans doute la plus longue et la plus angoissante, mais aussi la plus stimulante, est celle de l'analyse et de l'interprétation des données. Elle commence dès le premier entretien mais se termine longtemps après.

– **Un danger à éviter : garder l'analyse pour la fin**. Il est très téméraire d'attendre la fin des entretiens pour commencer l'analyse des données. Le chercheur croule alors sous une montagne de données, avec le danger qu'en cours d'analyse, il réalise qu'il aurait dû poser certaines questions pour vérifier sa compréhension du phénomène ou encore qu'il est passé à côté d'un filon intéressant. Comme je l'ai mentionné précédemment, je prends toujours des notes durant les entretiens et je les retranscris le plus tôt possible (7). En effet, il

(7) Lorsque je transcris les entretiens, je fais en sorte de préserver les expressions employées par les répondants, mais j'élimine les répétitions, les hésitations et les incohérences que l'on retrouve à l'oral (à moins qu'elles ne soient significatives) afin de faciliter la lecture et de rendre justice aux propos des répondants. Il y a au sujet des transcriptions différentes positions que résume bien Kvale (1996 : 168-173). Lorsque le travail se fait en équipe, il est important d'établir des règles de transcription. Nous renvoyons à la discussion de Linda Rouleau sur le sujet dans le chapitre précédent.

est important d'avoir encore fraîchement en mémoire le contexte dans lequel s'est déroulé l'entretien, ainsi que le langage non verbal du participant pour en rendre compte dans la transcription. De plus, cela permet d'être imprégné de ses données et de se sensibiliser, au fur et à mesure du processus de collecte des données, aux thèmes qui émergent. Particulièrement dans une démarche inductive, il ne faut pas oublier que la recherche est un processus de découverte. Dans une démarche plus déductive, les catégories pertinentes découlent plutôt du modèle théorique de départ.

§ 1. - le codage : une étape essentielle (8)

Je commence très vite à faire le codage et l'analyse des entretiens. Une lecture, même attentive, des entretiens ne donne qu'une connaissance superficielle des données. Pour parvenir à une compréhension profonde du phénomène étudié, il est donc essentiel de travailler les données de façon systématique.

- **Commencer le codage assez tôt.** Dès que j'ai fait quelques entretiens, je commence à coder les données brutes. Les premiers codes sont très proches des termes employés par les répondants. Je cherche déjà à repérer les similitudes et les différences, de même que les éléments qui me semblent surprenants ou contre-intuitifs. Je peux ainsi ajuster mes questions aux nouveaux thèmes qui apparaissent dans les entretiens. À cette étape, le chercheur est à l'affût des propos qui l'intriguent, auxquels il ne s'attendait pas, car ils sont souvent la source d'intuitions à poursuivre. Je note donc simultanément, dans un cahier, mes premières impressions sur les données, les interprétations que je fais de ce que j'entends. Je peux ensuite les tester lors d'entretiens subséquents.

(8) Ce paragraphe traite d'un exemple de codage lié à notre propre travail. Pour une perspective plus extensive, nous renvoyons le lecteur au chapitre de Florence Allard-Poesi dans cet ouvrage (Chapitre 7).

encadré 5.8.

exemple de codage à partir d'extraits d'entretien

Entretien E-1

RÉORGANISATION<> Par étapes <> Haute direction ( ) Élimination et fusion de directions ()	<(La première manifestation du changement, ça a été en 1982, je pense au 2e trimestre, lorsqu'il y a eu la réorganisation de la haute direction. Historiquement, quand la structure hiérarchique changeait à ce niveau-là, ensuite, ça changeait jusqu'à la base…) (La deuxième étape a été la nomination des directeurs, il y a eu à ce moment-là la confirmation de l'existence et de la non-existence de certaines directions et certaines directions ont été fusionnées…)
RATIONALISATION [ ] Dégraissage ( ) Insécurité ( ) Réduction des cadres ( ) Mise en disponibilité ()	(C'est à cette époque, au début de 1983, qu'on a commencé à parler de dégraissage, un terme qui sera employé à toutes les sauces).(C'est à ce moment que la période d'insécurité a commencé. À Équipement, ça a été un changement majeur, (beaucoup de têtes ont sauté, il y a eu une réduction de 30 à 40 % dans le nombre de cadres et, parmi ceux qui sont restés, il y avait au moins 20 % des personnes qui changeaient de domaine d'activité et qui étaient de nouveaux arrivés. Là, on était rendu en juillet 1983). (La dernière étape, qui touche les chefs de section et les employés, s'est faite en août 1983. Ça, je m'en rappellerai toute ma vie, 30 % des employés ont été mis en disponibilité)].
Critique de la rationalisation ( )	(Ça a été une application bête et inhumaine du principe de la rationalisation…)

Entretien L-3

RÉORGANISATION<> Changement de culture ( ) Contexte économique ( )	<En gros, par rapport à moi, la réorganisation, parce que je suis de formation administrative, pour moi ça a été un vent de fraîcheur. (Avant la réorganisation, je n'aurais jamais pu devenir gérant de secteur. Ça ne se faisait pas pour un gars qui n'était pas ingénieur ou n'avait pas travaillé en Construction, en Distribution. Comme s'il fallait être spécialiste pour gérer un secteur…) (Ça faisait longtemps qu'il fallait faire des choses, mais la volonté n'était pas là. Il y a aussi le contexte économique qui a aidé.)
GESTION DU CHANGEMENT [ ] Critique ( ) Intuition ( ) Imposition du changement ( )	[Mais la façon (silence)… la vertu on est pour, mais quand ça arrive. Moi, je déplore le fait qu'on l'ait fait par intuition, au jour le jour. Il y a des choses qui ont été dures. (Je pense aujourd'hui, avec le recul, que les choses devaient se faire, mais ça avait l'air d'être fait par une ou deux personnes. Ça s'est fait de façon intuitive sans tenir compte de la culture, sans tenir compte des gens.)…]

LÉGENDE :
THÈMES en majuscules : passages entre parenthèses (*i.e.* <> ou [ ])
SOUS-THÈMES en minuscules : passages entre parenthèses, mots-clés soulignés

Pour commencer la codification, je note dans la marge des transcriptions quelques mots-clés référant aux sujets dont traitent les répondants. Il ne s'agit pas ici de faire de l'interprétation, mais plutôt de rendre compte des différents sujets abordés dans les entretiens, dans les termes utilisés par les répondants (*cf.* encadré 5.8.). Je commence déjà à identifier les principaux thèmes (en majuscules dans l'encadré) et les sous-thèmes (en minuscules). J'inscris, simultanément, sur des fiches que je classe par sujets, le code assigné à chaque entretien (pour protéger l'anonymat du répondant) et la page où se retrouve le passage sur ce sujet. Par exemple, dans l'encadré 5.9., les notations E-1 et E-12 renvoient à deux répondants du groupe Équipement, alors que les chiffres entre parenthèses (1), (3), correspondent à la page où se trouve le passage qui traite du sujet. Lors de l'étude sur Hydro-Québec, j'ai fait une série de fiches pour chaque groupe étudié (Équipement, Régions, TAI).

encadré 5.9.

exemple de fiches du Groupe Équipement

RÉORGANISATION
Par étapes : E-1(1), E-4 (2), E-12 (3), E-14 (1)
Élimination et fusion d'unités : E-1(1), E-3 (2), E-6 (2,5)...
Rationalisation (voir fiche sur ce thème)
Rapidité : E-1(2), E-3 (3), E-4 (2)....
Nouvelle réorganisation : E-1 (3), E-6 (8), E-10 (6)...

RATIONALISATION
Dégraissage : E-1 (1,5), E-4 (1,2)...
Réduction de cadres : E-1 (1), E-3 (2)...
Réduction du personnel : E-1 (2), ...
Mise en disponibilité : E-1 (2), E-4 (2,5), E-6 (1), ...
Critique : E-1 (2)...
Insécurité : E-1 (1,2)
Démotivation (voir fiche sur ce thème)

Comme il s'agissait de trois groupes de la même organisation, certains des thèmes se recoupaient. Avec ce système, je pouvais ensuite retracer tous les passages sur le même sujet pour pouvoir les analyser en tenant compte des différences entre groupes, tant dans l'importance qu'ils accordaient au thème qu'au sens qu'ils lui donnaient. Lors de la première étape, le codage se fait par essai-erreur. Par exemple, lorsqu'un sous-thème vient à prendre beaucoup d'importance à l'intérieur d'un thème, une nouvelle fiche est créée. Dans l'encadré 5.9., la fiche sur le thème « RÉORGANISATION » renvoie à la fiche sur le thème « RATIONALISATION ». Au fil du temps, il est apparu qu'autour du thème de la « RÉORGANISATION » s'articulaient un certain nombre de thèmes comportant eux-mêmes des sous-thèmes plus ou moins importants. Une telle catégorisation permet de reconstruire le réseau de thèmes associés à une thématique importante. De plus, différents types de catégories peuvent être utilisés simultanément et une même citation peut renvoyer à différents codes. On peut coder les noms (De qui parle-t-on et comment ?), les faits, les séquences d'événements (Que s'est-il passé ? Quelles ont été les principales étapes, les points de retournement ?), les impressions, les opinions, les anecdotes, etc. Naturellement, le choix des catégories reflète le sujet de la recherche. Dans le cadre de l'étude sur les publicitaires-conseils (*cf.* encadré 5.1.), le modèle d'analyse comporte certaines catégories pertinentes à utiliser comme point de départ. Pour le fonctionnement de l'agence : la structure, les communications, la composition du personnel, etc. ; pour le rôle du publicitaire-conseil : les liens avec le client, les créatifs, la direction, etc. sont des thèmes à explorer. Toutefois, même dans les études plus déductives, il faut rester ouvert aux découvertes, notamment en portant attention aux particularités du langage des répondants.

- **Il est important de relever le vocabulaire particulier** qui révèle la façon de voir le monde propre aux sujets interviewés. Par exemple, dans l'étude sur le changement radical à Hydro-Québec, plusieurs de mes interlocuteurs utilisaient l'expression « *faire partie du club MED* » pour parler des employés qui avaient été mis en disponibilité (c'est-à-dire dont le poste avait été éliminé et qui devaient se replacer ailleurs dans l'entreprise). Cette pratique qui avait été perçue comme très traumatisante par l'ensemble des employés était devenue un des symboles du rejet que les employés ressentaient de la part de la nouvelle direction.
- **Au début, il faut constamment réévaluer son schéma de codage.** Parfois, la lecture de nouveaux entretiens fait percevoir au chercheur

des nuances qui lui avaient échappé auparavant. Lorsqu'un nouveau thème (ou sous-thème) est identifié, il faut recoder toutes les entrevues pour le relever. Quand un thème d'une catégorie vient à prendre beaucoup d'importance, il s'en dégage généralement quelques sous-thèmes. Je lui consacre alors une nouvelle fiche tout en notant le lien avec l'autre catégorie (*cf.* encadré 5.9.). À l'inverse, on réalise parfois qu'un code est trop étroit (ou peu pertinent), on le regroupe alors sous une catégorie plus large (ou on l'abandonne). Ici aussi, nous renvoyons à la section III du chapitre de Florence Allard-Poesi qui discute des difficultés pour constituer des catégories *a priori* ou *a posteriori*.

- **L'utilisation de logiciels de traitement de données qualitatives facilite grandement cette tâche** (9). Ces logiciels permettent de coder les textes, de les annoter et de rechercher dans tout le *corpus* les citations reliées à une catégorie. Toutefois, la démarche, même avec les logiciels, reste identique. Le chercheur doit les créer, les coder, les modifier et identifier le début et la fin des passages pertinents. Par ailleurs, la facilité avec laquelle les transcriptions peuvent être découpées – pour ensuite regrouper dans un document tous les passages traitant d'un même thème – peut être dangereuse. Le chercheur doit être particulièrement attentif à ne pas traiter les citations hors contexte et à ne pas perdre de vue les liens que le répondant tisse entre les différents sujets.

§ 2. – l'analyse : l'approche comparative

Une fois le matériel codé, il est plus facile de l'analyser. L'examen des citations au sein d'une catégorie permet de mieux en comprendre le sens, de comparer les différentes variations sur un même thème ou encore de retracer une suite d'événements. Ensuite la comparaison entre catégories permet de faire des liens, de voir les oppositions et de commencer à développer une vision d'ensemble.

Lors de la recherche sur Hydro-Québec, au bout d'une semaine, j'avais fait environ huit entretiens, la moitié avec des exploitants, l'autre

(9) Voir, en particulier, les ouvrages de Tesch (R.), *Qualitative Research : Analysis Types and Software Tools*, Falmer Press, 1990 et de Weitzman (E.A.) et Miles (M.B.), *Computer Programs for Qualitative Data Analysis*, London, Sage, 1995.

avec des ingénieurs. Or, je commençais à être angoissée car je trouvais que tous disaient les mêmes choses sur le processus de changement alors que je m'attendais à ce que le processus de diffusion et l'interprétation du changement soient très différents chez les ingénieurs et les exploitants. J'ai donc commencé très tôt à analyser plus systématiquement mes données, comme nous conseillent de le faire les manuels de méthodologie (Kvale, 1996). Ce qui m'a alors frappée c'est que les deux groupes parlaient de la diffusion du changement de la même façon (ce qui, en fin de compte, n'était pas surprenant puisqu'il s'agissait d'un changement planifié et centralisé), mais donnaient plus ou moins d'importance à certains thèmes, selon le cas. Ainsi, les ingénieurs étaient plus préoccupés par la redéfinition des objectifs, tandis que les exploitants discutaient avant tout de la mise en œuvre. De plus, j'ai réalisé que le contexte dans lequel ils parlaient des mêmes thèmes, le ton qu'ils prenaient et le sens qu'ils leur donnaient étaient assez différents. Suite à cette première analyse, j'ai porté une attention particulière à confronter cette interprétation aux nouvelles données et à tenter de comprendre ce phénomène, donc à poursuivre l'analyse tout en continuant les entretiens. La suite de la recherche a donc été fortement influencée par l'analyse faite en cours de route.

- **Être sensible au paraverbal et au contexte.** Cet exemple, en plus de montrer qu'il est difficile d'interpréter les données sans en faire une analyse systématique, attire l'attention sur la nécessité d'être sensible aux indicateurs paralinguistiques. L'importance et la signification affective d'un thème pour un acteur, manifestées par l'intensité avec laquelle il en parle, le ton qu'il adopte, sa volubilité sur le sujet, les autres thèmes auxquels il l'associe, sont aussi significatives pour le chercheur que ce qu'il en dit en termes intellectuels. De plus, savoir que le répondant parle spontanément d'un sujet plutôt qu'en réponse à une question du chercheur, est révélateur du point de vue de l'analyse. Il ne faut donc jamais oublier que les citations proviennent de conversations et n'ont de sens que lorsque l'on tient compte du contexte dans lequel elles ont été énoncées.
- **Après le découpage en thèmes, il faut construire une interprétation d'ensemble.** Cette reconstruction, dans une approche inductive, se fait par l'élaboration, à partir des catégories émergeant des données (que Florence Allard-Poesi appelle catégories *a posteriori*), de catégories plus abstraites qui sont les éléments de base du modèle théorique. Cette démarche ne suit pas de règles précises et repose, en grande partie, sur la créativité du chercheur. Cette étape est

intimement liée à la réflexion sur la façon dont sera articulé le compte rendu. C'est à partir du moment où le chercheur sait quelle « histoire » il va raconter à ses lecteurs, à partir de ses données, qu'il commence à articuler son modèle conceptuel. Inversement, il ne peut commencer à raconter tant qu'il n'a pas clairement en tête le cadre conceptuel qui permet de comprendre l'histoire.

§ 3. - de l'analyse à la rédaction du compte rendu

À la fin des entretiens, le chercheur approfondit son analyse. C'est à cette étape qu'il confirme, infirme ou raffine ses premières intuitions en organisant plus synthétiquement ses résultats. Le chercheur peut, par exemple, utiliser la forme narrative et organiser chronologiquement son compte rendu en identifiant les moments critiques, les périodes importantes pour rendre compte des différentes étapes d'un processus, de leurs caractéristiques et de la façon dont elles s'articulent entre elles. Il peut aussi structurer son compte rendu autour de thèmes qu'il développe pour bâtir son argumentaire.

- **La construction de cas à partir d'entretiens.** Pour reprendre l'exemple d'Hydro-Québec, l'analyse des données m'a permis de reconstituer l'historique du changement, d'en décrire les principales étapes et de rendre compte des principaux événements. Ensuite, j'ai comparé le vécu et l'interprétation du changement des différents groupes étudiés. J'ai ainsi pu décrire les différentes phases du changement du point de vue de chacun des groupes, tant hiérarchiques que fonctionnels, et surtout mettre à jour les similarités et les différences dans leur interprétation de ce qui se passait et de ce que cela signifiait.

J'ai ainsi mis à jour deux conceptions relativement différentes du changement selon qu'on appartenait aux groupes Équipement et TAI ou au groupe Exploitation. L'encadré 5.10. présente un schéma synthétique des principales parties du compte rendu qui constitue la deuxième partie de la thèse (la première partie comprenant la revue de littérature, le cadre conceptuel et le cadre méthodologique). J'ai donc consacré trois chapitres de l'étude au compte rendu des données. Le premier chapitre intitulé « *La transformation d'Hydro-Québec* » est une description de l'entreprise en contexte, ainsi que du changement tel que conçu et mis en œuvre par les dirigeants. Les second et troisième chapitres rendent compte du changement tel que vécu et interprété par les trois groupes étudiés, soit les groupes Équipement et TAI dans le chapitre intitulé « *La redéfinition des orientations* » et le groupe Exploitation dans celui qui s'intitule « *La redéfinition du caractère de l'organisation* ». C'est cette reconstruction du changement radical à Hydro-Québec qui m'a conduite à développer un modèle théorique du processus de diffusion stratégique sur lequel je reviendrai un peu plus loin.

encadré 5.10.

le changement radical à Hydro-Québec
le compte rendu

LA TRANSFORMATION D'HYDRO-QUÉBEC

Hydro-Québec avant 1982

Le plus grand défi : la nationalisation
Les premiers remous
Le contexte interne : des rivalités

La mutation d'Hydro-Québec

La nouvelle équipe de direction
Une vision corporative radicalement différente

Le virage

Le redressement
La décentralisation
La réorientation stratégique

LA REDÉFINITION DES ORIENTATIONS
de bâtisseur à vendeur

La politisation d'Hydro-Québec

La redéfinition des groupes

Le groupe Équipement
Le groupe TAI

LA REDÉFINITION DU CARACTÈRE DE L'ORGANISATION
du service public à la maximisation des profits
Une scission entre la haute direction et la base
La perte de pouvoir des cadres intermédiaires
La démotivation des syndiqués

La gestion du changement
L'imposition du changement
Les agents de changement et le rythme du changement

La rédaction de cas d'entreprises n'est pas l'unique façon de rendre compte des données d'entretiens. Ainsi, dans l'étude sur les cadres intermédiaires mentionnée plus tôt (*cf.* l'encadré 5.5.), nous voulions comprendre le rôle de ces derniers dans le processus d'intégration des connaissances organisationnelles. Nous avons donc centré son analyse sur leurs pratiques telles qu'ils les avaient décrites en relatant leurs principales réalisations. L'analyse a permis d'identifier, en comparant leurs narrations, trois types de cadres intermédiaires dont le mode de création et d'intégration des connaissances était différent. Dans cette étude, le chapitre des résultats expose donc trois cas représentant chacun un type de cadre en fonction de son mode d'intégration du savoir : celui qui adopte une approche axée sur la solution de problèmes, celui qui privilégie l'approche entrepreneuriale et, enfin, celui dont l'approche est qualifiée de pragmatique. Le chercheur utilise les données des différents entretiens, notamment les descriptions des réalisations pour les étoffer et les expliquer.

- **Le compte rendu thématique.** On peut également structurer le compte rendu en fonction des différents thèmes que l'analyse a permis de révéler. Dans une étude en cours sur le contrôle dans les firmes de consultants en gestion, la présentation des résultats est organisée autour de différents thèmes, tels que les modes de contrôle formel perçus, les réactions face aux contrôles formels, le contrôle informel perçu, les réactions face au contrôle informel, etc.

Enfin, une autre stratégie employée pour analyser et rendre compte des données d'entretien est la construction de cartes cognitives. Ces cartes sont constituées des différents concepts abordés par les répondants, ainsi que des liens qui les unissent, et permettent de représenter visuellement de façon synthétique l'interprétation de certains aspects de l'univers organisationnel des répondants. Une étude de Calori, Johnson et Sarnin (1992/1993) présente sous cette forme l'analyse d'entretiens faits avec des dirigeants d'entreprises sur leur perception de la structure et de la dynamique de leur environnement (10).

Il faut souligner ici que, sauf si l'on construit des cartes cognitives, la crédibilité du compte rendu repose sur l'utilisation judicieuse d'extraits représentatifs. Ce sont les citations des acteurs qui sont les plus convaincantes et qui permettent au lecteur d'apprécier la validité de l'analyse faite par le chercheur. Comme pour le cas de l'observation (chapitre suivant), l'utilisation d'extraits d'entretiens exige une grande prudence de la part du chercheur. Ce dernier doit s'assurer de sélectionner les citations qui ne permettent pas d'en reconnaître l'auteur (dans les cas où on lui a garanti l'anonymat). Il faut, bien entendu, tenir compte des souhaits des répondants qui peuvent avoir précisé ne pas vouloir qu'on utilise certains passages.

Dans d'autres cas, le chercheur doit faire preuve de jugement. Par exemple, chez Hydro-Québec, la mention de certains événements peu connus aurait tout de suite permis d'identifier l'informateur. Le chercheur peut plus facilement utiliser des extraits d'entretiens lorsqu'il a interviewé plusieurs personnes d'un groupe de la même entreprise – comme chez Hydro-Québec –, ou des répondants venant d'entreprises non identifiées – tel que dans l'étude sur les publicitaires-conseils ou celle sur les cadres intermédiaires. En effet, cela rend plus facile le respect de l'anonymat de l'individu tout en permettant de donner des précisions pertinentes sur son groupe d'appartenance (le niveau hiérarchique, la fonction ou l'ancienneté, par exemple).

Comme nous l'avons déjà mentionné, il est périlleux de tenter de rédiger le compte rendu sans avoir terminé l'analyse des données. Il est en effet impossible de tout dire, de rendre compte de tous les détails, il faut donc nécessairement sélectionner ce que l'on considère comme le plus important et le plus pertinent. Il faut aussi structurer la présentation des données pour faciliter la tâche du lecteur. Or, le chercheur n'est en mesure de faire un tel choix que lorsque l'analyse est complétée. Ce travail d'analyse sera plus ou moins long et incertain, selon que la démarche adoptée est plus ou moins inductive. Dans le cas d'une

(10) Pour ceux qui s'intéressent à ce type de question, l'ouvrage de P. Cossette (sous la direction de), *Cartes cognitives et organisations*, Presses Universitaires de Laval, 1994, y est consacré (voir aussi Allard-Poesi et Perret, Chapitre 3).

démarche plutôt inductive, c'est à cette étape que la construction du modèle conceptuel débute véritablement. Dans le cas où l'on adopte une approche plutôt déductive, l'analyse est simplifiée et l'objectif est plutôt de tester et d'améliorer le modèle de départ.

– **À mon avis, la recherche inductive basée sur l'entretien est incomplète si l'on ne théorise pas à partir de ses résultats.** C'est là un des dangers qui guettent les chercheurs. En effet, les données d'entretiens sont tellement riches et intéressantes en elles-mêmes qu'il est tentant de s'arrêter après l'analyse, c'est-à-dire lorsque le chercheur a construit sa propre interprétation du phénomène empirique étudié. Toutefois, en se basant sur son analyse, le chercheur peut aller plus loin et faire une véritable contribution s'il réussit à élaborer un modèle théorique plus général.

Comme je l'ai déjà mentionné, ma recherche sur la diffusion stratégique étant très inductive, mon modèle préliminaire était très flou. Au départ, je concevais le processus de diffusion d'un changement radical comme étant composé de deux processus : le processus de transmission et le processus de définition que j'avais construit de façon très générale (*cf.* encadré 5.3.). Mon analyse d'Hydro-Québec m'a amenée à le concevoir plutôt comme comportant deux sous-processus où transmission et redéfinition s'articulent selon une dynamique particulière : le premier, le processus d'articulation stratégique, étant transversal et le second, le processus d'actualisation stratégique, vertical (Demers, 1993). La troisième partie de ma thèse présente donc ce modèle de la diffusion élaboré à partir de la recherche. Bien qu'il soit issu des données sur Hydro-Québec, il est suffisamment générique pour être transférable à d'autres organisations, par exemple les organisations professionnelles.

J'aimerais conclure en suggérant, à la suite de Kvale (1996), que si l'entretien est conçu comme une conversation entre le chercheur et ses répondants, l'ensemble de la recherche basée sur les entretiens peut également être conçue comme une conversation au sens large. La première partie de la recherche – la revue de littérature et l'élaboration de la problématique – amorce une conversation avec ceux qui ont déjà traité de ce sujet. Cette conversation se conclut lorsque le chercheur, publiant ses résultats, reprend le dialogue avec ses collègues, son compte rendu servant de point de départ à une autre conversation.

Références bibliographiques citées

ARGYRIS (Ch.), *On Organizational Learning*, London : Blackwell, 1994.

BROWN (S.) et EISENHARDT (K.), « The Art of Continuous Change : Linking Complexity Theory and Time-paced Evolution in Relentlessly Shifting Organizations », *Administrative Science Quarterly*, 42, 1997, (1-34).

BURGELMAN (R.), « Intra-organizational Ecology of Strategy Making and Organizational Adaptation : Theory and Field Research », *Organization Science*, 2, 1991, (239-262).

CALORI (R.) et *al.*, « Schémas de référence des dirigeants : comparaison France-Grande-Bretagne », *in* (sous la direction d'Alain Noël), *Perspectives en Management stratégique*, tome I, Paris : Economica, 1992-93, (61-96).

DEMERS (C.), *La diffusion stratégique en situation de complexité : Hydro-Québec, un cas de changement radical*, Thèse de Doctorat, HEC Montréal, 1990.

DEMERS (C.), « La diffusion d'un changement radical : un processus de redéfinition et de restructuration de l'organisation », *Communication et Organisation*, 3, 1993, (95-127).

EISENHARDT (K.), « Making Fast Strategic Decisions in High Velocity Environments », *Academy of Management Journal*, 32, 1989(a), (543-576).

EISENHARDT, (K.), « Building Theories from Case Study Research », *Academy of Management Review*, 14, 1989(b), (620-627).

FONTANA (A.) et FREY (J.H.), « Interviewing : The Art of Science », *in* DENZIN (N.K.), et LINCOLN (Y.S.), *Collecting and Interpreting Qualitative Materials*, Thousand Oaks : Sage, 1998, (47-78).

GLASER (B.) et STRAUSS (A.), *The Discovery of Grounded Theory. Strategies for Qualitative Research*, Chicago : Aldine, 1967.

HAFSI (T.) et DEMERS (C.), « Strategic Divestments by Government : A Management Process Perspective », *Canadian Journal of Administrative Sciences/Revue Canadienne des Sciences de l'Administration*, 7, septembre 1990.

ISABELLA (L.), « Evolving Interpretations as a Change Unfolds », *Academy of Management Journal*, 33, 1990, (7-41).

JANCZAK (S.), *Knowledge Integration : A New Approach to the Role of Middle Management*, Thèse de Doctorat, HEC Montréal, 1999.

KVALE (S.), *InterViews. An Introduction to Qualitative Research Interviewing*, Thousand Oaks : Sage, 1996.

LEDOUX (M.J.), « Pratiques organisationnelles facilitatrices de créativité liées au publicitaire-conseil », Mémoire de Maîtrise, HEC Montréal, 1999.

RUBIN (H.J.) et RUBIN (I.S.), *Qualitative Interviewing. The Art of Hearing Data*, Thousand Oaks : Sage, 1995.

SAVOIE-ZAJC (L.), « L'entrevue semi-dirigée », *in Recherche sociale. De la problématique à la collecte de données*, Presses de l'Université du Québec, 2000, (263-285).

chapitre 6

l'observation

Carole GROLEAU

Par une belle journée ensoleillée, il nous arrive souvent de nous asseoir à la terrasse d'un café pour ressentir le simple plaisir de regarder les gens marcher et parler entre eux. En plus de l'intérêt qu'elle représente pour de nombreuses personnes, l'expérience de la vie de tous les jours constitue pour plusieurs chercheurs la matière première de leur travail. Ce sont ces interactions, ces gestes et ces comportements quotidiens qui deviennent la base des conceptualisations formulées par des auteurs tant en sociologie, en anthropologie qu'en gestion.

Toutefois, adopter l'observation (1) comme méthodologie, c'est plus que d'accepter de regarder les gens vivre au fil des jours. Cela implique une série de questionnements sur le rôle et le statut qu'on va occuper, sur le regard que l'on va porter, sur la manière dont on va gérer notre présence sur le lieu d'observation, ainsi que sur la constitution et l'analyse des données provenant de cette méthode.

Dans ce chapitre, nous examinerons ces différentes facettes de l'observation. Nous débuterons en nous questionnant sur la pertinence de choisir l'observation comme méthode de recherche en gestion. La deuxième section de ce chapitre abordera le statut et le rôle du chercheur ainsi que la nature de ce qui est observé dans différents types de recherche. La troisième section sera consacrée à la mise en œuvre de l'observation. Nous aborderons les différentes situations qui se présentent au chercheur lorsqu'il est confronté à l'expérience de l'observation sur le terrain. La section suivante discutera de la retranscription des notes de terrain, de l'analyse des données et de la diffusion des résultats. Une cinquième section présentera une série de critères utilisés pour évaluer le travail de recherche. Nous conclurons ce chapitre sur des considérations éthiques qui font surface quand le chercheur utilise l'observation comme méthode de recherche.

Pour aborder ces thèmes, nous nous appuierons sur des données concrètes provenant d'une expérience de recherche que nous avons effectuée dans le cadre de nos études doctorales. Ainsi, dans chacune des sections, nous utiliserons notre expérience de recherche pour donner vie à nos propos.

---

(1) Je remercie le Fonds pour la Formation de Chercheur et l'aide à la Recherche (FCAR# 2001-NC-162311) pour son soutien financier. Je remercie aussi Mireille Lalancette pour ses commentaires sur des versions préliminaires de ce texte.

section I
pourquoi l'observation ?

À la fin du XIXe siècle et au début du XXe, l'observation a connu un essor en sciences humaines. Que ce soit pour étudier des tribus indigènes ou pour comprendre de nouveaux phénomènes sociaux comme l'urbanisation, de plus en plus de chercheurs se sont tournés vers l'observation. L'industrialisation, et plus particulièrement la vie au sein des organisations, a exercé une certaine fascination sur les chercheurs qui ont tenté de saisir les différentes facettes de cette nouvelle réalité par le biais de l'observation.

Ainsi, l'ingénieur Frederic W. Taylor s'est servi d'observations pour effectuer une étude de temps et mouvements à partir de laquelle il a rédigé ses principes de l'organisation scientifique du travail (Taylor, 1911). Tout comme le travail de Taylor, les observations faites par Elton Mayo (1933) dans les années trente à la Western Electric pour comprendre les effets des conditions de travail sur le rendement des employés sont devenues des repères importants pour les chercheurs en gestion.

Au cours des dernières décennies, les chercheurs ont eu recours à l'observation dans le cadre d'études aux problématiques variées. Ainsi, certains auteurs l'ont utilisée pour comprendre les pratiques managériales (Mintzberg, 1984) alors que d'autres l'ont employée pour examiner le travail quotidien de réparateurs de photocopieurs (Orr, 1996).

Les chercheurs choisissent l'observation pour plusieurs raisons. L'observation se démarque de l'entretien par la possibilité qu'elle offre de saisir sur le vif l'expérience des individus au quotidien. Les sujets éprouvent souvent beaucoup de difficulté à relater des événements qui s'inscrivent dans leurs routines. De la même manière, le point de vue des sujets sur certains thèmes est difficile à verbaliser ce qui rend l'observation idéale pour capter l'expérience humaine telle qu'elle se déroule au fil des jours.

Que ce soit dans un contexte social ou organisationnel, l'observation a été retenue par certains à cause de la possibilité que cette technique offre d'appréhender un phénomène peu connu. Cela a été la motivation de nombreuses recherches qui se sont déroulées au début du siècle mais cette volonté d'étudier des aspects peu explorés de la vie des organisations incite encore plusieurs chercheurs à opter pour l'observation. Les descriptions qu'elle procure s'avèrent souvent très révélatrices. Ainsi, l'observation peut offrir un éclairage nouveau tant sur des processus, des événements que sur des interactions, permettant ainsi de fournir des données empiriques riches pour examiner un phénomène qui est demeuré peu connu.

encadré 6.1.

pourquoi l'observation dans le contexte des études sur l'informatisation ?

C'est l'intérêt pour un phénomène demeuré obscur et controversé ainsi que la volonté de comprendre la vie quotidienne des organisations qui sont les principales motivations de la recherche présentée dans le cadre de ce chapitre (Groleau, 1995). Ce travail doctoral portant sur l'informatisation des pratiques de travail au sein des organisations a vu le jour à une période où les chercheurs s'intéressant à l'implantation de technologies informatiques se trouvaient dans une impasse.

Au début des années quatre-vingt-dix, plusieurs auteurs se sont inquiétés du caractère contradictoire et souvent irréconciliable des résultats obtenus par différentes recherches sur l'informatisation des pratiques de travail. Les hypothèses de ces études reposent sur des relations causales où les chercheurs mettent en relation la technologie ou la philosophie de gestion avec les effets de l'informatisation. Pour sortir de cette impasse, certains ont suggéré de multiplier les travaux empiriques (Attewel et Rule, 1988) afin de distinguer toutes les sources de variations possibles et ainsi raffiner nos conceptualisations du phénomène. D'autres suggéraient plutôt le développement de nouveaux modèles conceptuels (Steinfield et Fulk, 1990). Parmi les nombreuses propositions émises pour orienter les recherches futures, une volonté partagée de mieux comprendre la technologie et la manière dont elle s'intègre dans les tâches des membres de l'organisation a créé un terrain propice à une exploration plus en profondeur de la vie quotidienne dans les organisations (Kling, 1991 ; King et George, 1991 ; Hirschheim, 1985).

Parallèlement à ces études faites dans les contextes organisationnels, de nouvelles approches offraient des alternatives intéressantes pour étudier la technologie en milieu de travail. C'est le cas, entre autres, de l'action située. Lucy Suchman (1987), pionnière de cette approche, propose de mettre l'accent sur le contexte local pour réfléchir sur l'action. Pour Suchman, l'action est située : pour comprendre le déroulement de l'action, on doit tenir compte des circonstances qui l'entourent. Suchman va s'inspirer de l'ethnométhodologie (Garfinkel, 1967) pour regarder comment les êtres humains, à partir des circonstances spécifiques de l'action, parviennent à lui attribuer une intention et une rationalité. Suchman offre donc une alternative à l'approche rationnelle, souvent utilisée dans les études organisationnelles, selon laquelle l'action découle d'un plan.

Inspirée à la fois par la volonté des chercheurs de mieux comprendre la conduite des activités au jour le jour dans les organisations et par les approches situées, nous avons mis sur pied une étude dont l'objectif était de comprendre comment la technologie s'insère dans les pratiques de travail. Dans ce contexte, il nous semblait pertinent de choisir l'observation pour explorer empiriquement cette problématique.

section II
qu'est-ce que l'observation ?

Sous l'étiquette *observation* se cache une multitude de démarches possibles. Les choix qui se présentent au chercheur, tant au niveau du statut et du rôle qu'il occupera, qu'au niveau du regard qu'il jettera sur la vie de l'organisation vont orienter sa démarche. Dans les paragraphes qui suivent, nous allons explorer les possibilités qui s'offrent au chercheur.

§ 1. – le statut et le rôle de l'observateur

La place qu'occupera l'observateur en fonction de la communauté étudiée dépend beaucoup de la manière dont il réussit à marier ses rôles d'observateur et de participant. Le critère habituel pour définir la participation est la place que le chercheur occupe dans les activités de la communauté étudiée (2). Ainsi la grille classique de Junker (1960) est souvent reprise pour expliquer les statuts de l'observateur (Peretz, 1998). Junker identifie quatre statuts pour l'observateur en utilisant le degré de participation et le dévoilement de l'identité du chercheur comme critères.

(2) Selon Winkin (2001), les traditions de recherche américaines et françaises diffèrent en ce qui concerne la relation entre l'observateur et la communauté étudiée. Nous renvoyons le lecteur aux chapitres VI et VII de son ouvrage pour une discussion sur ces traditions.

Premièrement, le chercheur peut être un **participant complet**. Lorsqu'il occupe ce statut, l'observateur participe pleinement aux activités du groupe étudié sans dévoiler son identité de chercheur. Il s'intègre à la communauté en devenant un membre à part entière du groupe. Concrètement, dans un contexte organisationnel, cette position implique que le chercheur se fasse employer par la firme étudiée. Au cours de ses activités quotidiennes, l'individu ne s'identifie pas comme chercheur mais uniquement comme employé. Dans ce cas, les données sont constituées à partir de cette expérience où le chercheur est entièrement intégré dans la communauté faisant l'objet de son étude. Ce statut est évidemment assez problématique sur le plan de l'éthique. Rarement utilisé en milieu organisationnel, ce type de démarche est plutôt employé dans des milieux fermés ou clandestins. Ainsi, certaines communautés, comme celle des trafiquants de drogue, qui sont considérées comme socialement délinquantes, sont pratiquement impossibles à observer lorsque l'observateur s'affiche comme chercheur.

Le deuxième statut est celui du **participant qui observe**. Il diffère du premier puisque l'observateur divulgue son identité de chercheur. Encore une fois, le chercheur s'intègre à la communauté pour y participer au même titre que les autres membres du groupe. Plus spécifiquement, dans ce cas, le chercheur rejoint les rangs des membres de l'organisation en y travaillant au quotidien au côté des autres acteurs. Les membres de l'organisation connaissent son statut de chercheur.

L'observateur qui participe est le troisième statut identifié par Junker. À ce titre, l'observateur rend public son rôle de chercheur et erre librement dans la communauté sans prendre formellement part aux activités du groupe. Dans cette situation, le chercheur ne devient pas un employé de l'organisation. Ses activités se distinguent des autres membres de l'organisation car il ne collabore pas formellement aux tâches quotidiennes avec les membres de l'organisation. Il est dans l'entreprise pour regarder les autres individus à l'œuvre. Comme dans le cas précédent, les individus participant à la recherche savent qu'il est un chercheur.

Finalement, **le quatrième statut**, celui de **l'observateur complet**, place le chercheur dans une situation où il observe sans avoir de contact direct avec les sujets de la recherche. C'est souvent le cas des observations qui se déroulent en laboratoire dans le cadre d'une approche expérimentale. Ce type d'observation se déroule ordinairement dans un site à l'extérieur de l'organisation.

Les statuts les plus fréquemment adoptés par les chercheurs en gestion sont certainement ceux du participant qui observe et celui de l'observateur qui participe. La participation aux activités des individus dans un contexte organisationnel exige que le chercheur possède l'expertise nécessaire à la conduite des activités quotidiennes de l'organisation. Cette condition n'est pas toujours facile à remplir.

Ainsi, pendant le travail d'observation effectué dans le cadre de notre recherche sur l'informatisation, nous avons opté pour le statut de l'observateur qui participe. Ce choix s'est imposé parce que les unités de travail observées sont composées d'individus possédant une expertise professionnelle résultant d'une formation technique ou universitaire que nous ne possédions pas. L'acquisition du bagage de connaissances nécessaires à une participation plus poussée aurait requis que les individus œuvrant dans l'organisation investissent beaucoup de temps et d'énergie dans notre formation. Dans une entreprise à but lucratif, les ressources consacrées à la formation de l'observateur sont difficiles à justifier.

§ 2. - les tensions entre les rôles d'observateur et de chercheur

Selon Gold (1969), chacun des statuts identifiés par Junker est associé à une tension qui découle de la combinaison des rôles d'observateur et de participant qu'occupe le chercheur. Selon lui, le chercheur adoptant le statut du participant complet doit constamment se surveiller pour ne pas révéler son identité de chercheur aux autres membres de la communauté. De plus, la participation aux activités du groupe peut avoir comme conséquence d'intégrer pleinement le point de vue des observés délaissant ainsi son regard critique de chercheur. Si dans le deuxième statut, le rôle de chercheur est clairement annoncé, le danger d'une identification trop forte aux membres de la communauté demeure présent. L'observateur qui participe est relativement à l'abri de ce problème d'identification mais le revers de cette situation est la difficulté à pleinement saisir l'expérience de la communauté observée. Finalement, dans le cas du quatrième statut, l'interaction réduite entre l'observateur et l'observé peut conduire le chercheur à produire une interprétation ethnocentrique des données. Le contexte de notre recherche et celle effectuée par Julian Orr (1996) peuvent illustrer certaines de ces tensions.

Dans le cadre de notre étude où nous occupions le statut de l'observateur qui participe, nous avons dû maintes fois nous assurer que la compréhension que nous avions du travail observé correspondait bien à l'expérience des membres de l'organisation. À de multiples reprises, nous avons dû demander aux sujets de l'observation de nous expliquer la nature du travail effectué. Il a été difficile de trouver un équilibre entre la volonté de constamment questionner nos sujets pour approfondir ou valider notre compréhension et la retenue qui s'impose pour éviter par nos questions de déranger les sujets dans l'accomplissement de leurs tâches quotidiennes.

Pour illustrer le cas d'un chercheur occupant le statut du participant qui observe, l'étude d'Orr (1996) s'avère intéressante. Ce chercheur a effectué un travail de recherche sur les réparateurs de photocopieurs de la compagnie Xerox aux États-Unis. Sa recherche repose sur une série d'observations où il a été appelé à participer à la plupart des activités des sujets observés (3). Il a pu rejoindre une équipe de réparateurs de photocopieurs parce qu'il possédait l'expertise nécessaire pour occuper cet emploi. Ces compétences ont été acquises préalablement pendant un séjour dans l'armée et lorsqu'il avait occupé un poste de technicien, avant, pendant et après ses études universitaires. Ce chercheur a réussi à remplir les conditions de son intégration complète à la communauté observée grâce au cheminement professionnel qu'il a suivi avant de devenir chercheur.

Dans l'ouvrage qui relate sa recherche, Orr rend compte des avantages et des inconvénients de son expérience professionnelle : « mon expérience pratique était à la fois un avantage et un problème. C'était bénéfique parce que ma présence sur le terrain a été moins dérangeante puisque j'avais besoin de peu d'explication. De plus, cela m'a aidé à gagner la confiance des techniciens. Toutefois, cela s'est avéré un problème au moment de l'analyse puisque, dans mes notes, j'avais omis des éléments qui me paraissaient évidents sur le terrain mais qui l'étaient moins lorsque j'ai pris un peu de recul. J'ai aussi trouvé que j'avais tendance à examiner certains phénomènes comme non intéressants alors qu'ils ont retenu l'attention d'autres personnes de l'extérieur. L'aide de

(3) Orr a participé à toutes les tâches avec les techniciens de Xerox à l'exception de la réparation des machines chez les clients. Par contre, il a suivi les techniciens pendant ces visites, a réparé les machines utilisées par les employés de l'entreprise Xerox et a travaillé sur des machines qui n'étaient pas encore livrées aux clients.

collègues a été précieuse pour attirer mon attention sur des données intéressantes qui, autrement, seraient restées dans l'ombre par ma faute » (4) (Orr, 1996 : 7).

Ce commentaire nous permet d'entrevoir la difficulté que rencontre le chercheur lorsqu'il partage le même cadre de référence que la communauté observée. Il est alors possible qu'il prenne pour acquis l'expérience qu'il partage avec les personnes observées sans la questionner ou tenter d'identifier ce qu'elle révèle en fonction de la problématique choisie.

En plus de ces tensions dues à la conciliation des statuts d'observateur et de participant, nous pensons que l'adoption du regard de chercheur place les individus dans une position inhabituelle qu'ils doivent apprivoiser. La plupart des chercheurs confrontés à une première expérience d'observation sont submergés par la quantité d'informations se présentant à eux. C'est comme si l'observateur était inondé de données potentielles et ne savait plus où diriger son attention. D'autres individus dans un contexte similaire n'arrivent pas à focaliser leur regard sur ce qui se passe sur le terrain. Au lieu de se sentir submergés par la quantité d'informations, ils semblent aveuglés et ne parviennent pas à identifier des événements qui pourraient constituer des données. Finalement, certains chercheurs nous ont confié avoir été très distraits par le contenu des conversations des personnes observées. Ces observateurs ont tendance à développer un intérêt soutenu pour les échanges sur le terrain en oubliant tout à fait leur rôle de chercheur. La conversation de l'un ou les comportements des autres attirent l'attention et distraient le chercheur à un point tel qu'il finit par oublier qu'il est sur le terrain pour faire de la recherche. Il va sans dire que le travail de terrain exige une préparation importante. Malgré tout, l'adoption du regard de chercheur sur la réalité quotidienne est un apprentissage qui demande une importante dose de concentration.

---

(4) Traduit de : « *my practical experience was both boon and curse. It was beneficial in that it made my presence in the field less obstrusive, since I needed fewer explanations. It was help in winning the trust of the technicians. However, it was a problem in analysis since my notes omitted things that were obvious in the field but are less so at a distance. I also found I had a tendency to regard certain phenomena as unremarkable which are not really so to outsiders. The assistance of colleagues was invaluable in calling my attention to some interesting material : that remaining in oblivion is entirely my responsibility* ».

§ 3. – quoi observer ?

Dans le cadre de son travail de terrain, l'observateur va être exposé à une série de situations où des acteurs participent à la vie de la collectivité. Il va ainsi devenir témoin de paroles, de gestes, de comportements, d'interactions et de rassemblements qui vont devenir ses données de recherche. Le regard que le chercheur va jeter sur les événements et individus observés sera déterminant dans la constitution de ses données. Une même série de situations peut se prêter à différents cadrages en fonction des postulats à la base de la démarche de chacun.

Traditionnellement, l'observation, comme outil de recherche, est associée à des recherches où l'observateur tente d'appréhender le point de vue des sujets étudiés sur la réalité dans laquelle ils évoluent. La réalité est définie par la manière dont les membres de la collectivité créent du sens à partir de leur expérience au sein de cette communauté. Ce type de recherche octroie une place privilégiée aux schèmes construits par les acteurs pour comprendre la réalité étudiée. Ce genre de recherche a généralement pour but d'expliquer un phénomène à partir du cadre de référence des sujets prenant part à celle-ci. C'est cette approche que nous avons privilégiée dans le cadre de notre étude sur l'informatisation. Nous nous sommes intéressées aux processus d'interprétation de la réalité mis en œuvre par les membres de l'organisation dans le cadre de l'exécution de leurs activités quotidiennes.

Mais l'observation peut aussi servir d'autres fins. Au lieu de chercher à comprendre le point de vue des individus qui l'expérimentent, cette même réalité peut être appréhendée à partir de ce qui est observable pour formuler des relations et des lois en s'appuyant plutôt sur une ontologie réaliste et une épistémologie positiviste (Giordano, Chapitre 1). Les événements ne sont plus mis à contribution pour expliquer le cadre de référence des individus observés mais bien pour être mis en relation les uns avec les autres pour dévoiler le fonctionnement du système. Des gestes, des paroles ou des comportements peuvent devenir des indices analysés pour chercher à expliquer ou prévoir des régularités. Ainsi, on peut compter le nombre d'échanges entre différents individus, comptabiliser le nombre de fois où les membres de l'organisation se regroupent ou tout autre forme de manifestation observable dans la communauté pour les mettre en relation les uns avec les autres.

Nous croyons comme M'bengué, Vandangeon-Derumez et Grimand (2000), qu'un outil de recherche tel que l'observation, n'est pas, de prime abord associé à un paradigme ; il est plutôt neutre. La manière dont cet outil va s'insérer dans une démarche de recherche va orienter son utilisation. Ainsi, les itinéraires de recherche décrits dans cette section s'appuient sur des postulats différents même s'ils utilisent tous l'observation comme outil de recherche.

section III
la conduite de l'observation

Alors que la section précédente nous a fait découvrir que l'observation pouvait prendre plusieurs formes selon les choix que les chercheurs effectuent, nous allons dans celle-ci aborder l'actualisation des étapes du travail de terrain. Les choix effectués dans le cadre de notre recherche vont pouvoir éclairer la discussion.

Notre analyse a été menée selon la position de l'observateur qui participe. Ce choix a été fait pour éviter de nous disperser avec les diverses questions soulevées par le travail de terrain d'observateurs occupant différents statuts. Toutefois, nous pensons que plusieurs des remarques, en particulier sur l'entrée sur le terrain, la relation observateur-observé, la grille, les notes, leurs retranscriptions et leurs analyses, s'appliquent aussi à des chercheurs occupant d'autres statuts (5). Finalement dans notre recherche, le choix d'appréhender la réalité en adoptant le point de vue des membres de la communauté étudiée a aussi influencé notre démarche empirique.

§ 1. - le choix et la négociation de l'accès au site

Comparativement aux anthropologues ou aux sociologues qui étudient des groupes ou des situations qui peuvent être difficiles à cerner

(5) Notre discussion peut s'appliquer presque intégralement aux chercheurs occupant le statut du participant qui observe. La clandestinité du participant complet soulève des problèmes particuliers en ce qui concerne, par exemple, l'entrée sur le site et la prise de notes que nous ne discuterons pas dans ce chapitre. Finalement, le travail de laboratoire de l'observateur complet suit une logique d'action qui diffère tout à fait de la recherche qui guide notre discussion dans ce chapitre.

dans le temps et dans l'espace, les problématiques de gestion ont l'avantage d'avoir un terrain d'étude assez bien délimité. En effet, les activités des entreprises se déroulent dans des lieux définis avec un nombre limité de participants qui se retrouvent dans des situations et des événements relativement circonscrits. De plus, il est facile de découper l'entité organisationnelle en fonction d'un groupe de travail ou d'une activité pour bien délimiter le terrain de l'étude.

De multiples organisations renfermant chacune plusieurs terrains potentiels s'offrent à l'observateur. Nous devons donc considérer les critères qui vont orienter le choix du chercheur dans sa quête pour un lieu d'observation. Le phénomène étudié et plus particulièrement la question de recherche va être déterminante. Il s'agit de voir comment le phénomène qui fait l'objet de la question de recherche prend forme concrètement dans l'organisation. De manière plus précise, le chercheur doit tenter de découvrir à l'intérieur même de l'organisation sélectionnée, les lieux, les moments et les acteurs interpellés par l'étude du phénomène au cœur de la question de recherche.

Dans le cas de la recherche décrite ci-dessus (*cf.* encadré 6.1.), notre questionnement portait sur la place qu'occupe la technologie dans la pratique des activités quotidiennes des membres de l'organisation. La recherche visait à comprendre la conduite des activités quotidiennes pour être capable de dégager une explication sur l'apport de la technologie. Concrètement, pour choisir les terrains d'étude, nous avons cherché des réponses aux questions suivantes : qui allons-nous observer ? Quels contextes organisationnels doit-on sélectionner ? Quel moment est le plus opportun ? Ces interrogations visaient à identifier des terrains de recherche qui nous permettraient de trouver des données menant à la formulation d'une explication capable de répondre à la question de recherche.

Pour répondre à la première question – identifier les caractéristiques des individus participant à la recherche – nous nous sommes tournés vers notre conceptualisation du travail au sein des organisations. Comme notre recherche repose sur une définition des activités humaines en tant que phénomène social, notre observation devait se dérouler auprès d'un groupe d'individus contribuant à une série d'activités communes. Nous avons donc pensé étudier des unités de travail pour répondre à ce critère. Plus particulièrement, nous recherchions des unités de travail regroupant de deux à quinze personnes ; de trop grosses unités auraient rendu le travail d'observation complexe.

Les caractéristiques du contexte organisationnel recherché étaient multiples. La nature du travail effectué par les membres de l'unité et le type de technologie utilisée dans les unités de travail sont devenus des dimensions importantes à considérer dans la sélection des sites. Le nombre et le choix des sites devaient permettre une certaine variété afin que les similitudes et les contrastes issus de la comparaison entre les unités observées soient révélatrices sur le plan conceptuel.

Notre objectif était d'étudier les pratiques de travail en milieu nouvellement informatisé. Le temps écoulé depuis l'implantation des technologies est aussi devenu un critère important. La littérature sur l'informatisation soutient que les pratiques de travail sont déstabilisées suite à l'implantation technologique. Selon Lefebvre et *al.* (1987), une période de dix-huit mois est nécessaire avant que les membres de l'organisation n'intègrent pleinement l'usage d'un nouvel outil dans leurs pratiques quotidiennes. Comme nous voulions étudier les pratiques de travail dans une unité ayant vécu une expérience de changement technologique et ayant apprivoisé la technologie, nous avons choisi d'effectuer notre observation dans des unités de travail où dix-huit mois s'étaient écoulés depuis l'implantation de la nouvelle technologie.

Ces critères ont été retenus pour identifier trois terrains de recherche : le département de graphisme d'une agence de publicité (3 employés), le département des achats d'une entreprise publique (4 employés) et le département de la comptabilité d'un hôpital (7 employés).

Pour chacun de ces sites, une série de démarches a été entreprise afin de solliciter la participation des membres de l'organisation à notre recherche. Les sites ont d'abord été identifiés à partir de contacts personnels. Nos contacts nous ont menés dans une chaîne d'interactions où nous avons cherché à identifier le chef de l'unité de travail pour négocier notre présence au sein de l'organisation. Le chef de l'unité de travail nous semblait un acteur important puisqu'il est le représentant du groupe qui travaille sous son autorité et qu'il est le membre de l'équipe de gestion qui sera le plus directement impliqué dans notre projet. De plus, son approbation était primordiale à la bonne conduite de la recherche. C'est le chef de l'unité de travail qui se chargeait, lorsque nécessaire, d'obtenir l'approbation de la haute direction ainsi que celle des employés œuvrant dans son unité. En général, notre premier contact avec cet individu se faisait par téléphone. Suite à cet échange téléphonique, un rendez-vous était fixé pour discuter de la nature du projet, à partir d'un document écrit dans lequel ce dernier était décrit dans des termes accessibles à l'interlocuteur.

encadré 6.2.

le projet de recherche

informatisation du travail, impact des nouvelles technologies et évolution des pratiques de travail

1. Objectifs de la recherche

Examiner la place de la technologie dans la conduite des activités des différentes personnes de l'unité de travail.

2. Recueil des données

L'observation nécessite une présence physique du chercheur au sein d'une équipe de travail. Il s'intéressera aux diverses activités effectuées par les membres de l'unité de travail. Différents aspects des activités de chacun des employés seront observés :

- les sources de connaissances utilisées pour planifier et effectuer la tâche ;
- les procédures liées à la tâche ;
- les exigences de la tâche ;
- la coordination de la tâche ;
- les objets mobilisés pour l'exécution de la tâche.

3. Avantages de la recherche pour l'entreprise

L'entreprise peut attendre plusieurs avantages concrets liés à sa participation à la recherche, parmi lesquels :

- une meilleure compréhension des tâches ;
- une meilleure compréhension de l'utilisation des ressources dans la conduite des tâches.

Le chercheur s'engage à fournir :

- un compte rendu oral après l'analyse ;
- le partage des résultats de la recherche sous la forme d'articles.

4. Confidentialité

Le nom des employés et celui de l'entreprise seront modifiés afin de préserver l'anonymat des participants.

La négociation exige une série de précisions sur le rôle du chercheur, la période de temps allouée à l'observation, le compte rendu de la recherche qui sera fait à l'entreprise, la confidentialité des données et la liberté d'action et d'expression du chercheur. Dans les trois cas, les chefs des unités de travail convoitées ont consulté leurs employés pour obtenir leur accord avant d'acquiescer aux demandes du chercheur.

Ces premiers échanges sont déterminants puisqu'ils constituent la première étape d'une relation que le chercheur va construire avec les membres de l'organisation. De plus, ces conversations offrent une occasion privilégiée pour le chercheur d'observer certains indices révélant la dynamique organisationnelle du futur site.

§ 2. - la relation observateur-observé

Pour pénétrer l'univers des membres de l'organisation, l'observateur doit développer une relation de confiance avec les sujets observés afin que ceux-ci acceptent de partager leurs expériences de vie au sein de l'organisation. Cette relation de confiance, nécessaire à cette ouverture de la part des membres de l'organisation, se construit graduellement à travers les échanges quotidiens entre observateur et observé. Plusieurs facteurs, dont les caractéristiques du chercheur ainsi que celles de l'entreprise, vont influencer le potentiel de l'observateur à tisser des liens authentiques avec les membres de l'organisation.

La rencontre initiale avec les sujets, et plus particulièrement la présentation des grandes lignes de la recherche qui s'amorce, représente une étape importante dans le rapport que le chercheur va établir avec les membres de l'organisation. La capacité du chercheur à expliquer son étude dans un vocabulaire accessible aux membres de l'organisation permet de créer un rapport favorable où les termes de l'entente entre les deux parties et les attentes réciproques sont clarifiés.

Cette première interaction va aussi être l'occasion pour les membres de l'organisation d'apprendre à connaître le chercheur. Ce dernier occupe un statut lié à son éducation, sa classe sociale, son âge, son sexe, ses origines ethniques, ses antécédents professionnels, statut qui peut faciliter ou contraindre son intégration au groupe. Le chercheur doit être attentif à ces différences. Dans certains cas, l'acceptation du chercheur exige que celui-ci se soumette à des rites de passage. Différentes épreuves peuvent être mises en œuvre pour tester la solidarité de l'observateur.

Le contexte organisationnel, et plus particulièrement le rapport que le chercheur développe avec les autres employés de différents niveaux hiérarchiques, va aussi grandement influencer son acceptation auprès des individus prenant part à la recherche. Les rapports étroits qui se tissent souvent entre les chercheurs et les membres de l'équipe de direction pendant la négociation de l'accès au site de recherche peut laisser croire que les deux groupes sont alliés. Cette perception du rapport entre les dirigeants de l'entreprise et les chercheurs peut être problématique dans les organisations où les groupes occupant des niveaux hiérarchiques différents vivent des relations tendues. Même dans les organisations dont les rapports sont *a priori* harmonieux, la crainte que le chercheur soit de connivence avec l'équipe de direction peut rendre méfiants certains membres de l'organisation.

encadré 6.3.

le triangle dirigeants-graphistes-chercheur à l'agence de publicité

Au sein de l'agence de publicité, les relations entre les dirigeants de l'entreprise et les graphistes étaient très tendues. Comme nous avions discuté avec les dirigeants de l'entreprise à notre arrivée, les graphistes ont ressenti beaucoup de scepticisme à notre égard au début de l'observation. Au fil des jours, les graphistes se sont ouverts et ont exprimé devant nous leur résistance aux politiques de l'équipe de gestion. Lorsque les graphistes ont réalisé que leurs commentaires n'avaient eu aucun effet, ils ont compris que l'observateur ne dévoilait pas leurs remarques et leurs pratiques de travail peu orthodoxes aux autres membres de l'organisation. Une relation de confiance caractérisée par une grande ouverture s'est ensuite installée entre le chercheur et les graphistes.

Toutefois, cette confiance a été ébranlée au cours de l'observation. L'un des graphistes nous a vu discuter avec un dirigeant à la sortie de l'édifice qui abrite l'entreprise, après une journée d'observation. Le lendemain matin, le graphiste a confessé avoir été témoin de la scène et s'est dit inquiet. Nous avons fermé la porte du bureau des graphistes pour discuter afin de clarifier la situation. Après avoir décrit à nouveau les objectifs de la recherche, nous avons expliqué que nos conversations avec les dirigeants se limiteraient à notre problématique de recherche sans dévoiler d'autres détails sur les perceptions des graphistes à l'égard des dirigeants, des clients ou de l'entreprise. Après quelques heures, la confiance était rétablie et les graphistes s'exprimaient librement sur les différentes facettes de leur travail.

Le rapport aux membres de l'organisation dans un contexte d'observation exige de la part du chercheur une grande conscience de soi. Cette conscientisation doit tenir compte autant de ce que le chercheur peut représenter aux yeux des membres de l'organisation, de l'effet que produit sa présence, que de la dynamique organisationnelle qui caractérise l'entreprise visitée. Au lieu de chercher à s'effacer, le chercheur doit tenter de saisir les répercussions de sa présence tout au long de son séjour en entreprise. L'évolution de la relation qu'il entretient avec les membres de l'organisation est donc une préoccupation constante.

Le chercheur devient donc attentif aux signes d'intégration et de rejet que lui manifeste la communauté étudiée. Dans certains cas, les membres de l'organisation expriment verbalement leur acceptation ou le rejet. Dans d'autres cas, l'acceptation est codée, prenant différentes formes comme des invitations à partager la vie du groupe pendant l'heure des repas ou les pauses. L'acceptation peut aussi prendre la forme du partage de confidences dépassant souvent le cadre de l'étude. De la même manière, le chercheur peut se considérer accepté quand les membres de l'équipe échangent des secrets professionnels ou s'éloignent des comportements tolérés par les dirigeants en sa présence.

Le rejet peut aussi se concrétiser dans différents types de comportements. Par exemple, les employés peuvent résister en évitant d'interagir avec le chercheur ou d'échanger entre eux en présence de ce dernier.

encadré 6.4.

différentes manifestations de résistance dans les entreprises visitées

La résistance des sujets à participer pleinement à la recherche peut prendre plusieurs formes. Dans l'une des organisations visitées, un employé refusait de faire son travail devant l'observateur. Sans que l'employé ait eu à le verbaliser, le chercheur a compris que son peu de connaissance informatique le plaçait dans une situation difficile. Cet individu n'utilisait pratiquement pas l'ordinateur et se sentait mal à l'aise vis-à-vis du chercheur. La période d'observation a donc été écourtée et nous nous sommes concentrés sur l'observation des tâches ne nécessitant pas l'aide de la technologie informatique.

Dans un deuxième cas, une employée a refusé de prendre part à l'observation parce qu'elle était intimidée par les longues années d'étude du chercheur. L'employée craignait ne pas être à la hauteur de ses attentes et ne pas être en mesure de comprendre ce qui était exigé. Avec l'accord de la directrice de l'unité observée, nous avons prudemment abordé l'employée dans une série de conversations tantôt sur le travail, tantôt sur d'autres aspects de la vie quotidienne, conversations qui ont mené à l'acceptation de participer à la recherche. Ces conversations avaient pour but de démystifier le statut du chercheur.

Ces deux exemples illustrent bien différentes sources d'inconfort que peuvent ressentir les membres de l'organisation prenant part à la recherche.

Ces signes sont importants puisqu'ils permettent de suivre l'évolution de la relation entre le chercheur et les membres de l'organisation. Au-delà d'un vague sentiment d'acceptation ou de rejet, le chercheur peut documenter à partir des propos et des gestes des individus rencontrés, le type de relation qu'ils ont construite. L'expérience de la relation entre le chercheur et le groupe d'individus observé est unique, mais le chercheur a la responsabilité de rendre explicite le cheminement qu'il a fait dans cette relation.

La relation entre les observateurs et les observés constitue une dimension importante du travail de terrain puisqu'elle permet d'apprécier la qualité des données recueillies. Une relation de confiance et de respect mutuel incite les observés à s'ouvrir et à partager leurs perceptions avec le chercheur.

§ 3. – le développement de la grille d'observation

Comme nous l'avons abordé dans le paragraphe 2 de la section II, l'observateur doit apprendre à composer avec son rôle de chercheur en développant un regard particulier sur les activités quotidiennes. En plus de se focaliser sur un phénomène spécifique, le recueil des données est une étape qui sert à poursuivre le travail conceptuel de la recherche en s'appuyant sur les manifestations concrètes du phénomène étudié.

Les démarches des chercheurs peuvent varier. Les données empiriques peuvent être utilisées, par exemple, pour tester une hypothèse. Dans ce cas, les variables réunies dans l'hypothèse seront opérationalisées et analysées de manière à la valider ou l'invalider. Les données prélevées sur le site de recherche peuvent aussi servir à formuler une conceptualisation qui répond à une question de recherche. Dans chacun des cas, la grille d'observation sera différente. Plus concrètement, dans le cas du test d'hypothèse, une série de variables aura été identifiée *a priori*. Le contenu de la grille d'observation deviendra donc le reflet de ses différentes variables. Si, comme dans notre cas, votre itinéraire de recherche puise dans les données empiriques pour conceptualiser un phénomène, la grille sera composée de quelques thèmes qui serviront à cerner le phénomène sans trop le contraindre afin de laisser émerger des données l'explication qui sera conceptualisée au moment de l'analyse.

Notre recherche, telle que décrite dans l'encadré 6.1., s'appuie sur une revue de littérature pour explorer en profondeur la place de la technologie dans les conduites des activités quotidiennes des membres de l'organisation. Inspirée de travaux comme ceux de Suchman (1987), nous concevons les pratiques de travail comme une construction des membres de l'organisation. De manière plus précise, les pratiques de travail sont définies comme des chaînes d'activités humaines dans lesquelles les individus sont engagés collectivement.

Nous voulions, à partir de ce cadre, faire émerger des données pour formuler des explications plus fines sur la manière dont la technologie intervient dans les activités quotidiennes. Pour ce faire, nous avons identifié quelques thèmes afin d'orienter notre travail de recueil de données. Nous avons tenu compte : 1. des ressources nécessaires à la conduite des activités ; 2. du déclenchement de l'activité ; 3. de la résolution de l'activité, des caractéristiques de l'activité ; 4. des problèmes rencontrés dans l'exécution ; 5. de l'interdépendance et de la coordination des activités. Ces thèmes composaient notre grille d'observation et sont inspirés d'une méthode d'analyse du travail (Carlysle, 1986). Tout en ayant des repères pour appréhender le phénomène, nous voulions que la définition des activités ainsi que la manière dont se déploient les ressources matérielles et sociales proviennent des sujets observés. C'est pour cette raison que nous n'avons retenu que quelques thèmes dans notre grille pour orienter notre travail de terrain.

L'avantage de la grille a été de systématiser le travail de terrain et d'assurer une continuité dans la manière dont le phénomène étudié est appréhendé d'une journée à l'autre ainsi que d'un site à l'autre.

§ 4. - les notes d'observation

Les notes d'observation constituent les traces de l'expérience de recherche qui seront utilisées pour analyser les données (*cf.* encadré 6.5.). À partir de l'expérience dont il est témoin dans l'entreprise, le chercheur va prendre une série de notes que l'on peut catégoriser en trois classes (Burgess, 1984).

La première catégorie, **les notes de terrain**, est constituée des données sur les événements, les faits, les activités, l'endroit et le temps. Ce sont des données qui rendent compte de ce qui se passe dans l'organisation. Mais comme l'approche choisie privilégie le point de vue du sujet, des interactions, des extraits de conversations, des comportements et des réflexions faites par les membres de l'organisation étudiée sont aussi intégrées dans les notes.

La deuxième catégorie de notes qu'enregistre un observateur est consacrée aux réflexions du chercheur sur le processus de recherche. Ce sont **les notes méthodologiques**. Ces notes renferment des remarques sur les interactions entre l'observateur et l'observé telles que nous les avons décrites dans le paragraphe 2 ci-dessus. Ces commentaires permettent au chercheur de documenter l'impact de sa présence dans l'organisation. À partir des notes méthodologiques, il pourra identifier des repères précis pour saisir la dimension historique de son séjour. Plus particulièrement, ces notes facilitent la compréhension de la relation observateur-observé et les répercussions que cette relation a sur le recueil des données.

La troisième catégorie de notes, **les notes d'analyse**, permet au chercheur d'enregistrer ses impressions et ses intuitions sur ce que révèlent les données empiriques en fonction de la problématique. Les thèmes récurrents peuvent inspirer le chercheur et lui faire découvrir dès le recueil de données des pistes d'analyse qui seront fructueuses.

encadré 6.5.

extrait de notes d'observation

Vincent arrive avec un autre bon de commande pour Nora. Elle doit faire un chèque pour l'entreprise XYZ. Nora me dit que normalement les chèques sont produits à la banque mais que, cette fois-ci, elle fera la conception des chèques et que la banque ajoutera le code alphanumérique identifiant le compte de banque une fois les chèques imprimés.

NORA A L'AIR FATIGUÉE CE MATIN. ELLE ME DIT QU'ELLE EST SORTIE TARD HIER. ELLE ME DÉCRIT SA SOIRÉE AVEC BEAUCOUP DE DÉTAILS PERSONNELS.

Nora reçoit le texte sur une disquette. Elle met le disque à l'intérieur de l'ordinateur et ouvre le document intitulé XYZ. En plus de la disquette, elle a reçu, sur un papier, un dessin à la main qui représente l'allure du chèque désirée.

En ouvrant le document informatique, elle me dit qu'il manque un des logos dessinés sur le papier.

Nora cherche la version numérisée du logo XYZ avec le micro et le lettrage. Dans son ordinateur, elle a plusieurs versions numérisées du logo XYZ. Les différentes versions sont identifiées XYZ1, XYZ2, XYZ3, etc.

Elle me dit qu'avant c'était beaucoup plus facile de trouver les logos puisqu'ils étaient tous dans une chemise de papier et qu'elle n'avait qu'à feuilleter les documents. Elle dit qu'elle n'arrive jamais à se rappeler le nom précis de la version du logo qu'elle recherche.

LA DIGITALISATION DES LOGOS AUXQUELS NORA DOIT MAINTENANT ATTRIBUER DES NOMS ME RAPPELLE LE TRAVAIL DE ZUBOFF (1988) SUR LA TEXTUALISATION DES DONNÉES.

Légende (concerne les styles de caractères utilisés pour la prise de notes : normal, majuscules gras, majuscules italiques) :

– notes de terrain (caractères normaux)

– **NOTES MÉTHODOLOGIQUES** (majuscules, gras)

– *NOTES D'ANALYSE* (majuscules, italiques)

Alors que les différents types de notes se prennent souvent de manière simultanée sur le terrain, il est important de distinguer les commentaires qui sont formulés par le chercheur de ceux qui proviennent de l'observation directe des membres de l'organisation. Ces voix peuvent se confondre et rendre l'analyse des données problématique.

section IV
le traitement des données : de la retranscription des notes d'observation à la diffusion des résultats

Le processus par lequel le chercheur va créer du sens à partir de ses données et partager le fruit de sa recherche avec les membres de sa communauté, est découpé en trois étapes : la retranscription des notes, l'analyse des données et la diffusion des résultats.

§ 1. - la retranscription des données

Comme l'ont déjà souligné Linda Rouleau et Christiane Demers précédemment, la retranscription immédiate des données est essentielle dans le processus de recherche. Plus que l'enregistrement des données sous forme compréhensible, la retranscription ultérieure des notes prises sur le terrain est l'occasion pour le chercheur de mieux comprendre son expérience de terrain. Comme en témoigne Winkin (2001 : 163), donner une forme écrite à ses observations « permet à la fois de revivre une expérience intense et de l'objectiver, d'y participer à nouveau tout en l'observant à froid ». C'est donc l'occasion de mieux comprendre ce qui s'est passé sur le terrain en effectuant un retour sur ce qui a été vécu.

La retranscription est une étape fastidieuse. L'observateur se retrouve avec des centaines de pages manuscrites relatant des milliers d'événements. En plus d'effectuer un retour sur l'expérience vécue, la retranscription est l'occasion pour le chercheur de compléter les observations notées sur le terrain en ajoutant des commentaires qui peuvent rendre certains aspects des événements observés plus explicites. Dans le cas de notre étude, la retranscription a été faite jour après jour, immédiatement après l'observation afin que le souvenir des événements reste bien clair. Une fois la retranscription terminée, nous nous sommes retrouvés devant des pages et des pages contenant des descriptions d'événements, de conversations et de comportements avec lesquels nous devions continuer à nous familiariser pour en dégager une explication qui puisse répondre au questionnement de notre recherche (la place de la technologie dans les pratiques de travail) (*cf.* l'encadré 6.1.).

§ 2. - l'analyse des données

Le processus d'analyse consiste à créer du sens à partir des données d'observation afin de nourrir la réflexion du phénomène étudié. C'est un processus qui débute lorsque le chercheur est sur le terrain mais qui prend toute son ampleur lorsque les données sont retranscrites et plus faciles à manipuler. La manière dont les chercheurs travaillent avec les observations et les concepts diffèrent selon qu'ils privilégient la déduction ou l'induction. Les chercheurs adoptant une approche déductive utilisent les données empiriques pour valider ou invalider les concepts et les hypothèses découlant de la problématique. Les chercheurs adoptant une approche inductive utilisent les données empiriques pour contribuer à l'élaboration de concepts et théories.

Les différentes stratégies, loin d'être opposées sont souvent complémentaires (Deslauriers, 1991). Alors que les démarches qualitatives favorisent l'induction, il est rare que le chercheur débute sa recherche sans concepts pour éclairer sa démarche. Ainsi les concepts peuvent servir de repères, dans la mesure où ils ne contraignent pas la révélation de nouvelles explications associées au phénomène. C'est cette approche, axée principalement sur l'induction avec un découpage de la réalité effectué à l'aide de repères conceptuels, qui a été utilisée pour notre recherche.

L'ordre chronologique découlant de la retranscription s'est avéré peu utile pour comprendre la logique des données. Nous avons donc tenté de remettre de l'ordre dans les observations en identifiant un système de classification qui permette de faciliter le processus de création de sens.

Dans un premier temps, les observations ont été classifiées par site et ensuite par groupe d'activités. Par exemple, au département des achats de l'entreprise gouvernementale que nous avons observé, la tâche principale des agents a été découpée en cinq étapes : la distribution des requêtes reçues par les différents services de l'entreprise, le choix des entreprises invitées à soumissionner sur la requête d'achat, la préparation des documents écrits nécessaires à enregistrer les soumissions, le choix du fournisseur et finalement la préparation des bons de commande pour l'achat visé. Cette première organisation est grossière et a été inspirée des données. Elle vise à mieux comprendre la série d'actions collectives entreprises par les sujets observés.

Une version abrégée de la retranscription des observations organisée par activité a été transmise aux sujets de la recherche dans chacun des sites. Le chercheur voulait s'assurer que sa perception correspondait à l'expérience de travail telle qu'elle avait été vécue par les membres de l'organisation participant à sa recherche. Ensuite, trois techniques différentes ont été utilisées, souvent de manière simultanée, pour approfondir notre compréhension des données et pour en extraire une conceptualisation.

– Premièrement, à partir des observations découpées en groupe d'activités, nous avons poursuivi **notre travail de catégorisation**. Nous avons d'abord essayé de déconstruire les activités pour les morceler dans des unités de plus en plus fines. Par exemple, dans le cas du travail des agents d'approvisionnement de l'entreprise gouvernementale, nous nous sommes questionnés sur leurs visions des interactions matérielles et sociales qui soutenaient chaque activité regroupée dans les cinq grandes catégories identifiées plus tôt. Nous nous sommes inspirés de la conceptualisation de l'action de Suchman (1987) pour identifier les repères guidant notre travail à cette étape de l'analyse. Selon cet auteur, l'action est située, c'est-à-dire qu'elle prend son sens dans des circonstances locales en tenant compte des dimensions sociales et matérielles du contexte. De manière encore plus fine, nous nous sommes intéressés à ce qui caractérisait cette série d'opérations : pourquoi est-ce considéré comme activité ? Quelles caractéristiques attribue-t-on aux activités dans diverses circonstances ? Comment les usagers de la technologie conçoivent-ils la place de la technologie au sein d'activités ? Est-ce différent ou semblable à d'autres *artefacts* pour eux ? Est-ce toujours la même chose d'une activité à l'autre ? Quelles sont les variations possibles selon les différents individus ? Quand est-ce nécessaire d'interagir avec d'autres collègues lors de la conduite des activités ? Pour faire quoi ?

Nous avons utilisé ce type de question pour nous interroger sur la nature des activités décrites par nos sujets et sur la place qu'ils accordaient à la technologie dans la conduite de leurs activités quotidiennes. Ce type de questions appliquées à l'ensemble des activités observées nous a permis de nous interroger sur les dimensions fondamentales qui permettaient de regrouper ou non des activités dans la même catégorie. Cette démarche s'est avérée utile pour saisir l'essence des activités au quotidien et pour réfléchir sur la place qu'occupait la technologie mais aussi sur les dimensions sociales et matérielles dans le déroulement de l'action humaine.

– Deuxièmement, les pistes de recherche identifiées pendant le recueil et la retranscription des observations ont fourni **des explications provisoires** qui ont été explorées plus en profondeur à cette étape de l'analyse. Certaines explications provisoires viennent de rapprochements que le chercheur a faits entre des données provenant de son terrain et d'autres données ou conceptualisations décrites par d'autres auteurs. Ainsi, toutes ces réflexions ont été reprises pour examiner le potentiel qu'elles avaient d'éclaircir la problématique.

– Parallèlement à ces deux méthodes de travail avec les données, **nous avons continué à lire et à échanger** avec des collègues sur notre problématique. Cette démarche a été déterminante puisque c'est dans ce contexte que nous nous sommes familiarisée avec les premiers travaux d'Austin (1962) sur les actes de langage. Nous avons été inspirés par cet auteur et son travail qui explore comment le langage sous-tend l'action. Sans toutefois prétendre que la technologie est comparable au langage, nous avons trouvé dans l'explication formulée par Austin une manière de penser la contribution des technologies informatiques dans l'action qui coïncidait avec la vision de nos sujets.

Cette intuition de départ a été mise à l'épreuve pour voir sa valeur explicative dans l'ensemble des tâches observées dans les trois sites. Le travail d'analyse fait dans les deux autres étapes que nous venons de décrire semblait aller dans le sens de l'explication que nous avions formulée à partir des travaux d'Austin. Les données empiriques ont été utilisées pour vérifier la robustesse de la nouvelle proposition théorique. Cette confrontation de la théorie à l'empirie ainsi que l'utilisation du travail déjà fait dans la catégorisation et l'exploration des pistes de recherche a permis de mettre au point notre contribution conceptuelle.

§ 3. - la diffusion des résultats

Comme cela a déjà été suggéré dans les chapitres précédents, la rédaction du rapport est l'étape où le chercheur partage enfin son regard sur le phénomène étudié avec les autres membres de sa communauté. Les centaines de situations décrites dans les notes d'observation procurent au chercheur une multitude d'exemples pour illustrer les résultats de sa recherche. En plus de l'accessibilité à plusieurs situations, l'observation permet d'offrir une description détaillée du phénomène étudié grâce au rapport privilégié au contexte que l'observateur a développé au cours de son travail de terrain. Un des plus grands défis pour l'observateur est de traduire la richesse de ses données dans les écrits qui font état de la recherche.

Plusieurs exemples détaillés peuvent être choisis pour illustrer la contribution conceptuelle de la recherche. Évidemment, le choix des exemples et le nombre d'exemples retenus dans le texte se fera en fonction de l'auditoire et de sa connaissance du phénomène étudié. Toutefois, au-delà des exemples, un aperçu du contexte est souvent nécessaire pour bien saisir le sens des données. Il est donc possible d'opter pour une courte description du contexte avant d'illustrer les concepts avec les données.

Dans le cas de notre étude, nous avons adopté une structure argumentative où les données sont présentées en deux temps. Une première partie est consacrée à la présentation de l'ensemble des tâches effectuées par l'unité de travail observée. Cette partie permet de présenter l'environnement de travail étudié et de fournir quelques éléments qui caractérisent l'équipe de travail observée. Une deuxième partie présente des situations particulières de manière plus détaillée. Ces extraits de données sont choisis en fonction des concepts que nous désirons introduire dans la discussion. Quelques situations concrètes décrites de manière succincte sont proposées au lecteur dans chacun des textes écrits.

Cette forme d'argumentation a été utilisée dans la rédaction d'une thèse (Groleau, 1995), d'une monographie (Taylor, Groleau, Heaton et Van Every, 2001) et d'articles (Groleau et Taylor, 1996 ; Groleau et Cooren, 1999). Malgré l'adoption d'une structure qui favorise la mise en contexte, dans le cas de publication d'articles, l'auteur a souvent eu l'impression de transmettre une trop petite partie de ses données au lecteur, à cause du manque d'espace.

section V
l'évaluation de la qualité du travail de recherche

Pour évaluer la qualité de la recherche, Deslauriers (1991) propose, dans le cas des démarches qualitatives, d'adopter quatre critères : la crédibilité, la fiabilité, la validation et la transférabilité. Comme nos observations s'inscrivent dans une recherche de ce type, nous allons décrire ces critères en expliquant les moyens que nous avons mis en œuvre pour les remplir.

Deslauriers (1991) associe **la crédibilité** à la vraisemblance des données recueillies par le chercheur. Le respect de ce critère exige que l'observateur soit très rigoureux autant dans la constitution des données en interaction avec les sujets observés que dans la compréhension du phénomène qu'il dégage des données de terrain. Pour s'assurer que la vision du phénomène qui émerge de ses données corresponde bien à l'expérience vécue par les personnes participant à la recherche, Deslauriers suggère un engagement soutenu de la part du chercheur qui occupe le terrain pendant un séjour prolongé. Ces conditions permettent à ce dernier de bien apprivoiser le contexte d'étude mais aussi d'apprendre à distinguer sur le terrain ce qui est particulier de ce qui est habituel. Le chercheur engagé qui séjourne longtemps en entreprise pourra, entre autres, identifier et voir s'estomper les effets de sa présence sur le terrain. Il pourra également établir un lien de confiance nécessaire à l'ouverture des membres de l'organisation qui prennent part à la recherche.

Dans notre cas, les notes méthodologiques prises sur le terrain (*cf.* § 4 de la section III) nous ont aidé à apprécier la dimension historique de notre travail de recherche en entreprise tant pour repérer les idiosyncrasies du contexte lié à notre présence ou à d'autres facteurs, que le développement d'un sentiment de confiance mutuelle entre observateur et observé. Suivant les directives de Deslauriers, nous avons aussi fait lire le compte rendu de nos données aux personnes ayant pris part à l'étude de manière à accroître la crédibilité de nos données. Cette dernière initiative nous a confirmé que la rigueur que nous nous sommes imposée dans le cadre du travail de recherche, tant au moment du recueil que de la retranscription et de la synthèse des données, a permis de construire une vision de la réalité qui correspondait bien à celle des sujets observés.

On peut faire des rapprochements entre la manière de définir la **fiabilité** par Deslauriers et le concept de fidélité (*reliability*). La fidélité est habituellement mesurée en fonction de la capacité à répliquer les conditions d'expérimentation d'une recherche. On suppose qu'un chercheur reconstituant les conditions exposées dans la recherche arriverait inévitablement aux mêmes résultats que ceux qui sont décrits dans le cadre de l'étude présentée. Ce critère est extrêmement difficile à retenir dans les recherches qualitatives qui se déroulent en milieu naturel. Les spécificités du contexte étudié, la particularité des événements qui ne se reproduisent jamais exactement de la même manière et le rapport unique qui se tisse entre le chercheur et son milieu d'étude, rendent la recherche pratiquement impossible à reproduire. Pour évaluer le processus de recherche suivi par le chercheur dans ce type de démarche, Deslauriers propose l'évaluation du travail de recherche par un expert. Cette évaluation nécessite que le chercheur rende accessibles à cet expert toutes les traces du travail de recherche pour en faire l'examen et juger de la qualité de l'étude effectuée. Les documents inspectés par l'expert incluent les données d'observation brutes, les différentes retranscriptions des données – par exemple aux moments de la synthèse et de la catégorisation des données – les grilles, ainsi que tous les documents qui ont été produits ou qui ont servi de support pendant la recherche. Finalement, des notes sur le processus viennent compléter la liste des documents soumis à l'examen. Ces notes prises pendant l'observation mais aussi dans les étapes qui ont précédé et suivi le travail de terrain offrent un éclairage sur les décisions et les choix faits pendant la recherche. Notre étude a fait l'objet de plusieurs examens puisqu'elle s'inscrivait dans une démarche doctorale. Le directeur de thèse est intervenu tout au long du processus pour s'assurer de la qualité du travail et le jury s'est prononcé à l'étape finale de la recherche sur le cheminement suivi au cours de l'étude.

Selon Deslauriers, l'atteinte du critère de **validation**, comme celui de fiabilité, nécessite l'évaluation d'un expert qui se prononce sur l'authenticité des données. L'expert examine les procédures suivies à l'étape du recueil des données ainsi que l'exactitude entre les résultats décrits et les observations enregistrées. Une fois de plus, pour cette vérification nous avons eu recours aux professeurs qui nous ont encadré dans nos études doctorales.

Finalement, **la transférabilité** ressemble à la validité externe en sciences naturelles. Toutefois au lieu de prétendre que les conclusions de l'étude peuvent être généralisées, la transférabilité suppose que les résultats de la recherche aient un pouvoir explicatif qui dépasse le cadre de l'étude de laquelle ils émanent. Il faut démontrer que les conclusions sont applicables à des situations dans des contextes semblables. Ainsi, dans notre étude sur l'informatisation, nous avons vérifié la transférabilité de la conceptualisation formulée à partir de nos données à deux études de cas constituées par d'autres chercheurs. La capacité d'appliquer notre conceptualisation à ces contextes d'informatisation nous a assuré que nos conclusions étaient robustes puisqu'elles pouvaient s'étendre à une variété de situations dans les organisations nouvellement informatisées.

Il est possible de faire des liens entre les critères de fiabilité et de validité usuellement appliqués pour mesurer la qualité d'une recherche et ceux qui sont proposés par Deslauriers. L'avantage des critères que nous avons décrits dans cette section est qu'ils sont adaptés à une démarche qualitative. La crédibilité, la fidélité, la validation et la transférabilité suivent la logique des démarches qualitatives en respectant leurs particularités. À l'instar de Deslauriers, nous estimons qu'il est difficile de transférer les critères habituellement utilisés pour les démarches scientifiques adoptées dans les sciences naturelles au type d'étude décrite dans cet ouvrage. Toutefois, même si cette évaluation est différente, elle est nécessaire pour s'assurer de la rigueur des recherches quelles que soient les traditions scientifiques dont elles sont issues.

section VI
questions d'éthique

L'observation faite à la terrasse d'un café et celle qui est effectuée dans une entreprise à titre de chercheur s'inscrivent dans des démarches différentes. Le chercheur devient un témoin privilégié de la vie des membres de l'organisation qu'il étudie et le fruit du regard qu'il a posé sur ses individus sera diffusé sous différentes formes.

Du recueil des données à la diffusion des résultats, la démarche de recherche repose sur un contrat moral entre le chercheur et les membres de l'organisation qui contient plusieurs clauses implicites quant au rapport que le chercheur entretiendra avec eux. Même s'ils ne sont pas développés explicitement, les termes de l'entente semblent généralement assez clairs. Par exemple, la confidentialité des données ne paraît pas problématique à première vue. Comme beaucoup d'organisations sont des entreprises à vocation commerciale, les dirigeants peuvent êtres préoccupés par la confidentialité des données. Certaines informations constituent un avantage stratégique qui différencie l'entreprise de ses compétiteurs. Dans ce contexte, le chercheur sera prudent de manière à ne pas compromettre l'entreprise au moment de la diffusion de ses résultats. Toutefois, le contrat moral déborde ces préoccupations d'ordre organisationnel, sa complexité allant au-delà de ce que suggère cet exemple.

Nous aimerions conclure ce chapitre en puisant dans notre expérience pour illustrer la fragilité de ce contrat et l'attention constante que le chercheur doit porter à l'intérêt des individus ayant accepté de participer à sa recherche. L'une des organisations étudiée a soulevé **un problème de diffusion** qui mérite qu'on s'y attarde quelques instants. Ordinairement, nous nous engageons à remettre aux entreprises un compte rendu expliquant les résultats de notre recherche. Dans le cas de l'une des trois organisations, ce compte rendu s'est déroulé dans le bureau du Président. Après notre exposé, ce dernier, ainsi que les dirigeants présents, nous ont posé une série de questions. Pour ces dirigeants, la recherche fut perçue comme une occasion privilégiée d'avoir accès à des situations qui leur échappaient. Plus concrètement, le président de l'entreprise a insisté pour que nous lui transmettions notre évaluation des niveaux de compétences de l'équipe observée pour l'aider à déterminer la liste des salariés qui devaient êtres congédiés. Nous n'avons pas considéré que cette décision relevait de notre mandat et nous ne voulions pas que nos propos compromettent les individus qui avaient participé à la recherche. Dans la suite de l'entretien, nous avons été très prudente pour éviter d'attribuer aux employés des qualificatifs qui auraient pu leur nuire. Nous nous sommes donc contentée de décrire l'expérience de l'informatisation vécue par l'équipe de travail en utilisant des événements comme jalons de notre récit, sans incriminer aucun d'entre eux. Peu après notre visite, nous avons appris que plusieurs des employés ayant participé à l'observation avaient volontairement quitté l'entreprise. Ces situations où des tensions existent entre différents groupes et où il devient difficile de tenir compte des intérêts de tous les membres de l'organisation rendent la diffusion des données très problématique.

À l'exception de cette situation particulière, la nature de la recherche n'impliquait pas la diffusion d'informations critiques pour l'organisation ou ses membres. Si nous avons été témoin de conversations et de comportements peu orthodoxes, ces derniers n'étaient pas liés à nos préoccupations de recherche. Cela nous a donc évité de nous questionner sur la diffusion de ces situations particulières.

Autre exemple qui relève de questions d'éthique : celui **où le rôle du chercheur est ambigu** aux yeux des acteurs de l'entreprise. Pendant le recueil des données, nous avons participé à une variété de situations où notre rôle de chercheur et le statut des propos échangés n'étaient pas toujours clairs aux yeux des membres de l'organisation. Par exemple, à l'heure des repas, nous allions déjeuner ensemble et les personnes observées abordaient une série de sujets dont plusieurs pouvaient s'avérer pertinents pour notre recherche. La question de ce qui constituait des données s'est alors posée pour nous. Plusieurs interrogations ont fait surface : les interactions à l'heure des repas auxquelles nous participions devaient-elles être intégrées à la recherche ? Les confidences que les membres de l'organisation partagent sur leurs vies privées seraient-elles considérées comme des données ? Ces situations nous semblaient problématiques à cause des circonstances dans lesquelles les échanges se déroulaient, mais aussi à cause du contenu souvent personnel des conversations dans ces contextes.

Les circonstances dans lesquelles observateur et observé se retrouvent sont variées. Les repas et les pauses ne sont pas des situations de travail et les échanges dans ce cadre peuvent laisser croire aux individus participant à l'étude que le chercheur n'utilisera pas ses propos dans le cadre de sa recherche. Pour nous, cette confusion en ce qui concerne le statut des propos échangés dans différents contextes soulevait un problème d'éthique. Pour le solutionner, dans les situations où les échanges étaient plutôt informels ou dans des circonstances autres que celles normalement associées au travail, nous avons demandé aux participants s'ils nous autorisaient ou pas à inclure ces conversations dans nos données. Dans certaines circonstances, ils ont accepté alors que dans d'autres ils ont exprimé une certaine réserve.

En ce qui concerne le contenu des échanges, il arrivait que les conversations avec nos sujets débordent le cadre de notre étude pour toucher à des dimensions personnelles de la vie des acteurs observés. Ces échanges touchant à la vie privée étaient importants même si leur contenu était peu pertinent pour notre question de recherche. Alors, sans en dévoiler le contenu, les confidences sur la vie privée de nos interlocuteurs étaient simplement utilisées à titre d'indicateurs pour évaluer l'évolution de la relation entre observateur et observé. Nous avons réalisé que pour les participants, le rôle de chercheur était caractérisé par l'usage de notre calepin de notes en situation. Ainsi, dans les circonstances où nous n'avions pas notre calepin et où les propos échangés nous intéressaient, nous demandions la permission aux interlocuteurs de les inclure dans nos notes de terrain.

Des problèmes associés au recueil des données ont aussi pris d'autres formes. Sur le terrain, nous avons rencontré des membres de l'organisation qui, après nous avoir dévoilé des faits intéressants, nous ont demandé de les garder secrets. La diffusion de ces informations, quoiqu'intéressante pour le chercheur, avait des répercussions importantes pour les personnes qui les avaient dévoilées. Cette question est très délicate. La tentation du chercheur peut être très grande, mais le respect des intérêts des personnes observées a primé. Il en est de même lorsque, sans prévenir, les interlocuteurs fournissent des données qui peuvent gravement les compromettre.

Dans le cadre de son travail empirique, le chercheur est redevable à plusieurs acteurs de l'organisation. Ces individus ont des intérêts différents qui se manifestent clairement dans la vie de tous les jours, ce qui fait de l'observation une démarche exigeant beaucoup de sensibilité et de prudence de la part du chercheur (Feldman et Canter-Kohn, 2000). De par le regard particulier qu'il jette sur la vie des organisations, l'observateur doit constamment se questionner sur l'effet de sa présence sur le terrain, et ce, tant au moment du recueil des données que lorsqu'il rend publics les résultats de sa recherche. L'acceptation du chercheur dans les entreprises demeure donc un privilège qui se gagne par la confiance et le respect mutuels des parties prenantes à toutes les étapes de la recherche.

Références bibliographiques citées

ATTEWEL (P.) et RULE (J.), « Computing and Organizations : What We Know and What We Don't Know », *in* GRIEF (I.), (Ed.), *Computer-supported Cooperative Work : A Book of Readings*, San Mateo : Morgan Kaufman Publishers, 1998, (557-579).

AUSTIN (J.), *How To Do Things With Words*, Cambridge : Harvard University Press, 1962.

BURGESS (R.G.), *In the Field*. London : George Allen et Unwin, 1984.

CARLYSLE (K.E.), *Analyzing Jobs and Tasks*, Englewood Cliffs : Education Technology Publications, 1986.

DESLAURIERS (J.P.), *Recherche Qualitative : Guide Pratique*, Montréal : McGraw Hill, 1991.

FELDMAN (J.) et CANTER KOHN (R.) (Eds.), *L'éthique dans la pratique des sciences humaines : Dilemmes*, Paris : L'Harmattan, 2000.

GARFINKEL (H.), *Studies in Ethnomethodology*, Englewood Cliffs, N.J. : Prentice Hall, 1967.

GOLD (R.L.), « Roles in Sociological Field Observations », *in* MAC CALL (G.) et SIMONS (J.L.) (Eds.), *Issues in Participant Observation : A Text and Reader*, Reading, MA : Addison-Wesley, 1969.

GROLEAU (C.), *An Examination of the Computerized Information Flow Contributing to the Mobility of Tasks in Three Newly Computerized Firm*, Thèse de Doctorat, Montréal : Concordia University, 1995.

GROLEAU (C.) et COOREN (F.), « A Socio-semiotic Approach to Computerization : Bridging the Gap Between Ethnographers and Systems Analysts », *Communication Review*, 3(1-2), 1999, (125-164).

GROLEAU (C.) et TAYLOR (J.R.), « Toward a Subject-oriented Worldview of Information », *Canadian Journal of Communication*, 21(2), 1996, (243-265).

HIRSCHHEIM (R.A), *Office Automation : A Social Organizational Perspective*, Chichester : John Wiley & Sons, 1985.

JUNKER (B.H.), *Field Work : An Introduction to the Social Sciences*, Chicago : University of Chicago Press, 1960.

KING (J.L.) et GEORGE (J.F.), « Examining Computing and Centralization Debate », *Communication of the ACM, 34*, 1991, (64-72).

KLING (R.), « Computerization and Social Transformation », *Science, Technology and Human Values*, 16 (3), 1991, (342-367).

LEFEBVRE (L.A.) et *al., L'introduction et l'utilisation de l'informatique dans les petites entreprises. Etude des perceptions et des attentes de leurs dirigeants*, Laval : Centre Canadien de Recherche en Informatisation du Travail (CCRIT), 1987.

MAYO (E.), *The Human Problems of an Industrial Civilization*, New York : Macmillan, 1933.

M'BENGUE (A.), VANDANGEON-DERUMEZ (I.) et GRIMAND (A.), « Postures paradigmatiques et outils de recherche en management stratégique », *in* ALLARD-POESI (F.), MAINE (A.), CHARREIRE (S.), LE GOFF (J.) et MOURGES (N.) (Eds.), *Épistémologie et méthodologie en sciences de gestion, Actes de la Journée IRG*, Université Paris XII, novembre 2000, (279-305).

MINTZBERG (H.), *Le manager au quotidien*, Paris : Éditions d'Organisation, 1984.

ORR (J.E.), *Talking About Machine : An Ethnography of a Modern Job*, Ithaca, NY : IRL Press/Cornell, 1996.

PERETZ (H.), *Les méthodes en sociologie : l'observation*, Paris : La Découverte, 1998.

STEINFIELD (C.) et FULK (J.), « The Theory Imperative », *in* FULK (J.) et STEINFIELD (C.) (Eds.), *Organizations and Communication Technology*, Newbury Park, CA : Sage, (13-25).

SUCHMAN (L.), *Plans and Situated Action : The Problem of Human-machine Communication*, Cambridge Mass. : Cambridge University Press, 1987.

TAYLOR (F.W.), *The Principles of Scientific Management*, New York : Harper, 1911.

TAYLOR (J.R.), GROLEAU (C.), HEATON (L.) et VAN EVERY (E.), *The Computerization of Work : A Communication Perspective*, Thousand Oaks : Sage, 2001.

WINKIN (Y.), *Anthropologie de la communication. De la théorie au terrain*, Paris : De Boeck Université/Seuil, 2001.

chapitre 7

coder les données

Florence ALLARD-POESI

Le codage (1) consiste à découper les données (observation directe, discours, textes, images) en unités d'analyse, à définir les catégories qui vont les accueillir, puis à placer (ranger ou catégoriser) les unités dans ces catégories (Grawitz, 1996). Il s'agit d'une des voies possibles par lesquelles le chercheur transforme le monde empirique, brut et désordonné de l'expérience, en un monde organisé d'idées et de concepts, passant ainsi du monde « des sens » au monde « du sens ».

Les opérations de codage et de catégorisation sont de fait intrinsèquement liées à l'activité scientifique, même si la notion de mesure les a quelque peu aujourd'hui supplantées dans notre vision des sciences. Ainsi, rappelle Grawitz (1996 : 368) : « une des premières étapes du développement des sciences naturelles a consisté à classer les animaux, les plantes, en genre, type ou espèce, en fonction de leurs caractéristiques », et ce, en vue d'atteindre un certain niveau d'abstraction. Les sciences sociales se devaient, elles aussi, de « mettre un ordre sur leur monde ». Le développement de la pédagogie, de la psychologie, de la psychiatrie, de la démographie au XVIIIe siècle s'accompagne ainsi, nous montre Foucault (1975), de l'élaboration de classifications des comportements sociaux et sexuels, permettant et la définition de normes et la mesure d'écarts, l'évaluation et la détermination de particularismes.

Ces classifications autorisent parallèlement l'organisation et la systématisation de l'observation. Initialement développées en laboratoire par les psychologues, les méthodes d'observation et de classification systématique des comportements sont transposées « à la vraie vie » à partir de 1933. Cette transposition, que l'on doit notamment à Lewin et ses collègues (1939), et à Whyte (1943), s'accompagne d'un perfectionnement de ces méthodes : les observateurs ne seront plus cantonnés à un enregistrement de comportements physiques simples (pousser, tirer, toucher, etc.), mais devront interpréter et classer les comportements dans des catégories en fonction de leur signification (comportements agressifs, non agressifs par exemple) de manière aussi systématique et précise que possible (*cf.* encadré 7.1. ci-après).

---

(1) Ce chapitre s'inscrit dans le prolongement d'une présentation sur le codage des données effectuée lors du séminaire « méthodes qualitatives » du CEFAG 2001. Les réflexions des participants de ce séminaire et de son organisateur, Bernard Forgues, nous ont permis de clarifier et nourrir ce travail. Nous les remercions tous ici chaleureusement.

encadré 7.1.

observation systématique et catégorisation des comportements

l'étude du comportement des enfants de Lewin, Lippitt et White (1939)

Lewin, Lippitt et White (1939) observèrent de manière systématique le comportement de clubs d'enfants animés par des adultes adoptant des styles de *leadership* différenciés. Les comportements verbaux des enfants furent notamment classés en fonction de deux catégories, l'une reflétant un comportement objectif, non-émotif, l'autre reflétant de l'agressivité (*ego-involved*). Les comportements non verbaux furent de même observés et classifiés, l'agressivité étant marquée par des agressions physiques réciproques, des actes de rébellion, des grèves, l'attaque d'un bouc émissaire, des comportements de relâchement après départ du leader, et de l'agressivité contre des objets de substitution (les jouets). Ces observations et classification systématique des comportements des enfants, comme démontrant ou non de l'agressivité dans les différentes modalités de *leadership*, permirent de mettre en évidence l'influence de cette variable sur le comportement des enfants.

Il s'agit dès lors de définir précisément ce que l'on retient comme « segment de conduite », de prévoir les catégories susceptibles de les accueillir (comportements agressifs, comportements « objectifs »), et les manifestations que l'on va utiliser pour classer les différentes unités d'analyse dans ces catégories (qu'est-ce qu'un comportement agressif ?). Dès leurs origines, les opérations de « découpage » des observations et de définitions des catégories, en tant qu'opérations clés de l'activité scientifique, sont marquées par la même exigence et la même rigueur. La formation du chercheur et sa connaissance du contexte, souligne ici Lewin (1943-1944, *1997* (2) : 281), jouent un rôle essentiel : elles permettent d'obtenir des observations valides, là où la personne non formée ne donnera qu'interprétation ou approximation, et de classer correctement ces observations collectées.

La mise en œuvre effective de ces principes s'avère néanmoins particulièrement épineuse en sciences sociales. On invoque ici souvent le

(2) Par convention dans ce texte, la première date mentionnée correspond à celle de l'édition originale ; la seconde, mentionnée en italiques, à la réédition américaine consultée.

caractère fluide, continu ou fragmenté des « données » que nous codons : où commence et où s'arrête un « segment de conduite » ? Ces unités portent-elles une signification particulière ou peuvent-elles être classées simultanément dans plusieurs catégories ? Ces difficultés ayant trait à la nature même des données (observation, texte, discours), qui ne se confondent que rarement avec une unité « physique » particulière (un mot, une phrase, une unité de temps définie), ne sauraient certes être négligées. Il convient néanmoins de relativiser l'importance de tels facteurs en envisageant la manière dont, naturellement, nous faisons sens.

Considérons un enfant qui apprend à parler. Il doit, pour ce faire, effectuer des opérations similaires à celles du chercheur en sciences sociales lorsqu'il code ses données : découper le flux de son expérience (des images, ses actions, celles des autres, des sensations) en unités, puis leur attribuer un mot, en d'autres termes les classer dans des catégories résumées par ce mot. Les imagiers, les jeux de loto qu'on utilise, reposent sur ces principes : montrer à l'enfant l'image (lui donner l'unité d'analyse), lui dire ce que c'est (lui donner la catégorie), puis lui demander ce que c'est (lui faire associer l'unité à la catégorie : ceci est une vache alors que ceci est un cochon). Dans ce processus néanmoins, à la différence des opérations de codage auxquelles on procède dans la recherche scientifique, jamais on ne décrit à l'enfant les propriétés de la catégorie : « le cochon a un groin, il est rose, alors que la vache a des cornes et n'est pas rose ». On pressent que ceci n'aidera pas l'apprentissage, que l'enfant n'appréhende pas les choses à partir de leurs caractéristiques intrinsèques (le cochon a un groin, quatre pattes et il est rose par exemple), mais comme des « tout », par les propriétés ou fonctions qu'elles démontrent et dont il a (ou non) l'expérience : cela est doux, cela ne l'est pas, ceci est pareil, différent de cela, ceci appartient, n'appartient pas à cela, etc.

De manière naturelle, comme le petit enfant, nous ne percevons pas un phénomène ou une chose en fonction des caractéristiques qu'il porte, mais comme un tout, à partir des relations spatiales et temporelles des éléments qui le compose, et dans le contexte dans lequel il prend place (Beauvois, 1994 : 105) : nous n'entendons pas une mélodie en distinguant chacune des notes qui la composent, mais en percevant les relations qui existent entre elles, de sorte que nous sommes capables de la reconnaître même si elle est jouée dans une tonalité, à un rythme ou avec des instruments différents.

À chacune de ses étapes, le processus de codage paraît ainsi toujours marqué par une double exigence dont les termes sont difficiles à satisfaire conjointement :

- une exigence de scientificité, impliquant une définition précise des unités et des catégories qui les accueillent (être capables de retranscrire les notes de musiques et leur rythme) ;
- une exigence d'élaboration du sens, heuristique, qui passe non par une démarche analytique précise et systématique, mais par une « expérience » nous permettant d'établir des relations entre les choses (être capable d'« entendre » les relations d'une note à l'autre, les variations de rythme) et qui traduit notre façon « naturelle » d'être au monde.

Ce chapitre aborde les différentes étapes du processus de codage : la définition des unités d'analyse (Section I), puis des catégories (Section II), en soulignant la nécessaire précision et rigueur dont elles doivent faire l'objet. Le processus d'élaboration des catégories enfin (Section III), plus que tout autre étape du processus de codage et par-delà les recettes et idéaux types retenus par les méthodologues, traduit notre manière de faire sens du monde, pour *in fine*, relever d'une certaine forme (certes avancée et formalisée) de bricolage. Ces différents aspects sont illustrés au travers d'une recherche menée sur les dynamiques sociocognitives à l'œuvre dans les groupes restreints dont l'encadré 7.2. présente les objectifs et le cadre général.

encadré 7.2.

une illustration du processus de codage des données d'interactions

présentation de la recherche

L'objectif de cette recherche était de comprendre en quoi consiste une représentation collective dans les groupes et comment elle émerge à partir des représentations supposées différenciées de leurs membres.

1. Différentes perspectives

Une lecture de la littérature sur les organisations et en psychologie sociale avait permis d'identifier différentes perspectives sur cette question :

- une approche dite cognitive dans laquelle les organisations et les groupes sont envisagés comme des « systèmes d'idées partagées » émergeant par le biais de processus de conformisation des individus vers la majorité ou le groupe auxquels ils appartiennent ;

– une perspective dite « weickienne », qui, suivant en cela son père, considère le partage de croyances dans les organisations comme n'étant pas nécessaire à l'action organisée. De fait, il convient de concevoir les représentations collectives comme des *artefacts* sociaux transitoires, c'est-à-dire des points d'accord temporaires développés par les membres d'un groupe lors de leurs rencontres, points d'accord qui ne résisteraient pas à la rationalisation *post*-action (Langfield-Smith, 1992), et ne seraient donc pas nécessairement réappropriés par les individus après leurs interactions ;

– une perspective dite « sociocognitive », émanant des travaux de Moscovici et de ses collègues en psychologie sociale. Au travers de la notion de représentation sociale qu'elle s'est donnée pour objet, et de ses extensions dans des travaux sur l'influence sociale dans les groupes, cette approche propose d'envisager les représentations collectives comme des constructions émanant et se manifestant dans et par les interactions. Les formes et processus d'émergence de ces constructions collectives dépendent de fait étroitement des dynamiques sociocognitives à l'œuvre durant les interactions entre les membres d'un groupe, et notamment du type et du mode de négociation des conflits émergents entre les participants. Une représentation collective émergeant au cours d'une décision ou d'un travail de groupe, et sur la base de laquelle se formera le consensus, aura ainsi différentes formes (réponse majoritaire, de compromis, ou construction nouvelle, émergente) ou en fonction de ces mécanismes (contrôle et rejet du conflit, évitement, ou négociation en profondeur des points de désaccord).

2. Questions de recherche

Ces différentes perspectives, confrontées les unes aux autres, ont permis de décliner la problématique en un ensemble de questions de recherche relatives aux propriétés et à la nature des représentations collectives d'une part, et à leur processus d'émergence d'autre part :

– une représentation collective est-elle, comme le postule la perspective cognitive, un ensemble de croyances partagées par les membres d'un groupe ? Un « *artefact* social transitoire », se manifestant par des points d'accord temporaires entre les membres qui ne sont pas nécessairement réappropriés après leurs interactions, comme le suggère Langfield-Smith (1992) à la suite des travaux de Weick ? Ou est-elle, comme le suggère la perspective sociocognitive, une construction développée durant les interactions se manifestant notamment par les points d'accord émergents entre les membres du groupe, ensemble de croyances qui aura différentes formes et liens avec les représentations individuelles des membres en fonction des dynamiques à l'œuvre durant leurs interactions ?

– une représentation collective est-elle le résultat, comme le propose la perspective cognitive, de processus de conformisation des individus au point de vue majoritaire ? Ou, comme le propose la perspective sociocognitive, son processus d'émergence relève-t-il de dynamiques variées (conformité, normalisation ou émergence de construction collective), en fonction du mode de gestion des conflits adopté par le groupe (contrôle, évitement ou négociation) ?

3. Des études de cas portant sur de petits groupes de travail

Pour répondre à ces questions, et considérant que le phénomène de représentation collective n'est pas reproductible en laboratoire, des études de cas constituées de petits groupes de travail dans une grande entreprise de l'industrie du papier ont été menées. Plus précisément, 3 groupes de travail de 5 personnes, homogènes hiérarchiquement (opérateurs, techniciens, encadrement), qui se sont réunis sur 3 mois à 1 an (à raison de 5 réunions pour deux des groupes et 8 réunions pour le troisième) pour réfléchir sur la sécurité au poste de travail, ont été étudiés. Ces études de cas ont reposé sur deux niveaux d'analyse :

a. l'analyse des représentations des membres de chacun des groupes au cours du temps d'une part (considérées comme le point d'ancrage des représentations collectives par la perspective cognitive). Les représentations individuelles initiales et finales de la sécurité de chacun des participants ont été établies au moyen de cartes d'influence (ou cartes cognitives) élaborées à partir d'entretiens semi-directifs. La similarité de ces représentations et leur degré de redéfinition au cours du temps ont été évalués par l'analyse de leur structure et de leur contenu ;

b. l'analyse de l'ensemble de leurs interactions d'autre part (envisagées comme le lieu privilégié de la structuration des représentations collectives par les approches cognitive, sociocognitive et weickienne). L'ensemble des réunions de chaque groupe a été observé, retranscrit et codé selon deux dimensions initialement : l'une portant sur le contenu des interventions des participants, l'autre sur la forme de ces interventions. L'objectif était de repérer les croyances émises durant les interactions, ainsi que celles faisant l'objet d'accord et de désaccord entre les participants.

Les croyances faisant l'objet d'un accord majoritaire manifeste durant les réunions, comparées avec celles faisant l'objet d'un accord majoritaire dans les représentations initiales et finales des membres du groupe, ont permis de qualifier la représentation collective développée (en termes de conformité, de normalisation ou d'émergence de constructions collectives). Le repérage des points de désaccord émergeant durant les discussions, leur comptage, puis l'analyse de leur mode de négociation par les participants, ont servi à qualifier le mode de traitement des conflits dans chacun des groupes étudiés (contrôle/rejet, évitement, négociation en profondeur).

De nouvelles questions quant à la traduction de ces dynamiques sociocognitives sur le contenu et la forme des discussions durant les interactions ont émergé au cours de ces analyses : les dynamiques sociocognitives de conformité, de normalisation et d'émergence de constructions collectives se traduisent-elles dans la dynamique du contenu des problèmes évoqués durant les interactions d'un groupe ? Les participants abordent-ils linéairement les problèmes au cours d'un processus de décision par exemple, évoquant un problème après l'autre ou abordent-ils les problèmes de façon plus récursive ? De même, observe-t-on des différences dans les modes de réflexion des groupes ? Ancrent-ils leur réflexion dans des éléments abstraits ou au contraire dans des éléments ayant trait à leurs expériences et situations vécues ? Ou les deux à la fois ? Ces caractéristiques vont-elles de pair avec le mode de négociation des conflits adopté par le groupe ?

Ces différentes questions nous ont conduit à adjoindre aux deux protocoles initialement établis pour le codage du contenu et de la forme des échanges, d'autres schèmes portant notamment sur le contenu des problèmes généraux évoqués, le mode de traitement de ces problèmes et le mode de changement d'un problème à l'autre. Les opérations de définition des unités d'analyse et des catégories impliquées dans chacun de ces schèmes sont décrites de manière plus précise dans chacune des parties de ce chapitre (encadrés 7.3., 7.6., 7.7., 7.9.).

Source : d'après Allard-Poesi (1997)

section I

définir ce que l'on va ranger : les unités d'analyse

L'unité d'analyse est l'élément (le critère, la dimension) en fonction duquel le chercheur va procéder au découpage de ses données et à l'extraction d'unités qui seront ensuite classées dans les catégories retenues. Suivant la méthode d'analyse des données choisie et l'objet de la recherche, de nombreuses options sont envisageables.

§ 1. - les différents types d'unités d'analyse

Deux grands types d'unité d'analyse peuvent être distingués : celles qui se confondent avec une unité de texte, de temps ou de lieu particulières d'une part, et celles qui renvoient à une unité de sens d'autre part. Cette distinction permet de mettre à jour les difficultés particulières se posant au chercheur dans le choix de ses unités d'analyse, puis dans le processus de catégorisation de ces unités.

A. - les unités se confondant avec une unité de texte, de temps, voire de lieu particulière

L'unité de choix peut en premier lieu se confondre avec une unité « physique » naturelle, ce qui facilite d'autant son identification. Dans les données de discours (document, retranscription d'entretiens, d'interactions), ces unités renvoient souvent à l'un des éléments suivants :

- **le mot** (noms communs, noms propres, verbes, pronoms par exemple). Les analyses lexicales, qui sont les plus fréquemment utilisées dans l'analyse de contenu, ont pour unité d'analyse le mot (Bardin, 1993). Ces analyses s'attachent à évaluer la fréquence d'apparition et/ou de co-apparition de mots dans un texte ou un discours afin d'apprécier notamment la nature et la richesse du vocabulaire utilisé ;
- **la ligne.** L'unité d'analyse parfois retenue, surtout par commodité lorsque l'on doit coder des retranscriptions de réunions très longues, est parfois la ligne. On veut, par ce choix, signifier la durée consacrée par les différents interlocuteurs à l'un ou l'autre des thèmes ;
- **ou des unités d'analyse plus « larges »** comme la phrase entière, le paragraphe, l'intervention d'un participant, voire un texte ou un document entier. Ces unités d'analyse ne se confondent cependant pas, et ne supposent donc pas une unité de sens. Elles renvoient en général à plusieurs concepts ou liens entre concepts, voire à des thématiques différentes, et peuvent même ne pas impliquer d'unité de sens à elle seule, notamment lorsqu'un intervenant poursuit son idée sur plusieurs phrases ou sur plusieurs interventions.

Dans des données d'observations de comportements (verbaux ou non verbaux), aux unités fondamentales que sont le mot et la phrase dans un texte, s'ajoutent des unités non verbales comme les mimiques, gestes, manifestations non verbales que l'observateur d'un petit groupe peut vouloir analyser. Mais, souligne Grawitz (1996 : 712), si, dans un texte, on peut compter par centimètre, par paragraphe ou par colonne, il est difficile de déterminer avec précision où commence et où se termine le comportement, même oral, d'un individu. Le découpage suivant le temps (qui correspond au découpage en termes de lignes dans un texte) peut être utilisé. Il comporte cependant (comme le découpage en lignes d'un texte) de nombreux inconvénients, parmi lesquels le fait que l'unité choisie peut porter différentes significations, et donc être placée simultanément dans plusieurs catégories (3).

Dès lors que le chercheur s'intéresse plus au sens que portent ses données, plutôt qu'à leur forme ou mode d'expression, l'unité d'analyse simple se confondant avec une unité textuelle, temporelle ou de lieu particulière, n'est plus adéquate. Les données « naturelles » que nous analysons en gestion ont un caractère processuel, fragmenté, voire incohérent : nous poursuivons notre propos sur plusieurs phrases, émettons plusieurs idées dans une même phrase, nous interrompons une activité pour la reprendre ensuite, voire menons plusieurs activités de front. Aux unités « naturelles », on préférera donc des unités « porteuses de sens ».

B. - les unités renvoyant à une unité de sens

Les analyses dites « thématiques » (Bardin, 1993) qui s'attachent à découvrir, analyser et caractériser des phénomènes ou des processus, ont pour unité d'analyse l'unité de sens. L'unité ne se confond pas avec une unité textuelle ou temporelle particulière dans ce cas, mais peut correspondre à une portion de phrase, une phrase entière ou un groupe de phrases suivant le matériau codé (des données d'entretien : des portions de phrase ou des phrases entières ; des données d'observations : des phrases, des paragraphes, des comportements ; Allard-Poesi et *al.*, 1999). Plusieurs options, correspondant à différents niveaux d'inférence, sont là encore envisageables.

Dans les données de discours (document, retranscription d'entretiens, d'interactions), ces unités de sens renvoient souvent à l'un des éléments suivants :

---

(3) Même si cette dernière option n'est pas envisagée, à notre connaissance, par les auteurs traitant du codage, le chercheur peut vouloir coder, catégoriser une image comme une publicité ou une page web. Dans ce cas, l'unité d'analyse se confondra avec la page ou l'image. Le codage d'images animées comme un film, un documentaire, posera les mêmes difficultés que l'analyse de comportements ou d'interactions : le temps pourra être retenu comme unité d'analyse, cependant que la catégorisation risque ensuite de poser problème, une même unité pouvant être classée dans plusieurs catégories dès lors qu'elle porte plusieurs unités de sens.

– le sens d'un mot ou d'une expression (groupe de mots). Dans ce cas, un même mot (par exemple « intervention ») sera classé dans différentes catégories en fonction de la signification qu'il porte dans le contexte immédiat dans lequel il est utilisé. Le substantif « intervention » sera ainsi placé dans des catégories différentes suivant qu'il signifie « intervention verbale », « intervention chirurgicale », « intervention d'un cabinet de consultant », « intervention d'un réparateur sur une machine ». L'unité ne se confondant pas avec une unité de texte précise, son identification est relativement délicate et suppose l'évaluation de la fiabilité de l'opération de découpage effectuée ;
– des croyances quant aux relations de causes à effets ou aux relations d'influence entre des phénomènes. C'est l'unité d'analyse notamment retenue dans la cartographie cognitive. Par exemple, la phrase « la baisse des prix permet d'attirer de nouveaux clients et de contrer la concurrence » sera divisée en deux unités d'analyse : « la baisse des prix permet d'attirer de nouveaux consommateurs » d'une part, et « la baisse des prix permet de contrer la concurrence », d'autre part. Là encore, l'unité d'analyse ne se confond pas avec une unité de texte précise (mot, phrase), supposant l'évaluation de la fiabilité du découpage effectué ;
– un ou des paragraphes (voire un texte, un document entier) supposé révéler un événement, un incident, ou encore une caractéristique du contexte étudié. Le paragraphe est ainsi l'unité d'analyse privilégiée dans l'analyse de cas, bien que les méthodologues soient peu précis quant à cette dimension du codage. Huberman et Miles (1991 : 108-109), par exemple, retiennent comme unité d'analyse l'extrait de notes (une phrase ou un bloc de phrases) supposé renvoyer à un événement, un incident ou encore une cause, un effet, une caractéristique du phénomène étudié.

Dans l'observation des comportements verbaux et non verbaux, les unités de sens que sont le mot ou la phrase, correspondent des « unités de comportement ». D'une manière générale, ce qui est considéré comme « comportement » est défini de façon empirique, *in vivo*. Bales (1951), par exemple, retient comme unité d'analyse dans l'observation de comportements lors de décision de groupe « le plus petit segment repérable de conduite verbale ou non verbale qui puisse être classé dans une catégorie au cours d'une observation continue (Grawitz, 1996 : 713) ». Sont donc considérées comme « unités d'analyse », les manifestations pouvant servir à illustrer les catégories dans lesquelles on va les ranger.

Dans tous les cas ici, l'unité d'analyse ne se confondant pas avec une unité de texte ou de temps précise, sa définition est, *grosso modo*, ce que le chercheur identifie comme étant « porteur de sens », plaçable dans une catégorie, donc codable. Ce caractère quelque peu tautologique de l'opération ne va pas sans poser problème.

§ 2. - difficultés et enjeux de la définition de l'unité d'analyse

Comparativement aux développements consacrés à l'élaboration des catégories, les méthodologues (notamment Huberman et Miles, 1991 ; Strauss et Corbin, 1990 ; Glaser et Strauss, 1967) sont peu diserts quant à cette dimension du codage. Glaser et Strauss (1967) parlent ainsi d'« incidents » pour référer aux unités d'informations qui seront ensuite codées, sans que cette notion ne soit véritablement définie (Lincoln et Guba, 1985 ; 344). Huberman et Miles (1991 : 96) retiennent le segment de texte, « le plus souvent une phrase ou un paragraphe de la transcription », comme unité d'analyse, sans apporter plus de précision. Strauss et Corbin (1991 : 61) parlent d'une opération de nomination, c'est-à-dire l'attribution de mots (*labelling*) aux observations (incidents, idées, événement, actions) effectuées, mots qui seront ensuite classés dans différentes catégories.

Ces différents propos laissent penser que cette opération est soit inutile, soit tellement évidente qu'il est accessoire de chercher à la formaliser. Plusieurs aspects du codage amènent à prendre quelques distances avec un tel raccourci. Certes, une définition empirique de l'unité codée, comme étant « le plus petit segment de conduite qui puisse être classé dans l'une des catégories » ou « la plus petite unité codable », apparaît suffisante lorsque le chercheur a déjà une idée relativement précise des catégories dans lesquelles il va ranger ces unités. Dans ce cas en effet, la définition même des catégories contraint fortement celles des unités d'enregistrement (notamment le niveau d'inférence qu'elles impliquent). Il en va tout autrement lorsque les catégories ne sont pas définies *a priori* et qu'elles doivent justement émerger du processus de codage (*cf. infra*, Section III). Si le chercheur ne sait quelles sont les catégories (à quel niveau d'inférence elles se situent) ni quelles sont les unités de sens qui sont retenues, il risque de faire face à de nombreux problèmes. Parmi ces problèmes on peut noter : une définition irrégulière des unités (parfois un groupe de mots, parfois un paragraphe entier), et par conséquent, des catégories (renvoyant parfois à un événement précis, parfois à une idée générale concernant le processus étudié), la négligence de certains aspects du processus étudié (considérés comme phénomènes, événements négligeables, puisque non spécifiés par la définition des unités), et, *in fine*, une faible fiabilité du codage.

Grawitz (1996 : 712) nous rappelle ici une règle de bon sens : « tout système de catégorie, tout codage, doit donner le maximum de précisions concernant la taille de l'unité [...] ». Ceci n'exclut certes pas une définition empirique de l'unité d'analyse (c'est-à-dire au cours du processus même de codage), mais implique de cadrer ou contraindre celle-ci suffisamment pour se prémunir contre l'un ou l'autre des travers précédemment mentionnés. À ce titre, Lincoln et Guba (1985 : 345), critiquant le flou attaché à la notion d'incidents de Glaser et Strauss (1967), rappellent deux critères fondamentaux dans le choix des unités d'analyse.

1. **Une unité d'analyse doit être heuristique**, c'est-à-dire qu'elle doit aider celui qui l'utilise à développer une compréhension ou à entreprendre une action. En d'autres termes, les unités d'analyse retenues doivent aider le chercheur à faire sens. La taille de l'unité et l'unité elle-même dépendent donc toujours de l'objet et des questions de recherche que le chercheur se donne. Retenir le paragraphe ou l'intervention d'un participant au cours d'une réunion pour unité d'analyse ne permettra pas d'analyser la formation des points d'accord entre les participants ou l'émergence et la résolution de conflits : l'unité d'analyse est trop large pour « faire sens », compte tenu de la question de recherche (4). Inversement, prendre pour unité d'analyse la phrase ou le mot dans des données de discours ne permettra pas d'analyser directement la dynamique du contenu des problèmes qui sont évoqués au cours de la réunion : l'unité d'analyse est beaucoup trop petite et le chercheur devra agréger les thèmes repérés dans chaque phrase en catégories plus larges (5), ce qui alourdira de manière conséquente la tâche. En d'autres termes, la définition de l'unité d'analyse ne peut se faire qu'en ayant une idée de la question à laquelle la catégorisation va répondre.
2. **L'unité d'analyse retenue doit être la plus petite unité d'information qui fait sens en elle-même.** Elle doit être interprétable

---

(4) Un peu comme si on utilisait des images satellites pour recenser le nombre de singes de différentes espèces dans la forêt amazonienne.

(5) Un peu comme si on utilisait des photos de chaque arbre de la forêt amazonienne sur plusieurs années pour étudier son évolution générale.

(catégorisable) en l'absence d'information additionnelle (en dehors de la connaissance du contexte dans lequel la recherche est menée, Lincoln et Guba, 1985 : 345). Ainsi, souligne Lewin (1943-1944, *1997* : 97 et suivantes), si une personne court après une autre, cela peut signifier qu'elle veut la rattraper ou qu'elle la chasse. Mais on ne pourra choisir entre l'une ou l'autre de ces interprétations (catégories) si l'unité d'analyse ne dure que quelques secondes. Si l'on s'intéresse à la signification sociale d'un comportement (verbal ou non verbal), il nous faut donc retenir une unité d'analyse de taille suffisante pour qu'elle puisse faire sens en elle-même.

En somme, le chercheur ne doit jamais perdre de vue l'objectif du codage : classer des unités dans des catégories, pour *in fine*, faire sens, sens qui s'entend au regard des questions qu'il se pose (s'intéresse-t-on à la grammaire, à l'expression physique d'un comportement, à son rôle dans une tâche ou à sa signification sociale, par exemple). L'encadré 7.3. suivant tente d'illustrer cette interdépendance entre les questions de recherche et le choix des unités d'analyse.

encadré 7.3.

différentes unités d'analyse pour différentes questions de recherche une illustration dans le cadre du codage de données d'interactions

Les analyses des données d'interactions dans le cadre de cette recherche portant sur l'émergence des représentations collectives dans les groupes de travail restreints avaient principalement pour objectif :

- de repérer les croyances faisant l'objet d'un accord majoritaire durant les réunions entre les participants, analyse impliquant le codage du contenu des propos des participants et leur forme (accord, désaccord notamment) ;
- d'analyser les modalités de traitement des conflits et désaccords émergeant entre les participants au cours de leurs discussions, analyse impliquant le codage des échanges suivant l'expression d'un désaccord.

Le codage effectif des données nous a conduit à mener d'autres analyses portant notamment sur :

- la dynamique du contenu des problèmes évoqués durant les réunions (les participants évoquent-ils de nombreux problèmes ou focalisent-ils leurs discussions sur un nombre restreint de problèmes) ;
- le mode de réflexion adopté par les participants pour discuter de ces problèmes (abstrait, concret).

Ces différentes dimensions ont impliqué chacune le choix d'unités d'analyse particulières, dépendant notamment de la taille des catégories envisagées pour les accueillir (*cf.* tableau 7.1. ci-après).

tableau 7.1.
questions de recherche, dimensions étudiées et choix des unités d'analyse

Questions de recherche	Dimensions à étudier	Unités d'analyse choisies
Nature de la représentation collective développée au cours des réunions	1/Croyances exprimées par les participants au cours de l'ensemble des réunions (contenu des interventions) 2/Expressions d'accord sur des croyances exprimées par d'autres membres (forme des interventions)	– Cartographie cognitive : assertion « variable influençante/lien d'influence/variable influencée » – Le plus petit segment de comportement codable dans l'une des catégories suivantes : affirmation, expression d'un accord (*)
Modalité de traitement des conflits par les participants au cours de leurs interactions	2/Expression de désaccord et objet du désaccord (forme de l'intervention) 3/Nature des arguments qui suivent l'expression d'un désaccord	– Le plus petit segment de comportement codable comme « expression d'un désaccord » (*) – L'ensemble des interventions des participants débutant avec l'expression du désaccord jusqu'à la fin de l'échange marqué soit par un accord entre les participants portant sur l'objet initial du conflit ou sur un autre objet ayant émergé durant le conflit, soit par un changement de sujet (si pas d'accord).
Dynamique de réflexion des participants au cours des réunions	4/Dynamiques des problèmes et thèmes évoqués 5/Modalité de changement d'un problème à l'autre	– L'ensemble des interventions portant sur un problème particulier – L'intervention faisant le passage d'un thème à l'autre
Mode de réflexion des participants au cours des réunions	6/Nature des arguments énoncés (exemples *vs* éléments abstraits)	L'ensemble des interventions au sein d'un sous-thème relevant d'une même modalité de traitement (abstrait *vs* concret).

(*) Les unités relèvent ici d'une même dimension, à savoir tout segment de comportement exprimant un accord ou un désaccord. Elles constitueront certaines des modalités d'un même schème de codage ayant trait à la forme des interventions des participants (expression d'un accord, d'un désaccord, affirmation simple, question, etc., voir détails ci-après).

Ainsi :

1. l'analyse du contenu des interventions des participants a reposé sur l'utilisation de la méthode de la cartographie cognitive. Cette méthode consiste à repérer dans un discours les croyances émises quant aux relations de cause à effet, d'influence ou de similarité entre variables (appelées aussi construits ou concepts). L'unité d'analyse, dans cette méthode, est l'assertion « variable influençante/lien d'influence/variable influencée ». Elle ne se confond pas avec une unité de texte particulière, mais peut être indifféremment assimilée à une phrase particulière, une portion de phrase, voire un groupe de phrases (voir Allard-Poesi et *al.*, 1999 pour plus de détails). L'unité d'analyse est donc ce que le chercheur identifie comme étant une « assertion codable », ce qu'il repère comme expression d'un lien d'influence ou de similarité entre deux variables ou concepts ;

2. pour la forme des interventions (s'agit-il d'une affirmation, de l'expression d'un accord, d'un désaccord, notamment), l'unité codée est la phrase ou un groupe de phrase : « le plus petit segment repérable de conduite verbale qui puisse être classé dans une catégorie au cours d'une observation continue » (Grawitz, 1996 : 713), en résumé, le plus petit segment de comportement codable. Là encore, l'unité d'analyse ne se confond que rarement avec une unité de texte particulière : une affirmation peut être déroulée sur plusieurs phrases, une phrase peut comporter une affirmation et l'expression d'un accord par exemple ;

3. pour l'analyse des points de conflit et de leur mode de résolution par les participants, l'unité d'analyse retenue a été l'ensemble des interventions des participants débutant avec l'expression du désaccord jusqu'à la fin de l'échange marqué soit par un accord entre les participants portant sur l'objet initial du conflit ou sur un autre objet ayant émergé durant le conflit, soit par un changement de sujet (si pas d'accord).

L'analyse des échanges, et en particulier le codage du contenu des discussions, laissait apparaître des modes de traitement des problèmes différenciés selon les groupes. Ceci nous a amenés à analyser :

4. la dynamique des problèmes évoqués au cours des réunions des groupes (comportement des caristes, des conducteurs de machines, implantation des machines et des structures, circulation et balisage des ateliers, intervention dans les lieux dangereux, etc.) ;

5. le mode de changement de problème (question, analogie entre problèmes évoqués, rappel ou recadrage du travail du groupe) ;

6. le mode de réflexion sur ces problèmes (abstrait, concret).

Ces analyses ont été effectuées sur la base de résumés de chaque réunion et non des données de réunions brutes. Encore une fois, les unités d'analyse dans ces différents cas ne se confondent pas avec une unité de texte particulière. Il s'agit, pour le codage des thèmes de réunions, de l'ensemble des interventions portant sur un problème particulier ; de l'intervention faisant le passage d'un thème à l'autre dans le second ; et, pour la dernière dimension, de l'ensemble des interventions au sein d'un sous-thème relevant d'une même modalité de traitement (abstrait *vs* concret).

Les unités d'analyse pour le contenu et la forme des interventions, pour l'analyse des conflits, la dynamique des problèmes traités, leur mode de traitement et les modalités de changement d'un problème à l'autre sont, à chaque fois, différentes et se situent à des niveaux d'inférence différenciés. Elles constituent autant de dimensions ou de grilles d'interprétation différentes des mêmes données, renvoyant chacune à un schème de codage particulier. Dans le cadre de ce travail, on peut donc considérer que six schèmes, renvoyant à six angles d'analyse différents du problème, ont été utilisés.

Source : d'après Allard-Poesi (1997)

La taille des unités et leur type dépendant notamment des catégories qui vont les accueillir, la réflexion sur la définition des unités d'analyse doit être menée parallèlement à celle des catégories. L'élaboration et la définition des catégories répondent aux mêmes exigences et font face aux mêmes difficultés que celles de la définition de l'unité d'analyse, difficultés amplifiées par le fait qu'il ne s'agit plus de manier des « unités d'informations », mais des « boîtes » regroupant des unités.

section II

des unités d'analyse aux catégories : définir où ranger

Au niveau le plus élémentaire, une catégorie peut être définie comme un ensemble d'unités d'analyse disposant de significations proches (être des synonymes comme vieux et âgé, avoir des connotations équivalentes comme pouvoir et richesse), de caractéristiques formelles ou de propriétés similaires. Les idées de « proximité de significations » ou de « similarité formelle » soulignées dans la définition renvoient aux questions du degré de similarité que l'on retient pour former ces catégories (et donc du niveau d'inférence) d'une part, et de la relation entre les unités et la catégorie qui les accueillent (et donc du type ou mode d'inférence) d'autre part.

§ 1. – le niveau d'inférence impliqué par la catégorie

L'exemple suivant décrit dans l'encadré 7.4. ci-après souligne tous les enjeux et les difficultés attachés au choix du niveau d'inférence et à la définition des catégories.

encadré 7.4.

enjeux et difficultés du choix du niveau d'inférence des catégories

Un exemple

Si une personne pose une question à une autre personne au cours d'une réunion par exemple, cette action pourra être considérée du point de vue fonctionnel et classée dans une catégorie « demande d'information ». Un autre observateur, connaissant les conflits qui opposent les membres du groupe, verra dans cette même question la manifestation d'un esprit d'opposition à tel autre membre du groupe, et le notera ainsi. Enfin, un troisième observateur pourra retenir le ton ironique de la demande et la classera comme une manifestation d'hostilité. Si la question a effectivement suscité une réaction violente de la part de celui à qui elle était adressée, le codeur a peut-être raison de classer l'intervention du participant dans la catégorie

« esprit, ou manifestation d'hostilité » plutôt que « demande d'information ». Pour éviter des différences de codage, il faut que les codeurs sachent à quel niveau ils doivent juger, en d'autres termes, quel niveau d'inférence autorise la catégorie, et dans le cas où ils doivent interpréter les intentions des comportements des individus observés, quels indices ils peuvent retenir pour ce faire (une définition précise de la catégorie et de ses manifestations).

Source : d'après Grawitz (1996 : 71)

Les catégories retenues peuvent ainsi impliquer des niveaux d'inférences différenciés allant de la description à l'interprétation ou l'explication des observations codées. Sans viser l'exhaustivité, la figure 7.1. suivante distingue le long d'un continuum les différents niveaux d'inférence dont relèvent souvent les catégories utilisées dans la recherche qualitative.

figure 7.1.

différents niveaux d'inférence pour la formation des catégories

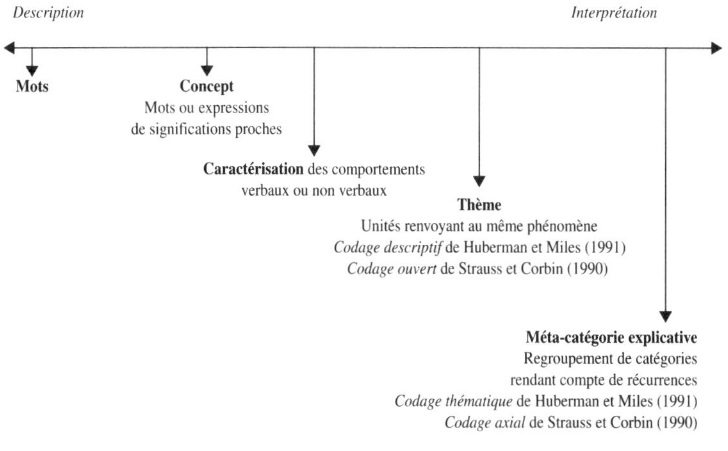

A. - les mots : au niveau le plus élémentaire, la catégorie peut être assimilée à un mot. On aura ainsi autant de catégories que de mots différents (même si leurs significations sont similaires ou que des mots identiques portent différentes significations). Un tel schème de catégories permettra d'analyser la richesse et le type de vocabulaire utilisé dans les discours étudiés.

B. - les concepts : la catégorie peut ensuite renvoyer à un « concept » regroupant des mots disposant de significations proches ou équivalentes (par exemple, la catégorie « pouvoir » pourra regrouper des mots ou expressions renvoyant aux notions de puissance, force ou pouvoir). Ce type de catégorisation implique une analyse du contexte immédiat dans lequel le mot ou l'expression est utilisé, contexte qui va permettre de distinguer les différentes significations qu'ils peuvent prendre.

C. - des caractéristiques descriptives du discours ou du comportement : les catégories peuvent signifier des caractéristiques de formes des discours (telles la forme grammaticale, le type d'intervention des participants – question, affirmation, expression d'un accord, d'un désaccord, d'un silence –) ou des fonctions et rôles des comportements verbaux ou non verbaux des participants lors d'un travail de groupe. Les catégories de Bales (1951), par exemple, classent les interventions des participants dans un groupe devant résoudre un problème en fonction de leurs rôles et niveaux de contribution dans cette tâche. Douze types essentiels de comportements sont ainsi distingués (Grawitz, 1996) :

1. montre de la solidarité, encourage les autres, cherche à soutenir le moral du groupe ;
2. se montre détendu, manifeste sa satisfaction ;
3. approuve, montre tacitement son adhésion ;
4. suggère, indique une direction, un but d'action ;
5. donne son opinion, évalue, émet un vœu ;
6. donne une information, répète et clarifie ;
7. demande des informations et orientations ;
8. demande une évaluation, une opinion ;
9. demande une direction, un but ;
10. désapprouve, refuse sa participation ;
11. manifeste une tension (gêne, inquiétude, frustration) ;
12. manifeste de l'agressivité, cherche à abaisser le moral du groupe.

Le choix de décrire les comportements en termes de leurs rôles et fonctions pour le groupe dans la réalisation d'une tâche implique une interprétation de la part du chercheur, catégorisation qui rejoint, par certains aspects, celle reposant sur des thèmes.

D. - des thèmes : les catégories peuvent prendre la forme de thèmes (les stratégies concurrentielles par exemple, la motivation des salariés) qui vont regrouper des unités de sens choisies par le chercheur (mots, groupes de mots, expressions, phrases ou paragraphes) ayant une signification proche ou référant (au sens large) aux mêmes aspects d'un phénomène. Les méthodologues des études de cas considèrent ce type de catégories comme étant uniquement « descriptives ». Strauss et Corbin (1990 : 61-69) parlent de « codage ouvert » pour désigner ce type de catégorisation ; Huberman et Miles (1991 : 97) de « codage descriptif », processus qu'ils opposent à des catégorisations plus abstraites et explicatives désignées sous les noms de « codage axial », « codage sélectif » (Strauss et Corbin, 1990) ou « codage thématique » (Huberman et Miles, 1991). Huberman et Miles (1991 : 97) soulignent d'ailleurs qu'il n'y a pas, dans cette opération d'attribution d'un segment de texte à une classe de phénomènes, quelque interprétation que ce soit. L'exemple suivant, tiré d'Huberman et Miles (1991 : 97), amène à prendre quelques distances avec une telle assertion.

encadré 7.5.

les catégories descriptives le sont-elles ? analyse d'un exemple

Dans le cadre d'une recherche portant la rénovation de l'enseignement et les raisons ayant poussé à l'adoption d'un nouveau programme, Huberman et Miles (1991 : 97) nous proposent de considérer l'extrait de notes suivant :

« je lui ai demandé pourquoi ils avaient besoin de ce nouveau programme et il a répondu que les étudiants arrivant en 9e année étaient de deux ans en retard et que l'ancien programme était inefficace. Un test (le test de lecture de Nelson) avait montré que les élèves ne travaillaient effectivement que pendant 5 ou 6 mois sur les 10 de l'année scolaire ».

Les auteurs proposent de classer ce segment de note dans une catégorie dite « motivation » pour désigner les raisons (motivation) ayant poussé à l'adoption du nouveau programme. Ils ajoutent que ce codage se situe au niveau de la description et ne suppose aucune interprétation. Ils distinguent ainsi cette catégorisation d'un codage qui serait effectué à partir d'une meilleure connaissance des acteurs et mettrait en évidence qu'ils n'ont adopté l'innovation que pour attirer l'attention sur eux. La catégorisation de l'extrait de note devra donc souligner le caractère officiel des raisons invoquées, pour distinguer ces arguments de motivations plus profondes (le fait de vouloir attirer l'attention sur eux et bénéficier d'une promotion). Le choix d'une catégorisation en termes de « motivation » dans cet exemple montre néanmoins que, par-delà le qualificatif utilisé par les auteurs, une catégorisation effectuée à ce niveau d'inférence suppose une interprétation du chercheur, interprétation déjà présente dans la question elle-même « pourquoi ont-ils adopté ce nouveau programme ? ».

E. – des « méta-catégories » : une fois ce type de catégorisation dite « descriptive » effectuée, le chercheur peut vouloir développer une explication du phénomène étudié. La catégorisation n'a dès lors plus pour objectif de désigner et décrire ce que l'on observe, mais vise à mettre en évidence les *patterns*, les récurrences, et à comprendre les pourquoi de ces *patterns*. Ce type de **codage de second niveau**, appelé « codage thématique » par Huberman et Miles (1991 : 117), ou « codage axial » par Strauss et Corbin (1990 : 96), regroupe et classe les catégories descriptives initialement développées en catégories supérieures dites « méta-catégories » (ou métacodes). Ces catégories réfèrent alors à :

– des phénomènes récurrents (les *patterns* ou thèmes, Huberman et Miles, 1991 : 117 ; ou l'idée centrale, l'événement, l'incident, sur lequel les actions ou les interactions sont focalisées, Strauss et Corbin, 1990 : 96) ;
– des causes/explications (les événements ou incidents ayant conduit à l'occurrence du phénomène étudié, Strauss et Corbin, 1990 : 91) ;
– des relations interpersonnelles (les réseaux sociaux au sein de l'entreprise par exemple, Huberman et Miles, 1991 : 120) et/ou plus largement des éléments de contexte (les conditions particulières au sein desquelles les actions et interactions prennent place, Strauss et Corbin, 1990).

À ces dimensions, Strauss et Corbin (1990) ajoutent :

– des conditions intervenantes (les conditions structurelles qui facilitent ou au contraire contraignent les stratégies mises en œuvre par les acteurs dans un contexte particulier) ;

– des actions/interactions (les stratégies mises en œuvre par les individus pour gérer et/ou répondre à leurs perceptions du phénomène) ;
– des conséquences (les résultats des actions et interactions).

De nouveaux liens sont effectués entre les catégories descriptives initiales par le biais d'une catégorisation nouvelle plus synthétique, visant au développement d'une compréhension ou une explication du phénomène étudié. Que les catégories initiales aient émergé de l'analyse même des données (Strauss et Corbin, 1990), ou aient été définies à partir des théories et concepts existants (Huberman et Miles, 1991), la métacatégorisation alors opérée est fortement empreinte de la visée et des postulats sous-jacents du chercheur. Supposer qu'un phénomène est induit par des causes, qu'il produit des effets, qu'il se place dans un contexte, qu'il est médiatisé par des variables intervenantes, des stratégies d'acteurs, que celles-ci s'entendent en fonction de leurs représentations et objectifs, etc. traduit une certaine vision du monde (une forme plus ou moins importante de déterminisme, de constructionnisme (6)) et de l'humain (degré d'intentionnalisme, de rationalité, caractère plus ou moins conflictuel des intentions des acteurs). En ce sens, les catégories développées à ce niveau sont une expression concrète des postulats théoriques et épistémologiques du chercheur. Elles « émergent » ainsi *a prio-steriori* (*cf.* § 2 de la Section III).

Les catégories retenues pour le codage des données, comme les unités d'analyse choisies, devront renvoyer à un niveau d'inférence particulier. La spécification de ce niveau, avec celui du type d'inférence impliqué par la définition des catégories, fait ainsi partie intégrante de leurs définitions. Rien n'empêche cependant le chercheur de développer plusieurs interprétations de ces données. Les mêmes données seront ainsi codées plusieurs fois, à l'aide de plusieurs schèmes de codage comportant des catégories et des niveaux d'inférence différents. L'encadré 7.6. ci-dessous illustre un tel type de démarche.

(6) La réalité sociale est-elle « déterminée » par des forces politiques, sociopsychologiques ou psychiques ? Est-elle socialement construite par les interactions qu'entretiennent les individus entre eux et avec le monde ?

encadré 7.6.

différents schèmes, catégories et niveaux d'inférence une illustration au travers du codage de données d'interactions

Notre recherche reposait sur six schèmes de catégories (ou codage) s'appuyant sur des niveaux d'inférence et grilles de lecture différenciées des mêmes données, et permettant chacun de répondre à une question de recherche particulière.

Codage du contenu des interventions des participants : le codage du contenu des interventions des participants reposait sur la méthode de cartographie cognitive. Cette méthode, nous l'avons vu, consiste à repérer dans un discours les croyances émises quant aux relations de cause à effet, d'influence ou de similarité entre variables (appelées aussi construits ou concepts). L'unité d'analyse est alors l'assertion « variable influençante/lien d'influence/variable influencée ». Les catégories sont respectivement « facteur influençant », « lien », « facteur influencé ». La catégorie « lien » prend l'une ou l'autre des dix modalités suivantes : influence positive, négative, non-positive, non-négative, non-nulle, pas d'influence, influence non-spécifiée, exemple, égalité, inclusion, similarité.

Codage de la forme des interventions des participants : pour le codage de la forme des interventions, les catégories sont les cinq catégories précédemment évoquées (accord, désaccord, doute, question, affirmation), chacune se déclinant dans l'une ou l'autre des sous-catégories suivantes en fonction de l'objet de l'intervention (relations d'influence, existence ou niveau d'une variable, définition, description d'un exemple, référence à un exemple non décrit, affirmation de l'équivalence d'un cas à l'autre). À ces catégories s'ajoute une catégorie dite de régulation renvoyant aux interventions ne portant pas directement sur thème traité par les groupes étudiés (la sécurité).

Dans ces deux cas, le niveau d'inférence est peu élevé, se rapprochant des catégorisations de forme des discours et de descriptions des comportements verbaux.

Les catégories retenues pour le codage des conflits et de leurs modes de traitement par les participants relèvent d'un niveau d'inférence « supérieur » à celles préalablement retenues. Chaque conflit identifié a ainsi été caractérisé en fonction de son objet (conflit portant sur les relations entre les individus ou le travail du groupe, et, pour cette dimension, caractérisation en fonction de ce qu'il porte sur la réalité ou les moyens à mettre en œuvre pour la changer), et de son mode de résolution (conformité, évitement, recherche d'informations extérieures, argumentation et contre-argumentation suivie d'un accord ou d'un désaccord, argumentation et déplacement du conflit et accord ou désaccord). Ces catégorisations supposent ainsi l'interprétation des échanges, notamment de l'objet du désaccord (moyen, réalité) et de son mode de traitement. Pour autant, elles n'impliquent pas, à ce stade l'explication, la recherche de causes, d'effets ou de récurrences. En ce sens, elles se rapprochent de la catégorisation dite « thématique » ou « ouverte » évoquée par Huberman et Miles (1991) ou Strauss et Corbin (1990).

Les trois dernières catégorisations effectuées avaient pour **objet l'analyse de la dynamique de réflexion des participants lors des réunions :** dynamique des problèmes évoqués, mode de changement de problème (question, etc.), et mode de traitement (abstrait, concret). Ces catégorisations relèvent du même niveau d'inférence que celle des conflits. Les catégories pour chaque schème sont ainsi les suivantes :

- pour les problèmes évoqués (suivant les groupes, les huit à onze problèmes différents traités en réunions) ;
- pour la dynamique de changement de problème (analogie, question, proposition de changement de sujet, soit trois catégories) ;
- pour le mode de traitement des problèmes (description d'exemples ou éléments généraux, soit deux catégories renvoyant aux caractéristiques des propos (ou extraits de propos) des participants sur les problèmes évoqués).

Si tout schème de catégories est défini par un niveau d'inférence particulier qu'il convient de spécifier (ou tout au moins, d'avoir à l'esprit lors de la définition des catégories), les catégories peuvent impliquer, dans leur constitution, des modes d'inférence différenciés.

§ 2. - le type d'inférence impliqué par la catégorie

Lincoln et Guba (1985) soulignent ainsi que la définition des catégories peut renvoyer à différents types de relations entre les unités (X) et les catégories (Y) : une relation de stricte inclusion (X est un type de Y) la plupart du temps, mais aussi d'inclusion spatiale (X est un lieu de Y, une partie de Y), de cause à effet (X est un résultat de Y, cause de Y), de raison ou motivation (X est une raison pour faire Y), de fonction (X est utilisé pour Y), de moyen/fin (X est une manière de faire Y), de séquence (X est une séquence de Y) ou encore d'attribut (X est un attribut de Y).

Deux unités placées dans une même catégorie devront donc relever du même mode d'inférence (sont toutes des types de...). Le mode d'inférence généralement utilisé est celui de l'inclusion (stricte, spatiale ou temporelle) et on développera d'autres catégories pour signifier les causes, effets, moyens/fin (7), etc. Même si l'idée selon laquelle la définition des catégories doit être suffisamment précise pour mener à bien un processus de codage paraît évidente, il peut être utile de revenir à ces définitions au cours du processus d'élaboration des catégories ou au cours du codage. Il arrive en effet que des unités placées dans une même catégorie ne renvoient pas au même aspect du phénomène, ou encore que le chercheur ait envie de mettre une même unité dans plusieurs catégories. Il s'agira alors de s'interroger quant au type d'inférence sous-tendu par la ou les catégories impliquées, et de revoir en conséquence la catégorisation effectuée.

La spécification du niveau et du type d'inférence impliqués par les catégories sera particulièrement utile à la détermination de leurs propriétés et dimensions ainsi qu'à leurs définitions.

§ 3. - proposer une définition des catégories : de la catégorisation à la théorisation

La définition d'une catégorie doit, en effet, dépasser la simple sommation des unités qui la composent. Il s'agit donc de transformer le sentiment de ressemblance/dissemblance d'une catégorie à l'autre, d'une unité à l'autre, en une définition relativement précise des catégories, de sorte que le classement des unités ne se fasse plus « au jugé » mais en termes des propriétés que ces unités manifestent (Lincoln et Guba, 1985 : 342).

Cette exigence est d'autant plus impérieuse que les catégories sont larges et relèvent d'un niveau élevé d'inférence. Le chercheur devra alors distinguer les propriétés de la catégorie (autrement dit, les sous-catégories qui la constituent), et tenter de caractériser les incidents ou unités sur ces propriétés. Cette opération permettra d'établir des relations entre

(7) Voir à titre d'exemple, la liste préliminaire de codes utilisée par Huberman et Miles (1991 : 100-101), dans le cadre de leur recherche sur les dynamiques d'adoption et impact de nouvelles technologies de l'enseignement.

unités d'un même processus, et donc des liens entre catégories : si certaines modalités de la catégorie X sont liées à certaines modalités de la catégorie Y, une relation peut éventuellement s'établir entre les catégories X et Y. L'encadré 7.7. et le tableau 7.2. ci-après illustrent un tel type de démarche.

encadré 7.7.

un exemple de développement de métacatégories analyse et qualification des dynamiques de groupe dans le cadre de réunions

Dans le cadre de notre recherche, le codage des conflits et de leur mode de résolution et de certaines dimensions de la dynamique de réflexion des participants a été suivi d'un comptage des unités d'analyse dans chacune des catégories retenues, et ce, pour chaque groupe étudié. Différents « profils » d'interactions ont ainsi été dégagés :

- **peu de conflits, surtout interpersonnels**, résolus par l'évitement ou la conformité automatique des participants, dynamique accompagnée d'un mode de réflexion assez abstrait, général et formel pour l'un des groupes étudiés ;
- **de nombreux conflits, traités par l'argumentation**, entraînant parfois un déplacement de l'objet du conflit, accompagné d'un mode de réflexion inductif et très ancré dans les situations vécues dans un autre groupe.

Cette « covariation » des dimensions, mise en évidence par le simple comptage des unités initiales dans chacune des catégories, aux côtés des indications fournies par la littérature sur les dynamiques d'influence et la gestion des conflits dans les groupes, nous invitent à regrouper les catégories initiales développées en métacatégories, ayant trait au mode de gestion des conflits d'une part, et au mode de réflexion du groupe d'autre part. Les catégories initiales des schèmes de codage utilisés deviennent alors des modalités particulières (évitement, conformité, etc.) des dimensions initialement codées (objet du conflit, mode de résolution des conflits). Ces dernières deviennent des « propriétés » des métacatégories dans lesquelles elles sont regroupées (mode de gestion des conflits). La métacatégorie « mode de gestion des conflits » renvoie alors à la manière dont le groupe exprime (ou non) et gère la diversité des représentations de ses membres : les participants expriment-ils leurs divergences ou s'autocensurent-ils (« nombre de points de désaccords exprimés ») ? Comment résolvent-ils ces divergences (« mode de résolution du conflit ») ?

Le tableau 7.2. ci-après illustre les regroupements qui sont ainsi opérés. Notons néanmoins que dans ce cas, l'unité d'analyse n'est plus l'intervention d'un participant ou un extrait des interventions des participants, mais l'ensemble de leurs interactions, qui sont caractérisées sur les différentes propriétés identifiées en fonction des comptages effectués. Il s'agit donc d'un méta-codage qui interviendra tardivement dans le processus, relevant plus de la théorisation que de la catégorisation proprement dite.

tableau 7.2.
les méta-catégories réalisées

Catégories initiales (Modalités des propriétés)	**Dimensions codées (Propriétés)**	**Méta-catégories**
Faible... Moyen... Élevé – Travail du groupe – Relations interpersonnelles – Conformité automatique – Argumentation + accord – Argumentation + désaccord – Argumentation + déplacement + accord – Argumentation + déplacement + désaccord – Recherche d'informations extérieures – Évitement	– Nombre de conflits – Objet du conflit – Mode de résolution et issue	**Mode de gestion des conflits**
Faible... Moyen... Élevé Faible... Moyen... Élevé – Question – Analogie – Proposition de changement de sujet – Description d'exemple – Abstraction – Aller-retour débutant par exemple - Aller-retour débutant par éléments abstraits.	– Nombre moyen de problèmes par réunion – Nombre moyen de changement de problème – Modalités de changement d'un problème à l'autre – Mode de traitement des problèmes discutés en réunion	**Mode de réflexion des participants**

La mise en évidence de différents profils des groupes étudiés sur ces dimensions des « méta-catégories », puis sur d'autres catégories ayant trait aux conditions initiales et aux résultats des dynamiques des deux groupes, permet de repérer des covariations et d'établir des liens (interdépendance simple, cause à effet (8)) entre ces catégories, et donc de retracer (voire expliquer) la dynamique des interactions des différents groupes étudiés.

Le développement de telles catégories (métacatégorie comportant des sous-catégories, comportant chacune différentes modalités) est une voie intéressante à considérer pour l'interprétation des données. L'autre option est de rédiger une « histoire » qui caractérisera, sur chacune des dimensions retenues, le cas étudié.

S'il est important de pouvoir définir avec précision les unités d'analyse et les catégories utilisées, la définition de ces « boîtes » et de ce que l'on va y ranger est loin de relever d'une recette miracle : les unités sont souvent définies *in vivo* (empiriquement) et dépendent, de ce fait, de la définition des catégories et de leur niveau d'inférence. Nous évoquons ici les voies par lesquelles élaborer ces « boîtes ».

section III

fabriquer les boîtes : développer et définir les catégories

Le processus d'élaboration des catégories relève fondamentalement de la « cuisine » du chercheur. Il traduit et exprime sa manière « d'être au monde » et de « faire avec lui ». À des fins de simplification, les méthodologues ont cherché à caractériser puis catégoriser ces sensibilités et recettes en différentes méthodes, dont on a principalement retenu deux idéaux types : la méthode *a priori* d'Huberman et Miles (1991) et la méthode *a posteriori* de Glaser et Strauss (1967). Si ces méthodes d'élaboration des catégories empruntent des chemins distincts, elles sont loin d'être incompatibles et de rendre compte, de par leurs oppositions, de la variété des voies que le chercheur peut emprunter pour ce faire.

(8) À la « covariation » des variables s'ajoutent, dans ce cas, l'antériorité et l'influence directe d'une des variables sur l'autre (Huberman et Miles, 1991).

Suivant ici Goetz et Le Compte (1981), Lincoln et Guba (1985) proposent un *continuum* permettant de dépasser la simple opposition *a priori/a posteriori* et de distinguer une large palette de méthodes de traitement de données qualitatives (*cf.* figure 7.2. ci-après). Ce *continuum* est constitué de quatre dimensions caractérisant la stratégie de recherche adoptée par l'analyste :

- **la première dimension** renvoie au caractère inductif ou au contraire déductif de la recherche. L'analyse procède-t-elle d'une confrontation entre des hypothèses et le matériau empirique collecté en vue de corroborer ou falsifier ces propositions théoriques initiales ou s'appuie-t-elle sur l'analyse des données, analyse de laquelle émergeront des construits ou propositions théoriques ?
- **la seconde dimension** (générative *vs* vérificationniste) renvoie à l'objectif de la recherche. S'agit-il de vérifier ou falsifier des hypothèses ou propositions préétablies, ou de générer des construits ou propositions à partir des données elles-mêmes ? Ces deux premières dimensions (inductif/déductif ; test/génération d'hypothèses) ne sont pas strictement assimilables, une proposition théorique pouvant « émerger » en s'appuyant sur des catégories préalablement définies (démarche déductive et générative) ;
- **la troisième dimension**, plus intéressante pour ce qui nous préoccupe ici, décrit le type d'analyse (constructive *vs* énumérative) utilisée par le chercheur pour interpréter la catégorisation effectuée : cherche-t-on à lier les unités d'analyse entre elles et à des catégories plus générales, ou l'analyse s'appuie-t-elle sur un comptage ou une énumération des unités appartenant à l'une ou l'autre des catégories ?
- **la quatrième dimension** renvoie au « point de vue » (subjectif *vs* objectif) dont les catégories élaborées relèvent : les catégories sont-elles le reflet de la façon dont les membres de l'organisation étudiée conçoivent leurs propres expériences ? Ou s'agit-il de construire une interprétation extérieure (« objective »), propre au chercheur, du phénomène étudié.

Les modalités de ces dimensions constituent un *continuum* allant des méthodes « inductives – génératives – constructives – subjectives » aux méthodes « déductives – vérificationnistes – énumératives – objectives » (*cf.* figure 7.2. ci-dessous).

Cinq stratégies d'analyse qualitative des données sont ainsi distinguées : l'induction analytique « pure » (9), la méthode de comparaison systématique de Glaser et Strauss (1967), l'analyse typologique (10) que l'on peut rapprocher de la méthode d'Huberman et Miles (1991), le système énumératif dans lequel s'inscrivent notamment les analyses lexicales, et l'utilisation d'un protocole standardisé.

figure 7.2.

les différentes méthodes de traitement des données qualitatives

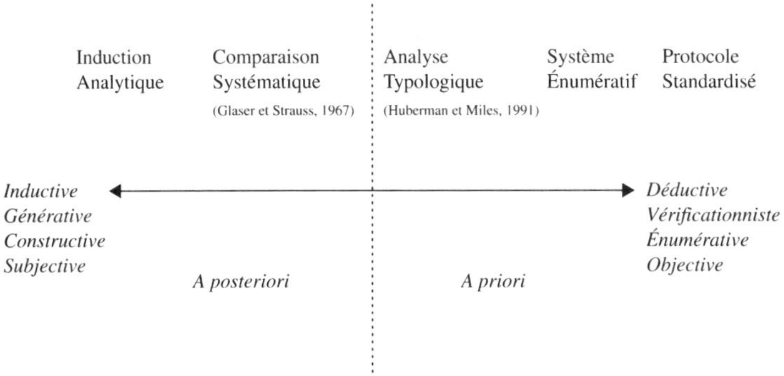

Source : d'après Lincoln et Guba (1985 : 333-336)

(9) Cette méthode consiste à « examiner les données en recherchant des catégories de phénomènes et des relations entre ces catégories, à développer des typologies et des hypothèses de travail à partir des cas initiaux, puis à les modifier et à les préciser à partir de l'analyse de cas supplémentaires » (Goetz et Le Compte, 1981 : 57, cité par Lincoln et Guba, 1985 : 335). Beaucoup moins systématique que la méthode de Glaser et Strauss (1967), cette stratégie s'appuie en particulier sur l'analyse des contre-exemples et des phénomènes ne satisfaisant pas les catégories initialement développées pour préciser ou revoir les hypothèses et catégories initiales.

(10) L'analyse typologique « qualitative » évoquée par Goetz et Le Compte consiste à classer les unités d'informations dans des catégories préalablement définies, catégories susceptibles d'aménagement au cours du processus de codage (*cf.* Huberman et Miles, 1991). Elle ne doit pas être confondue avec l'analyse typologique quantitative, dans laquelle les classes d'objets sont établies *a posteriori*, en fonction de l'algorithme et du nombre de classes choisis par le chercheur (Donada et M'bengué, 1999).

Si on ne saurait adhérer aux oppositions et interdépendances entre les différentes dimensions induites par ce *continuum*, on peut lui reconnaître certains mérites : celui de mentionner, en premier lieu, certaines méthodes d'élaboration des catégories, comme l'utilisation d'un protocole standardisé, que les idéaux types tendent à occulter ; celui, en second lieu, de souligner la proximité de ces idéaux types que l'on a trop tendance, par commodité sans doute, à opposer (*cf.*, par exemple, M'bengué et Vandangeon-Derumez, 1999 ; Angot et Milano, 1999).

§ 1. - les différentes voies d'élaboration des catégories : du kit à la fabrication maison

Nous distinguons et présentons les méthodes *a priori* et *a posteriori* d'élaboration des catégories (distinguées par le pointillé dans la figure 7.2.), avant d'en souligner les proximités.

A. - les méthodes *a priori*

Les catégories (ou leur schème général) peuvent ainsi être définies avant le codage effectif des données. Ces définitions s'appuient le plus généralement sur :

- **les résultats de recherches antérieures ou un protocole de codage existant** (cartographie cognitive, catégories de Bales par exemple). Les catégories, leurs dimensions et définitions, sont dans ce cas suffisamment précises et ne nécessiteront pas de redéfinition ultérieure (Lincoln et Guba, 1985). L'application d'un protocole de codage à un autre type de données que celui pour lequel il a été conçu nécessitera néanmoins de revoir les définitions des unités, voire les règles d'attribution des unités aux catégories (*cf.* encadré 7.9., pour un exemple) ;
- **le cadre conceptuel, les hypothèses ou les questions de recherche.** Les définitions des catégories seront alors souvent plus générales que dans le cas précédent et devront être précisées au cours du processus de catégorisation. Le degré de précision des catégories initiales retenues peut néanmoins être relativement important lorsque le chercheur, grâce à ses lectures et réflexions théoriques antérieures, sait quelles sont les variables clés ou zones problématiques intervenant dans le processus étudié. Par exemple, Huberman et Miles (1991 : 98) proposaient dans leur étude sur la

rénovation de l'enseignement une définition de ce processus d'innovation comme une transformation réciproque de l'innovation elle-même, de ses utilisateurs et de la salle de classe ou de l'école d'accueil. Les enseignants modifient les caractéristiques des nouvelles pratiques, pratiques qui, à leur tour, modifient les enseignants et l'organisation du travail de classe. Pour tester et développer cette hypothèse, les auteurs définissent une catégorie « transformation réciproque » regroupant l'ensemble des thèmes portant sur la transformation de l'innovation, catégorie elle-même déclinée en sous-catégories en fonction de l'objet de la transformation : transformation des utilisateurs, de la salle de classe, de l'innovation elle-même. Les segments de données (les unités d'analyse) sont ensuite classés dans l'une ou l'autre de ces sous-catégories.

La précision des catégories sera moindre lorsque le chercheur s'appuie uniquement sur ses questions de recherche ou sur un plan général de codage indiquant les grands domaines que devront aborder les catégories. La métacatégorisation des catégorisations descriptives effectuées (Huberman et Miles, 1991) et la catégorisation axiale de Strauss et Corbin (1990) relèvent d'une telle voie. D'autres auteurs utilisent ce type de catégories générales préalables pour le codage des données initiales afin de faciliter l'émergence ultérieure de catégories « enracinées ».

Qu'elles relèvent de l'une ou l'autre de ces modalités, les méthodes d'élaboration des catégories seront ici fortement « contraintes » avant le codage effectif des données, facilitant d'autant cette opération.

B. - les méthodes *a posteriori*

Le chercheur plus aventureux ou ne disposant pas de questions de recherche ou de concepts précis à partir desquels définir ses catégories, va les construire au cours du processus même de codage des données. La méthode relève alors d'une approche dite « enracinée » (Glaser et Strauss, 1967), « inductive » ou « naturaliste » (Lincoln et Guba, 1985). Une des méthodes les plus connues s'inscrivant dans ce type d'approche est celle de la comparaison constante (ou systématique) proposée par Glaser et Strauss (1967) : chaque unité (incident) est comparée systématiquement aux autres unités déjà catégorisées de sorte que simultanément les unités sont classées, les catégories sont progressivement définies, et des relations éventuelles entre catégories sont identifiées. De manière plus précise, cette approche implique deux grandes étapes :

1. **enregistrement des unités.** Ayant localisé une unité (en général une phrase ou un paragraphe), celle-ci est notée sur une carte de sorte qu'une autre personne puisse la comprendre et retrouver facilement son origine. Lincoln et Guba (1985) conseillent ici de noter la source de l'information (numéro de l'interviewé, page l'entretien par exemple, éventuellement le type de répondant, le lieu du site si plusieurs cas sont étudiés, et la date de la collecte). Plusieurs centaines de cartes différentes seront ainsi établies. Cette surcharge d'informations ne doit pas décourager le chercheur qui serait alors enclin à négliger certaines informations : la qualité de l'enregistrement des unités conditionne grandement l'intérêt des analyses et résultats ultérieurs. Or, il est très difficile de retrouver une idée qui n'a pas été repérée initialement. En outre, le nombre de cartes doit progressivement se réduire, l'objet d'étude se précisant au fil du temps.
2. **comparaison systématique et catégorisation.** Les cartes ou unités enregistrées sont comparées et regroupées en catégories en fonction de leur similarité. Renvoient-elles au même phénomène, se ressemblent-elles ? Si oui, elles seront mises ensemble et constitueront ainsi progressivement une catégorie. Sinon, elles seront placées dans des piles (catégories provisoires) différentes. Les propriétés, les définitions et les noms des catégories seront ensuite établis, de sorte que les unités suivantes seront classées à l'aide de ces définitions et non plus en fonction de leur similarité/dissemblance. L'encadré 7.8. suivant décrit de manière plus précise le processus.

encadré 7.8.

élaborer les catégories. Les étapes de la méthode de la comparaison systématique

1. Prendre une carte au hasard, noter brièvement son contenu

2. Prendre une deuxième carte, noter son contenu

Comparer cette carte avec la première

↓

Les informations qu'elles contiennent sont similaires

↓	↓
Oui	**Non**
Les mettre ensemble	Les mettre sur des piles séparées
Catégorie provisoire à nommer	2 catégories provisoires à nommer

↓

3. Réitération à l'étape 2 avec les cartes 3, ... n

qui sont comparées avec chaque catégorie déjà établie
Si des cartes paraissent peu pertinentes pour le phénomène étudié, les mettre de côté

↓

4. Lorsque les catégories contiennent 6 à 8 unités
(en moyenne après codage de 60 cartes)
Considérer chaque catégorie, en proposer une définition

– Tenter d'en délimiter les propriétés et établir une règle d'inclusion
– Nommer la catégorie
– Vérifier sur cette base que les unités remplissent les conditions énoncées
– Réviser conséquemment la catégorisation effectuée

↓

5. Poursuivre le processus (étapes 2 à 4) avec les cartes restantes
non plus sur la base de leur similarité mais des règles d'attribution établies
Revoir, conséquemment les catégories et leur définition

↓

6. Revoir l'ensemble des catégories une fois le processus achevé

– En considérant notamment les cartes non-pertinentes
– En considérant les unités attribuables à plusieurs catégories

Dans ce cas, reconsidérer le découpage effectué, en envisageant les relations possibles entre les catégories

– Redécouper les catégories générales couvrant plusieurs catégories (subdiviser : Huberman et Miles, 1991 : 398)
– Fusionner les catégories semblant renvoyer à des sous-dimensions d'une catégorie plus générale (relier le particulier au général : Huberman et Miles, 1991 : 393)
– Considérer la structure de la catégorisation : quelles catégories manquent ou sont définies de manière incomplète.

↓

7. Collecter de nouvelles informations pour compléter ces définitions

– Par extension : informations à compléter dans les catégories
– Par établissement de relations : recherche de relations entre informations appartenant à une même catégorie mais non-liées.
– Formation d'hypothèses (hypothèses sur l'existence de catégorie)

↓

8. Arrêt lorsque

– Saturation des sources
– Saturation des catégories : les nouvelles unités n'apportent rien de nouveau à la définition des catégories
– Émergence de régularités
– Surextension : les informations collectées n'ont qu'un lien très lointain avec le processus étudié.

Source : d'après Lincoln et Guba (1985).

Il existe de nombreuses variantes de cette méthode de comparaison systématique (voir, pour plus de détails, Strauss et Corbin, 1990, Chapitre 6), ayant pour objet de faciliter le processus de comparaison, et donc d'élaboration des catégories : la technique du *flip-flop*, qui consiste à comparer le phénomène étudié avec un phénomène réel ou imaginaire présentant les caractéristiques inverses ; la technique de « l'éloignement » qui consiste à comparer la situation étudiée avec une situation dans un autre domaine mais dont certains éléments sont similaires (faire du *body building* et jouer du violon). Ces variantes se proposent d'aider le chercheur, par le déplacement cognitif qu'elles impliquent, à voir par contraste, des similarités et des différences dans les données et à mettre en évidence les propriétés des catégories préalablement formées. Ces méthodes s'appuient alors sur une comparaison avec des données autres que celles collectées, mais elles reposent toutes sur les principes à l'œuvre dans la méthode de comparaison systématique.

Les méthodes *a priori* et *a posteriori* d'élaboration des catégories que nous avons distinguées relèvent, à un niveau plus général, des mêmes ressorts et des mêmes difficultés : il manque des trous dans le meuble en *kit* que vous avez acheté et vous devez les faire vous-mêmes ; vous finissez par acheter des planches prédécoupées pour fabriquer votre bibliothèque parce que cela va plus vite.

■ § 2. – au-delà des oppositions de méthodes : avec ou sans la notice, toujours se débrouiller...

Les méthodes *a priori* et *a posteriori* révèlent, à l'examen, de nombreuses proximités : elles s'appuient toujours et sur des catégories préalables et sur des catégories émergentes au cours du processus de codage. Elles font face, dans leur application, aux mêmes difficultés et doivent finalement satisfaire la même exigence de clarté des catégories développées.

A. – les boîtes et les unités « *a prio-steriori* »

Même définies *a priori*, les catégories construites à partir de la littérature ou des questions de recherche vont nécessairement évoluer au cours du processus. Huberman et Miles (1991 : 103) soulignent ainsi que certaines catégories (appelés chez eux « code ») ne fonctionnent pas et ne peuvent s'appliquer au phénomène étudié ; que d'autres sont susceptibles de se « détériorer » parce que la façon de découper le phénomène ou processus étudié impliquée par les catégories définies *a priori* ne correspond pas au mode d'apparition empirique de ce dernier. Il s'agit dès lors de se débarrasser de la catégorie ou d'en changer le niveau et d'en revoir en conséquence la définition. Animé par le souci de ne pas perdre d'information, le chercheur peut être tenté de multiplier les catégories, et, par conséquent aussi, les niveaux d'inférence. Il devra alors regrouper et redéfinir les catégories qui deviendront des sous-catégories ou propriétés de catégories plus générales, de sorte que les catégories ainsi redéfinies s'insèrent dans une structure dominante permettant de faire sens. Ajouter, enlever, reconfigurer constamment les catégories sans avoir en tête cet objectif va donner lieu à une analyse informe et « opportuniste », rendant particulièrement épineuses la mémorisation et l'utilisation des catégories (Huberman et Miles, 1991). En somme, même définies *a priori*, les catégories vont évoluer pour s'adapter aux types de données codées ou pour mieux rendre compte du phénomène ; elles comportent de fait toujours un certain degré d'enracinement, d'émergence (*cf.* encadré 7.9. ci-après).

Dans une perspective similaire, parce que le chercheur a, par inclinaison ou du fait de l'objet même de sa recherche, un intérêt pour certains aspects du phénomène étudié, les catégories définies *a posteriori* ne sont jamais tout à fait émergentes. Au cours de la collecte des données, le chercheur forme des hypothèses sur le phénomène qu'il étudie, hypothèses qui vont influencer les comparaisons entre unités qu'il va opérer. Ses lectures antérieures orientent son regard sur tel ou tel aspect du processus. Sa sensibilité et son mode de réflexion enfin, marquent les découpages (des causes et des effets, des moyens des résultats) qu'il effectue. En ce sens, la définition des catégories est une construction « émergente contrainte » ne pouvant s'abstraire des limites du langage et de la culture dans lesquelles elle s'opère (*cf.* encadré 7.9. ci-après).

On peut d'ailleurs noter, par-delà leurs points de départ, de fortes proximités entre les méthodes *a priori* et les méthodes enracinées. Ces méthodes s'appuient ainsi toutes deux, certes à des stades et à des degrés divers, sur la comparaison (entre unités, entre unités et catégories). Toutes induisent, dans leur processus, de reconstruire les catégories élaborées : en fusionnant les sous-catégories qui renvoient aux propriétés d'une catégorie plus générale, en redécoupant les catégories générales qui décrivent des aspects différents du phénomène étudié, en considérant les catégories définies à la lumière de la structure globale à laquelle elles permettent d'aboutir. Toutes enfin, prennent pour critère d'arrêt du processus la saturation des catégories ou des sources d'informations.

encadré 7.9.

l'élaboration de catégories « *a prio-steriori* »
un exemple dans le cadre du codage de données d'interactions

Dans le cadre de notre recherche, les catégories nécessaires au codage du contenu et de la forme des interventions ont été principalement définies avant le codage effectif des données.

Le codage du contenu des interventions reposant sur la méthode de cartographie cognitive a ainsi utilisé le protocole de codage élaboré par Wrightson (1976) et modifié par Huff (1990). Deux adaptations ont néanmoins été apportées. Le flou entourant la notion de causalité dans ces protocoles souligné par Cossette et Audet (1992) d'une part, et le type de données codées (à savoir des données d'interactions) d'autre part, nous ont conduit à adapter ces protocoles de codage et à préciser un certain nombre de règles pour que celles-ci puissent être appliquées de manière précise aux données d'interactions.

Les catégories ayant pour objet d'analyser/classer les interventions des participants en fonction de leur degré d'accord, désaccord, puis de leur mode de traitement des problèmes (abstrait, concret), ont été élaborées avant le codage effectif des données. Dans chacun de ces cas, la relative précision des questions de recherche (combien de points d'accords/désaccord ont émergé, sur quel objet ? Comment les individus traitent-ils les problèmes évoqués) permettait d'élaborer des rudiments de catégories : accord, désaccord pour la première, abstrait, concret pour la seconde. Dans le premier cas, la confrontation au codage effectif des données a conduit à adjoindre, par souci d'exhaustivité, d'autres catégories permettant de décrire plus précisément le type d'intervention des participants : affirmation, question, expression d'un doute. Dans le second cas, si les catégories ont été définies *a priori*, la question même n'est apparue que tardivement dans le processus de traitement des données.

Les catégories utilisées pour le codage du mode de traitement des conflits par les participants ont été définies grâce au cadre conceptuel et aux questions de recherche initiales, cependant que certaines catégories ont été adjointes au cours du codage effectif des données. L'analyse des points de conflit et de leurs modes de négociation par les participants permit ainsi de préciser certaines modalités de traitement des conflits envisagées par les théories sur l'influence sociale et la résolution des conflits sociocognitifs dans les groupes. Plusieurs modalités de négociation des conflits ont ainsi été distinguées : l'argumentation suivie d'un accord ou non sur le point de conflit initial ; l'argumentation suivie d'un déplacement du point de conflit initial puis accord ou non (*cf.* encadrés 7.6. et 7.7. pour plus de détails).

Sans relever de la même rigueur que le processus de comparaison systématique de Glaser et Strauss (1967), les catégories utilisées pour l'analyse de la dynamique des problèmes évoqués lors des réunions ont été élaborées par ce biais : caractérisation, au travers des résumés et d'en-têtes de paragraphes, des problèmes discutés lors des réunions, puis regroupement par comparaison en thèmes plus généraux.

B. - les mêmes difficultés

À leurs différentes étapes, les méthodes *a priori* et *a posteriori* font face aux mêmes difficultés et aux mêmes dangers (Lincoln et Guba, 1985), parmi lesquels on peut citer :

- **la surcharge de données.** Un chercheur ne peut en effet matériellement coder qu'une quantité limitée d'informations. Si ses ressources (temporelles, financières et cognitives) sont limitées, la collecte et la catégorisation se trouvent de fait forcément contraintes (limitation à un objet, à un aspect du processus étudié) ;
- **la première impression et la non-considération des contre-exemples ou des informations nouvelles et manquantes.** Le chercheur est tenté de confirmer ses hypothèses et impressions premières de sorte qu'il lui est difficile de remettre en cause la catégorisation effectuée. Il aura dès lors tendance à ignorer les unités ou les informations nouvelles qui contredisent et/ou posent problème pour les catégories déjà définies. Ces difficultés renvoient, plus largement, au relatif conservatisme ou avant-gardisme dont le chercheur peut faire preuve en codant les données ;
- **le conservatisme *vs* l'avant-gardisme.** Conservateur, il considérera les nouvelles informations (unités) comme appartenant à des catégories existantes ; avant-gardiste, à de nouvelles catégories. Dans le premier cas, la définition de la catégorie perdra en acuité ; dans le second, le chercheur multipliera les catégories et devra ensuite les regrouper ;
- **la confiance et/ou le manque de confiance dans son jugement.** À un niveau plus général, le manque ou le trop plein de confiance guette le chercheur au cours du processus. Le changement perpétuel sera la marque du premier excès, le conservatisme la marque du second.

Ces difficultés sont sans aucun doute amplifiées par l'anxiété que ressent le chercheur au début du processus de codage face à la surabondance d'informations à traiter, puis par le caractère contraignant et relativement répétitif du processus qui peut conduire le chercheur à « vouloir faire vite ».

Si ces problèmes se manifestent de façon importante au cours du processus, il peut être utile, outre de suivre les indications précédemment soulignées, de suivre la règle n° 2 mentionnée par Glaser et Strauss (1967 : 107) : « arrêter de coder et mettre sur papier ses idées ». Il s'agit ici de chercher à s'extraire du processus de comparaison systématique et de se donner un espace pour réfléchir aux propriétés des catégories jusqu'ici développées, voire aux relations qu'elles sont susceptibles d'entretenir.

C. – le même souci : pouvoir communiquer et convaincre à propos des catégories élaborées

L'élaboration d'un protocole de codage (comportant une définition des unités et des catégories) d'une part, et le test de ce protocole au travers du double codage d'autre part, constituent ici des étapes particulièrement utiles. En effet, ces deux étapes obligent le chercheur à formaliser et par conséquent clarifier ses idées relatives à la définition des unités et des catégories élaborées. Ce n'est certes pas tant l'intérêt mais la clarté des définitions qui sera évaluée par ce biais. Dans cette perspective, l'évaluation de la fiabilité du codage (en particulier la fiabilité inter-codeurs) soulignera les définitions peu claires qu'il conviendra donc de préciser. L'encadré 7.10. décrit les différentes étapes impliquées dans l'évaluation de la fiabilité du codage effectué.

encadré 7.10.

définition et étapes du processus d'évaluation de la fiabilité inter-codeurs

La fiabilité du codage renvoie à plusieurs éléments.

– *La stabilité du codage :* l'étendue avec laquelle les résultats du codage sont les mêmes lorsque les données sont codées par le même codeur à différentes reprises.

– *La précision du codage :* la proximité entre le codage des données par rapport à un standard ou une norme, lorsqu'un codage standard des données (en général d'un texte) a déjà été élaboré.

– *La reproductibilité du codage* (ou fiabilité inter-codeurs) : l'étendue avec laquelle le codage effectué produit les mêmes résultats lorsque les mêmes données sont codées par différentes personnes. Il s'agit du mode d'évaluation de la fiabilité le plus utilisé. Le processus suit alors les étapes suivantes :

1. codage d'un échantillon de données.

À partir d'un même protocole de codage définissant les unités d'analyse et les catégories, le même échantillon de données est codé indépendamment par les deux codeurs.

2. évaluation de la fiabilité inter-codeurs.

Avant résolution des divergences, les échantillons codés [comportant en règle générale 100 à 150 unités, nombre à partir duquel le codage d'unités supplémentaires a un impact marginal sur les estimations des taux d'accord, Guetzkow, 1950], sont comparés afin d'évaluer les taux d'accord :

– *sur la définition des unités*, surtout si leurs définitions ne correspondent pas une unité de texte, de temps ou de lieu particulière. La fiabilité inter-codeurs est alors le nombre d'unités d'analyse identifiées comme codables par les deux codeurs dans une même observation (phrase, paragraphe, par exemple). Le taux d'accord de Robinson (1957) défini comme le rapport entre le taux d'accord obtenu sur le désaccord maximum possible entre les deux codeurs est en général utilisé ;

– *sur la catégorisation effectuée*. Il s'agit du taux d'accord entre les deux codeurs quant à la classification des unités identifiées par les deux codeurs comme étant codables. Les taux d'accord classiques proposés dans la littérature sont tous plus ou moins dérivés du K de Kruskal (Scott, 1955 ; Cohen, 1960), c'est-à-dire la proportion d'accord entre les deux codeurs sur le nombre de décisions totales de codage après avoir enlevé l'accord dû au hasard :

$$K = (Po - Pc) / (1 - Pc)$$ avec Po accord réel, Pc accord dû au hasard.

Seule varie la mesure du hasard.

Deux conditions sont néanmoins indispensables pour utiliser ce type de coefficients :

– *les catégories doivent être mutuellement exclusives, indépendantes et exhaustives* (ce qui n'est pas toujours le cas) ;

– *les codeurs doivent travailler de manière indépendante.*

3. précision des règles de codage

Après établissement de ces taux d'accord sur un premier échantillon, les règles de codage (en particulier la définition des unités et des catégories) peuvent être révisées ou précisées. Le processus de double codage sera ensuite réitéré à l'étape 1. Lorsque les taux paraissent relativement bons et stabilisés, les deux codeurs codent de manière indépendante l'ensemble des données.

4. évaluation globale de la fiabilité inter-codeurs

La fiabilité est alors évaluée sur l'ensemble des données. La fatigue, mais aussi la modification de la compréhension des règles de codage, peuvent en effet venir altérer la fiabilité. Le processus d'évaluation étant néanmoins particulièrement long et fastidieux, on peut envisager de l'établir sur des échantillons de données (codées au début, au milieu, puis à la fin du processus). Une fois les taux de fiabilité inter-codeurs établis, il faut résoudre les points de désaccord apparus. Le taux de fiabilité rapporté doit normalement être celui obtenu avant résolution des divergences.

Source : d'après Weber (1990).

L'intérêt d'une telle évaluation du codage effectué réside plus dans les efforts de clarification qu'elle implique que dans son résultat proprement dit. Les résultats de cette évaluation rapportés dans la littérature excèdent en effet souvent les 80 %. L'obtention de résultats inférieurs peut donc laisser penser que le codage effectué est peu fiable ; en d'autres termes, que les catégories et unités utilisées pour le codage sont insuffisamment et/ou peu clairement définies.

Deux éléments au moins amènent à prendre quelques distances avec une telle conclusion. Les recherches rapportant de tels résultats ne précisent en effet pas si les taux ont été établis avant ou après résolution des divergences, ce qui affaiblit quelque peu le crédit que l'on peut leur porter. En second lieu, on doit souligner que la plupart des évaluations effectuées s'appuient sur le ratio du nombre d'accords entre les deux codeurs sur le nombre total de décisions de codage effectuées. Ces taux ne prennent ainsi pas en compte le nombre de catégories développées, et donc l'étendue avec laquelle l'accord est dû au hasard. Or, plus le nombre de catégories est faible (2 catégories par exemple) et plus la probabilité d'accords entre les deux codeurs est importante. Prendre en compte l'intervention de la « chance » (par le calcul d'un taux fondé sur le taux d'accord de Kruskal) réduit de fait fortement les taux d'accord obtenus de sorte qu'ils ne sont plus comparables au 90 % recommandé par certains auteurs (Huberman et Miles, 1991 : 108). On peut enfin souligner que le double codage de données « naturelles » (d'observation, de retranscription d'entretiens ou de réunion par exemple) est particulièrement épineux lorsqu'un des deux codeurs n'a pas participé au recueil des données. Ce dernier ne dispose alors pas de la connaissance du contexte dans lequel les informations ont été collectées ou émises, de sorte qu'il lui sera particulièrement difficile de faire sens (développer une compréhension immédiate, de premier niveau) et donc de coder les données.

En somme, l'établissement de la fiabilité inter-codeurs vaut sans doute plus par l'effort de clarification qu'il implique de la part du chercheur que par « l'évaluation » en tant que telle qu'il autorise. Il contribue de fait largement, aux côtés des méthodes *a priori* et *a posteriori* décrites, à la définition des catégories et des unités codées, qui constituent les étapes clés du processus de codage des données.

Conclusion

Nous avons particulièrement insisté sur la nécessité de définir de manière précise et claire les unités et catégories retenues pour le codage des données et sur les difficultés émaillant ce processus. En dernier ressort néanmoins, plus que de l'adhésion stricte aux préceptes de l'une ou l'autre des méthodes de développement des catégories et de codage exposées, la « qualité » de ces opérations dépendra de la richesse et de l'intérêt du sens qu'elles permettront de construire. Les questions du choix de l'une ou l'autre des méthodes de développement des catégories et du respect de leurs principes apparaissent donc secondaires en regard de l'interprétation qu'elles permettront de développer. Les choix des unités d'analyse, des catégories et de leurs méthodes de développement devraient ainsi tout autant être dictés par les objectifs de la recherche (tester des hypothèses, développer une théorie enracinée) que par la sensibilité du chercheur. C'est en effet lui qui, par l'utilisation de l'une ou l'autre de ces méthodes, fait sens ; la voie choisie devant l'accompagner dans ce processus plutôt que le contraindre. Dans cette perspective, le chercheur devrait pouvoir se sentir libre d'élaborer et d'utiliser ses catégories « comme bon lui semble », dans la mesure où il est capable de reconstruire une « histoire » un tant soit peu crédible du processus par lequel il est parvenu à l'interprétation développée.

Ces considérations amènent à souligner la variété des options possibles dans le choix d'une méthode, voire dans les modalités d'exercice de ces méthodes : partir avec quelques catégories prédéfinies, adjoindre de nouvelles catégories au fur et à mesure du codage ; partir sans définition *a priori* de catégories pour « retrouver » ensuite des catégories préalablement définies dans d'autres travaux ; ancrer la définition des catégories sur quelques questions de recherche initiales ; ajouter de nouvelles questions et catégories au cours du processus. Dans cette même perspective, le chercheur doit pouvoir envisager d'adjoindre au schème de codage élaboré, se définissant par un niveau et un type d'inférence particulier, d'autres schèmes s'appuyant sur d'autres dimensions et niveaux d'interprétation en vue d'enrichir la compréhension développée.

Le codage de données n'est ainsi qu'un codage (une interprétation) parmi de multiples autres possibles. Il ne s'agit donc pas d'un « décodage » d'un monde à découvrir, mais d'un « encodage » par le biais d'une langue (des unités et des catégories) en partie construite par le chercheur. Le codage devient ainsi une construction précaire dépendant de l'inventivité du chercheur, une forme de bricolage qui, en tant que telle, peut être envisagée plus sereinement et librement.

Références Bibliographiques citées

ALLARD-POESI (F.), *Nature et processus d'émergence des représentations collectives dans les groupes restreints*, Thèse de Doctorat en Sciences de Gestion, Université Paris-Dauphine, 1997.

ALLARD-POESI (F.), DRUCKER-GODARD (C.) et EHLINGER (S.), « Analyse de représentations et de discours », *in* : THIÉTART (R.A.) et coll., *Méthodes de Recherche en Management*, Paris : Dunod, 1999, (449-475).

ANGOT (J.) et MILANO (P.), 1999, « Comment lier concepts et données ? », *in* THIÉTART (R.A.) et coll., *Méthodes de Recherche en Management*, Paris : Dunod, 1999, (177-187).

AXELROD (R.), *Structure of the Decision : The Cognitive Maps of Political Elites*, Princeton : Princeton University Press, 1976.

BALES (R.F.), *Interaction Process Analysis, A Method for the Study of Small Groups*, Cambridge : Cambridge Addison-Wesley Press, 1951.

BARDIN (L.), *L'analyse de contenu*, Paris : PUF, 1993.

BEAUVOIS (J.L.), *Bases des fonctionnements socio-cognitifs*, *in* GHIGLIONE (R.) et RICHARD (J.F.), Cours de Psychologie, tome 2, *Bases, Méthodes, Épistémologie*, Paris : Dunod, 1994, (95-219).

COHEN (J.), « A Coefficient of Agreement for Nominal Scales Structuration », *Education and Psychological Measurement*, 20 (1), 1960, (37-46).

COSSETTE (P.) et AUDET (M.), « Mapping an Idiosyncrasic Schema », *Journal of Management Studies*, 29 (3), 1992, (325-347).

DONADA (C.) et M'BENGUÉ (A.), « Méthodes de classification et de structuration », *in* THIÉTART (R.A.) et coll., *Méthodes de Recherche en Management*, Paris : Dunod, 1999, (373-396).

FOUCAULT (M.) *Surveiller et Punir*, Paris : Gallimard, 1975.

GOETZ (J.P.) et (M.D.) LE COMPTE, « Ethnographic Research and the Problem of Data Reduction », *Anthropology and Education Quarterly*, 12, 1981, (51-70).

GLASER (B.G.) et STRAUSS (A.L.), *The Discovery of Grounded Theory*, Chicago : Aldine, 1967.

GRAWITZ (M.), *Méthodes des Sciences Sociales*, 10e édition, Paris : Dalloz, 1996.

GUETZKOW (H.), « Unitizing and Categorizing Problem in Coding Qualitative Data », *Journal of Clinical Psychology*, 6, 1950, (47-58).

HUBERMAN (A.M.) et MILES (M.B.), *Analyse des données qualitatives. Recueil de nouvelles méthodes*, Bruxelles : De Boeck Université, 1991.

HUFF (A.S.), *Mapping Strategic Thought*, New York : Wiley, 1990.

LANGFIELD-SMITH (K.), « Exploring the Need for a Shared Cognitive Map », *Journal of Management Studies*, 29 (3), 1992, (349-368).

LEWIN (K.), « Psychology and the Process of Group Living », *Journal of Social Psychology*, 17, (119-129), avec « Constructs in Psychology and Psychological Ecology », *University of Iowa Studies in Child Welfare*, 20, 1943-1944, (23-27). Réédité *in Resolving Social Conflicts & Field Theory in Social Science*, Washington : American Psychological Association, 1997, (279-288).

LEWIN (K.), LIPPITT (R.) et WHITE (R.K.), « Patterns of Aggressive Behavior in Experimentally Created Social Climates », *Journal of Social Psychology*, 10, 1939, (271-299). Réédité *in* GOLD (M.) (Ed.), *The Complete Social Scientist. A Kurt Lewin Reader*, Washington : American Psychological Association, 1999, (227-250).

LINCOLN (Y. S.) et GUBA (E.G.), *Naturalistic Inquiry*, London : Sage, 1985.

M'BENGUE (A.) et VANDANGEON-DERUMEZ (I.), « Analyse Causale et Modélisation », *in* : THIÉTART (R.A.) et coll., *Méthodes de Recherche en Management*, Paris : Dunod, 1999, (346-354).

ROBINSON (W.S.), « The Statistical Measurement of Agreement », *American Sociological Review*, 22, 1957, (17-25).

SCOTT (W.A.), « Reliability of Content Analysis », *Public Opinion Quarterly*, 19, 1955, (321-325).

STRAUSS (A.L.) et CORBIN (J.), *Basics of Qualitative Research : Grounded Theory Procedures and Techniques*, Newbury Park : Sage, 1990.

STRAUSS (A.L.) et CORBIN (J.), « Grounded Theory Methodology : an Overview », *in* DENZIN (N.K.) et LINCOLN (Y.S.) (Eds.), *Handbook of Qualitative Research*, Thousand Oaks : Sage, 1994, (274-285).

WEBER (R.P.), *Basic Content Analysis*, Newbury Park : Sage, 1990.

WHYTE (W.P.), *Street Corner Society, The Social Structure of an Italian Slum*, Chicago : University of Chicago Press, 1943.

WRIGHTSON (M.T.), « The Documentary Coding Method », *in* AXELROD (R.) (Ed.), *Structure of the Decision : The Cognitive Maps of Political Elites*, Princeton : Princeton University Press, 1976.

CONCLUSION

La légitimité des recherches qualitatives est en plein développement en France, alors qu'à l'étranger, et notamment outre-Atlantique, elle est acquise de longue date. Héritière des sciences économiques, la gestion en France a connu une longue période pendant laquelle la scientificité des recherches était appréciée à l'aune de « la » méthode (traduisons la méthode hypothético-déductive inscrite dans le paradigme positiviste).

Depuis près de vingt ans, d'autres voix se sont élevées, proposant d'autres modes de production de connaissances, fondés davantage sur la plausibilité que sur la vérité. Le parti pris de cet ouvrage a été d'exposer des démarches de recherche qui se réclament du qualitatif ; non pour s'opposer (naïvement) à du « quantitatif », mais pour défendre que l'accès à la connaissance peut passer par des cheminements différents, la différence tenant à la spécificité des projets envisagés.

Espérons que cette ouverture de « la » méthode se poursuive et que cet ouvrage pourra aider les chercheurs qui s'engagent dans cette voie.

GLOSSAIRE

Abduction (ou adduction) : opération qui n'appartient pas à la logique et qui consiste à tirer de l'observation des conjectures (hypothèses, modèles, théories) qui ont statut de propositions valides, propositions qu'il convient ensuite de tester (Kœnig, 1993 : 7).

Catégorie : ensemble d'unités d'analyse disposant de significations proches (être des synonymes comme vieux et âgé, avoir des connotations équivalentes comme pouvoir et richesse), de caractéristiques formelles ou de propriétés similaires.

Catégorisation : opération consistant à placer les unités d'analyse repérées dans des catégories définies au préalable ou à grouper ces unités pour définir ensuite ces catégories.

Codage des données : ensemble d'opérations consistant à découper les données (observation directe, discours, textes, images) en unités d'analyse, à définir les catégories qui vont les accueillir, puis à placer (ranger ou catégoriser) les unités dans les catégories.

Connaissance actionnable : Connaissance qui peut être mise en action. Pour Argyris, la connaissance (ou savoir) actionnable doit être utilisable par les praticiens et son utilisation doit permettre de la mettre à l'épreuve afin de tester la qualité de la théorie qui l'a produit : « le savoir actionnable n'est pas seulement le savoir que réclame le monde de la pratique ; c'est aussi le savoir qui sert à le créer » (Argyris, 1995 : 15).

Constructivismes ou constructionnismes : ensemble de courants de pensée posant que la « réalité » est construction d'un sujet qui l'expérimente (ontologie). À un niveau plus collectif, les réalités sociales sont des constructions historiques et quotidiennes d'acteurs en interaction (constructivisme social). Une posture de recherche constructiviste met en interaction transformative le chercheur avec l'« objet » de la recherche dans un projet de co-construction (épistémologie).

Déduction : opération qui appartient à la logique et qui conduit, à partir de prémisses valides, à la corroboration (ou à la non-corroboration) d'une proposition ou d'une hypothèse.

Démarche exploratoire : processus de construction de connaissances qui vise à produire des résultats nouveaux (concepts, théorie, modèle, terrain). L'exploration peut être un objectif en soi ou bien une première étape préalable à un autre volet confirmatoire.

***Design* :** désigne l'architecture de la recherche dans son ensemble. C'est la trame qui permet d'articuler les différents éléments : littérature, problématique, données, analyse et résultats (Royer et Zarlowski, 1999 : 139).

***Emic* :** qui aborde un phénomène de l'intérieur, à partir du point de vue des acteurs. À l'opposé, le terme *Etic* signifie qui aborde un phénomène de l'extérieur.

Empathie : capacité d'un individu à se mettre à la place d'un autre pour tenter de comprendre ses réactions, ses sentiments, ses émotions, etc.

Épistémologie : a pour objet l'étude des modes de production de connaissances (au sens large). De manière plus restrictive, c'est l'étude des sciences, discutant la nature, les méthodes et la valeur des connaissances scientifiques produites.

Étude de cas : stratégie de recherche appropriée lorsque l'on souhaite étudier un phénomène complexe dont les limites contextuelles sont difficiles à définir. Les questions de recherche sous-jacentes sont du type « pourquoi » (causalités récursives) ou « comment » (processus). L'une des caractéristiques de la méthode des cas est d'utiliser conjointement plusieurs sources de données.

Fiabilité de la recherche (*reliability*) : ensemble de procédures qui assurent stabilité et rigueur des résultats produits, et ce, à tous les stades de la recherche (collecte, codage, analyse, etc.). Dans les recherches qualitatives, la fiabilité est liée à la capacité du chercheur à décrire très précisément sa démarche de recherche. Terme proche : fidélité (*cf.* Deslauriers, 1991).

Fiabilité du codage : évaluation de l'étendue avec laquelle les opérations de codage produisent le même résultat lorsqu'elles sont effectuées à différents moments et/ou par d'autres chercheurs.

Fonctionnalisme : perspective sociologique posant que le réel est une entité objective qui remplit certaines fonctions nécessaires à sa cohérence.

Idiographique : qui relève du particulier, de l'individuel.

Induction : inférence logique qui permet de passer d'observations particulières à des énoncés plus généraux.

Infirmationnisme : principe qui consiste à mettre à l'épreuve toutes les idées que l'on émet, c'est-à-dire à appliquer le principe de réfutation cher à Karl Popper.

Interprétatif (courant) : posture qui cherche à comprendre quel sens les acteurs donnent à la réalité sociale.

Méthode biographique : ensemble des représentations, des outils et des techniques visant à faire en sorte que les gens racontent leur histoire de vie. Les données de recherche reposent sur la production discursive du sujet prenant la forme d'une narration. Le but du chercheur est alors de comprendre leur trajectoire de vie. La méthode biographique peut prendre diverses variantes allant de l'autobiographie au récit de vie individuel ou collectif. Elle peut également prendre diverses formes selon l'angle disciplinaire du chercheur qui a recours à cette méthode (littérature, psychanalyse, éducation, gestion, etc.).

Narrataire : terme proposé par Poirier et *al.* (1983) pour désigner le partenaire du narrateur dans les récits de vie. Il s'agit de la personne qui dirige la trame de l'entretien en posant des questions. Dans le cours du récit, sa fonction peut varier, allant de simple auditeur jusqu'à devenir co-auteur du récit.

Narrateur : ce mot désigne le porteur d'informations, celui ou celle qui se raconte en effectuant le récit de sa vie ou d'une portion de sa vie.

Nomothétique : qui relève de l'universel. Une science nomothétique étudie l'aspect général, régulier et récurrent des phénomènes et peut, à défaut d'énoncer des lois, du moins généraliser et parfois prévoir (Grawitz, 1990 : 388).

Ontologie : désigne la nature de la réalité. Dans les épistémologies positivistes, la réalité est supposée exister comme un « en soi », une essence.

Opérationalisation : ensemble de procédures qui permettent de donner une forme concrète et articulée au projet de recherche. Le raccordement entre concepts (constructions abstraites) et données observables constitue un type d'opérationalisation classique : du monde théorique au monde empirique par « traduction » ou, à l'inverse, du monde empirique au monde théorique par « abstraction ».

Paradigme (ou cadre épistémologique) : ensemble des présupposés sur le monde social ainsi que sur le mode d'analyse de celui-ci (Guba, 1990). Par extension, modèle ou ensemble de postulats sur la réalité.

Positivismes : posture épistémologique qui se réclame de la seule connaissance des faits : les objets sociaux ont même statut que les objets naturels, la réalité est une évidence sensible indépendante des sujets qui l'observent. Les positivismes d'après la Seconde Guerre mondiale ont mis l'accent sur la manière de construire des connaissances scientifiques éprouvées sans recourir à l'induction (Hempel, Popper) mais en cherchant en permanence la « falsification » des énoncés produits antérieurement.

Postmodernisme : sensibilité contemporaine, développée depuis la Seconde Guerre mondiale qui ne privilégie aucune autorité, méthode, paradigme.

Recherche-action : méthode de recherche dans laquelle « il y a une action délibérée de transformation de la réalité ; recherche[s] ayant un double objectif : transformer la réalité et produire des connaissances concernant ces transformations » (Hugon et Seibel, 1998 : 13).

Récit de pratiques : récit de vie thématique centré sur le vécu professionnel des individus.

Saturation : la saturation théorique désigne un critère permettant d'évaluer la taille adéquate d'un échantillon. Cette dernière est atteinte lorsqu'on ne trouve plus d'information supplémentaire capable d'enrichir la théorie (Thiétart et coll., 1999 : 216).

Schème de codage : ensemble de catégories se définissant par un niveau (mots, concepts, description du comportement, thème ou encore métacatégorie) et un type d'inférence particulier (relation des unités aux catégories), et correspondant à une grille d'analyse spécifique du phénomène étudié.

Théorie ancrée, théorie enracinée, *grounded theory* : démarche de recherche liée à certains auteurs fondateurs (Glaser, Strauss, Corbin) permettant de générer une théorie d'un phénomène social en se fondant sur la mise en évidence de régularités et sur la comparaison systématique

Triangulation : classiquement, il s'agit de l'utilisation conjointe et comparative de plusieurs méthodes (Jick, 1979). Hlady-Rispal (2002) parle de multi-angulation dans une acception plus large (plusieurs théories, plusieurs matériaux, plusieurs approches).

Unité d'analyse : élément (critère, dimension) en fonction duquel le chercheur va procéder au découpage de ses données et à l'extraction d'unités qui seront ensuite classées dans les catégories retenues.

Validité externe : examine les conditions dans lesquelles les résultats d'une recherche peuvent être étendus et transférés à des contextes plus larges. Pour la méthode des cas, on parle plutôt de réplication.

Validité interne : définit les conditions de pertinence et de cohérence des résultats issus de l'analyse ainsi que des moyens pour y parvenir.

BIBLIOGRAPHIE COMMENTÉE

ARGYRIS (C.), *Knowledge for Action. A Guide to Overcoming Barriers to Organizational Change*, San-Francisco : Jossey-Bass Publishers, 1993. Traduction française : *Savoir pour agir : surmonter les obstacles à l'apprentissage organisationnel*, Paris : InterEditions, 1995.

Dans cet ouvrage à la fois théorique et pratique, Argyris expose au travers d'un cas concret sa conception de la recherche : celle-ci doit à la fois permettre d'apporter des réponses aux problèmes identifiés et tester la robustesse du cadre théorique utilisé. Grâce à cinq exemples tirés de son cas, il tire des enseignements sur l'utilisation de savoirs pour résoudre les situations à problèmes. L'annexe de l'ouvrage apporte des précisions sur les principes épistémologiques et méthodologiques défendus par Argyris et sur les méthodes à suivre pour élaborer un savoir actionnable.

BERTAUX (D.), *Les récits de vie*, Paris : Nathan, 1997. Daniel Bertaux est un auteur incontournable lorsque l'on s'intéresse à la méthode biographique. Ce volume constitue une synthèse de ses positions et de ses pratiques de recherche sur les récits de vie. De plus, l'intérêt de l'ouvrage est qu'il est construit en fonction des diverses étapes d'une recherche (perspectives, fonctions, recueil, analyse et rédaction).

BURRELL (G.) et MORGAN (G.), *Sociological Paradigms and Organisational Analysis*, (1979), Heinemann Educational Books. Réédition : Hampshire : Arena, 1994. Un grand classique, maintes fois cité, mais aussi critiqué. Il structure les théories sur les organisations en quatre paradigmes. Ces derniers reposent sur des prémisses distinctes concernant la nature de la société et la nature des sciences sociales. Les quatre paradigmes (fonctionnaliste, interprétatif, radical humaniste et radical structuraliste) dérivent de traditions intellectuelles différentes qu'il est utile de connaître lorsque l'on développe un projet qualitatif.

CUMMINGS (L.L.) et FROST (P.J.), (Eds.), *Publishing in the Organizational Sciences*, (1985), 2nd. Ed., Thousand Oaks : Sage, 1995.

Cet ouvrage est un recueil de textes portant sur le phénomène de la publication dans les sciences de gestion. Plusieurs auteurs reconnus de ce champ décrivent les écueils du processus de publication, le travail des évaluateurs, les critères utilisés pour juger de la qualité d'un article, les stratégies des éditeurs.

DAVID (A.), HATCHUEL (A.), LAUFER (R.) (Eds.), *Les nouvelles fondations des sciences d*e gestion, Paris : Vuibert, 2000.

Cet ouvrage collectif regroupe les contributions théoriques de six chercheurs en sciences de gestion autour des questions des fondements épistémologiques et méthodologiques propres à cette discipline. Selon les auteurs, si la légitimité pratique et professionnelle des sciences de gestion ne fait pas de doute, le déficit d'identité sur le plan scientifique de ce champ de recherche reste à combler. L'ouvrage se propose de mener la réflexion sur la spécificité et l'universalité du projet des sciences de gestion au travers de différentes thématiques.

FELDMAN (J.) et CANTER KOHN (R.), *L'éthique dans la pratique des sciences humaines. Dilemmes*, Paris : L'Harmattan, 2000.

Cet ouvrage collectif aborde plusieurs aspects concrets de l'éthique en recherche. La première partie du livre consacrée aux défis rencontrés par les chercheurs sur le terrain nous semble particulièrement réussie. Les exemples sont nombreux et offrent des contextes variés.

FROST (P.J.) et STABLEIN (R.), (Eds.), *Doing Exemplary Organizational Research*, Newbury Park : Sage, 1992.

Ce livre est un recueil fort original qui saura intéresser tous les chercheurs. Dans ce livre, à partir de l'identification de recherches considérées comme des exemples de travaux de qualité, on a demandé aux auteurs de ces textes de raconter la petite histoire de la production de ces articles. Le tout est surprenant, rafraîchissant et présente sous un jour nouveau, réaliste et stimulant, le métier de chercheur.

GREENWOOD (D.J.) et LEVIN (M.), *Introduction to Action Research, Social Research for Social Change*, London : Sage, 1998.

Cet ouvrage propose un panorama des différentes approches anglo-saxonnes de la recherche-action en sciences sociales : la recherche-action pragmatiste dont se revendiquent les auteurs, mais aussi l'*Action Science*, les approches coopératives (*Human Inquiry, Cooperative Inquiry, Action Inquiry*) et militantes (approches féministes, *Participatory Action Research*). Illustré de recherches menées par les auteurs eux-mêmes, cet ouvrage constitue une source importante de réflexion et de questionnement sur les problématiques épistémologiques et méthodologiques essentielles de la recherche-action.

HLADY-RISPAL (M.), *La méthode des cas. Application à la recherche en gestion*, Bruxelles : De Boeck Université, 2002.

C'est le premier ouvrage d'un auteur français (en gestion) entièrement dédié à la méthode des cas en sciences de gestion. Il situe la méthode dans le cadre des recherches qualitatives en en montrant l'intérêt et les spécificités. La deuxième partie de l'ouvrage constitue un guide précieux pour construire, réaliser et présenter un projet de recherche. L'ensemble est émaillé de nombreux encadrés très didactiques.

HUBERMAN (A.M.) et MILES (M.B.), *Analyse des données qualitatives, Recueil de nouvelles méthodes*, (1984), Bruxelles : De Boeck Université, 1991.

Cet ouvrage constitue une des références majeures pour la conduite d'un projet de recherche qualitative, en particulier pour l'étude de cas. L'ensemble des étapes de ce type de projet y est clairement décrit et illustré de nombreux exemples : la collecte des données, le codage, l'analyse d'un ou de plusieurs cas, la présentation des résultats sous forme de matrices, l'élaboration et la vérification des conclusions, notamment. S'inscrivant dans une approche « préstructurée et rigoureuse », cet ouvrage « répond » en quelque sorte, aux approches plus « enracinées » (Strauss et Corbin, 1990) ou « subjectivistes » (Lincoln et Guba, 1985) de la recherche qualitative.

HUFF (A.S.), *Writing for Scholarly Publication*, Thousand Oaks : Sage, 1999.

Dans ce livre très pratique, l'auteur traite de la diffusion de la recherche. Elle soulève les questions qu'un jeune auteur doit se poser afin de rendre le fruit de sa recherche publiable. Le livre est écrit simplement. Il comporte différents exercices. L'auteur présente la diffusion comme la participation à une conversation et met l'accent sur la nécessité de bien cibler son auditoire, de tenir compte dans la rédaction de ses besoins et préoccupations.

KVALE (S.), *Interviews : An Introduction to Qualitative Research Interviewing*, London : Sage, 1996.

Un ouvrage qui situe l'entretien par rapport aux principaux courants épistémologiques contemporains. L'auteur traite de l'ensemble de la démarche de recherche utilisant l'entretien comme méthode de collecte de données principale. Un ouvrage complet comportant de nombreuses grilles et tableaux très utiles.

LINCOLN (Y.S.) et GUBA (E.G.), *Naturalistic Inquiry*, London : Sage, 1985.

Cet ouvrage propose une approche « subjective et humaniste » (par opposition aux approches « positivistes et objectivistes ») de la recherche qualitative. Les premiers chapitres exposent les fondements épistémologiques de cette approche. La seconde partie, plus réduite, est consacrée à la conduite d'un projet de recherche « naturaliste » : le caractère émergent du *design* de la recherche, la gestion du terrain, la collecte des données et leur traitement « naturalistes et enracinés » sont ainsi plus particulièrement abordés ; une référence utile et complémentaire à l'ouvrage d'Huberman et Miles (1991).

MOURGUES (N.) et *al.* (Eds.), *Questions de méthode en sciences de gestion*, Caen : Ed. Management et Société, 2002.

À l'origine de l'ouvrage, une journée de recherche organisée à l'IRG de l'Université de Paris XII-Val-de-Marne. Le livre réunit des textes portant sur les fondements, les méthodes et les pratiques mobilisées et mobilisables en sciences de gestion. Le regard est volontiers celui de l'interrogation critique, ce qui en fait un ouvrage très intéressant pour le chercheur avide de discuter/disputer les prémisses et la valeur des connaissances produites.

PERETZ (H.), *Les méthodes en sociologie. L'observation,* Paris : La Découverte, 1998.

Cet ouvrage, d'abord destiné aux sociologues, intéressera les gestionnaires qui veulent se familiariser avec l'observation directe comme mode de recueil des données à côté des entretiens et des méthodes documentaires. Outre qu'il clarifie les différentes approches de l'observation, cet ouvrage présente les aspects pratiques d'un travail d'observation : rédaction des notes d'observation, codage et présentation des résultats.

PINEAU (G.), et LE GRAND (J.L.), *Les histoires de vie*, Paris : PUF, Que sais-je, 1999. Il s'agit d'un volume qui fournit une vision générale et pose des questions de fond sur la perspective biographique. Les auteurs y présentent une vision à la fois comme outil de recherche mais aussi comme lieu de construction de sens. Les histoires de vie sont un art qui peut mener à la connaissance du monde social tout en visant l'autonomisation des personnes qui se racontent.

POIRIER (J.), CLAPIER-VALLANDON (S.) et RAYBAUT (P.), *Les récits de vie. Théorie et pratique*, Paris : PUF, 1983.

Un des premiers ouvrages complets sur l'ethnobiographie. On retrouve beaucoup d'ouvrages discutant des enjeux de la méthode mais peu sur la manière de la mettre en œuvre. Celui-ci souligne les contradictions théoriques de la méthode tout en mettant l'accent sur les différentes pratiques de la recherche à partir des récits de vie. On y retrouve une démarche cohérente et systématique sur le traitement du matériel et l'analyse de contenu des données biographiques.

PENEFF (J.), *La méthode biographique*, Paris : Armand Colin, 1990. Ce livre fournit à la fois un regard historique et un regard critique sur la perspective biographique. Il permet de retracer les origines de la tradition des histoires de vie allant de l'École de Chicago à l'histoire de la tradition orale française. De plus, il pose des questions pertinentes sur les enjeux reliés à la construction de connaissances dans le cadre de cette perspective.

STRAUSS (A.L.) et CORBIN (J.), *Basics of Qualitative Research : Grounded Theory Procedures and Techniques*, Newbury Park : Sage, 1990.

S'inscrivant dans la continuité des travaux de Glaser et Strauss (1967), cet ouvrage décrit de manière très précise et concrète le processus de conduite d'une recherche « enracinée ». Le cœur de l'ouvrage est consacré au codage des données qualitatives, progressant de la « description » des données (du codage dit « ouvert ») au développement d'une théorie enracinée (codage sélectif, puis intégration par le biais de matrice conditionnelle). L'ouvrage est illustré de nombreux exemples à chaque étape du processus.

THIETART (R.A.) et coll., *Méthodes de recherche en management*, Paris : Dunod, 1999.

Un ouvrage collectif de référence qui restitue et discute le cheminement idéal-typique de toute recherche en management, qu'elle soit qualitative ou quantitative. Complet, didactique et critique, cet ouvrage a marqué la production scientifique française dans le domaine. Il a été traduit en anglais chez Sage en 2001.

WACHEUX (F.), *Méthodes qualitatives et recherche en gestion*, Paris : Economica, 1996. C'est le premier ouvrage français entièrement consacré aux méthodes qualitatives dans la recherche en gestion. Il expose les stratégies d'accès au réel utilisables par les chercheurs en gestion et fournit un guide pour la construction d'un projet qualitatif.

YIN (R.K.), *Case Research Study. Design and Methods*, 2nd ed., London : Sage, 1994. Un ouvrage majeur qui expose la méthode des cas. Plusieurs fois réédité, il est fréquemment utilisé par les chercheurs pour construire leur projet puisqu'il expose toutes les étapes : du *design* à l'analyse, en passant par la collecte des données. Il est illustré par de nombreux encadrés qui en rendent la lecture aisée.

INDEX

INDEX DES NOMS PROPRES

TABLE DES MATIÈRES

Achevé d'imprimer par Corlet, Imprimeur, S.A.
14110 Condé-sur-Noireau
N° d'Éditeur : 60593 - Dépôt légal : mars 2003

Imprimé en France